Heinrich Martin Köster

Die chemische Silikatanalyse

Spektralphotometrische, komplexometrische und
flammenspektrometrische Analysenmethoden

Mit 52 Abbildungen und 35 Tabellen

Springer-Verlag Berlin Heidelberg New York 1979

Professor Dr. Heinrich M. Köster

Lehrstuhl für Mineralogie
der Technischen Universität München
Lichtenbergstraße 4
8046 Garching

ISBN-13: 978-3-540-09317-6   e-ISBN-13: 978-3-642-67275-0
DOI: 10.1007/978-3-642-67275-0

CIP-Kurztitelaufnahme der Deutschen Bibliothek: Köster, Heinrich Martin: *Die chemische Silikatanalyse* : spektralphotometr., komplexometr. u. flammenspektrometr. Analysenmethoden / Heinrich Martin Köster. – Berlin, Heidelberg, New York : Springer, 1979. (Hochschultext)

2132/3130-543210

Vorwort

Dieses Buch wendet sich an Analytiker, die sich mit der Silikatanalyse befassen, sei es in wissenschaftlichen Instituten, in
der Industrie oder als Studenten. Der beschriebene Analysengang
der chemischen Silikatanalyse ist auf die neueren spektralphotometrischen, komplexometrischen und flammenspektrometrischen Analysenmethoden abgestimmt. Er bietet eine Alternative nicht nur
zur klassischen gravimetrischen Silikatanalyse sondern auch zu
neueren physikalisch-instrumentellen Methoden. Selbst an kleinen
Substanzmengen werden in einem Gang neben den chemischen Hauptbestandteilen der Silikate eine größere Anzahl der wichtigsten
Neben- und Spurenbestandteile quantitativ analysiert. Durch den
chemischen Analysen- und Trennungsgang werden für jedes Analysenelement die optimalen Voraussetzungen zum physikalischen Meßvorgang geschaffen. Soll allein mit physikalisch-instrumentellen
Methoden die gleiche Anzahl von Elementen mit vergleichbarer Zuverlässigkeit analysiert werden, dann wird für die Mehrzahl der
Spurenelemente eine individuelle Probenvorbereitung notwendig
und der Arbeitsaufwand kann größer werden als der des hier beschriebenen chemischen Analysenganges.

Im vorliegenden Buch sind langjährige Erfahrungen mit den neueren
Methoden der chemischen Silikatanalyse niedergelegt. Am Beginn
stand die Notwendigkeit, in vielen Gesteinsproben die chemischen
Hauptbestandteile möglichst schnell und mit relativ geringem apparativen Aufwand zu analysieren. Dazu boten sich die Methoden von
L.Shapiro und W.W.Brannock "Rapid analysis of silicate rocks"
(U.S.Geol.Surv.Bull. 1036-C, 1956) als besonders geeignet an.
Bald wurden Mängel erkennbar und die Grundlagen dieser Methoden
mußten genauer studiert werden, um die Grenzen ihrer Anwendbarkeit zu erkennen. Dabei zeigte sich, daß im Ablauf dieser Schnellverfahren auch die Analyse einer größeren Zahl von Neben- und
Spurenelementen möglich ist. Folglich wurden hier Methoden der
Spurenanalyse auf ihre Verwendbarkeit im Analysengang untersucht.
Viele der beschriebenen Verfahren werden vom Verfasser und seinen Mitarbeitern routinemäßig bei der Silikatanalyse eingesetzt.

Die meisten analytischen Erfahrungen wurden unter Verwendung von
Geräten der Firma Carl Zeiss, Oberkochen, gewonnen. Wo solche
Geräte und auch Geräte anderer Firmen im Text genannt werden,
ist dies als Beispiel zur Erläuterung des Verfahrens notwendig.
Keinesfalls wird damit ein Werturteil über entsprechende Geräte
anderer Firmen abgegeben. Durch das Entgegenkommen der Firma
Carl Zeiss konnten mittels des Flammenspektrometers FMD 3 alle
vom Gerätetyp abhängigen beispielhaften Angaben auf den neuesten
technischen Stand gebracht werden. Dafür sei der Firma Carl Zeiss
aufrichtig gedankt.

Ohne Mitarbeiter wäre das Gelingen des Werkes unmöglich gewesen.
Vor allem sind hier zu nennen die Herren Dipl.Chem. Dr. G. Pöll-
mann, Dipl.Chem. B. Kisch, Dipl.Min. J. Taghavi, Dipl.Min. Dr.
J. Krahl und als chemisch-technische Assistentinnen Frau H. Stütz
und Frau E. Kohler. Von anderen stammen wertvolle Anregungen besonders von den Herren Dipl.Chem. Dr. H. Thomann und Dipl.Chem.
W. Mann. Herr Dipl.Min. R. Wewer zeichnete die meisten Textab-
bildungen. Ihnen allen gilt mein herzlicher Dank.

Viele der in den Text eingeflossenen Kenntnisse stammen aus Arbeiten, die durch Beihilfen der Deutschen Forschungsgemeinschaft
ermöglicht wurden. Der Deutschen Forschungsgemeinschaft bin ich
für diese Unterstützung sehr dankbar.

Mein Dank gilt nicht zuletzt dem Springer-Verlag, Heidelberg,
für die Bereitschaft dieses Buch zu verlegen.

Garching, Februar 1979   Heinrich M. Köster

Inhaltsverzeichnis

1 Apparative Voraussetzungen und theoretische Grundlagen

1.1 Beschreibung der Apparaturen

Die klassischen Methoden der Silikatanalyse sind gravimetrische
Verfahren. Als einziges physikalisches Meßinstrument wird die
Analysenwaage benutzt. Der Gesteinseinwaage stehen die Auswaagen
der voneinander getrennten und in eine wägbare Form (Oxide) über-
führten Gesteinskomponenten gegenüber.

Bei den neueren naßchemischen Analysenverfahren sind die Aus-
waagen der klassischen Gravimetrie durch andere physikalische
Meßverfahren ersetzt. Dies sind vor allem kolorimetrische und
flammenspektrometrische Meßverfahren und deshalb besitzen heute
Spektralphotometer eine zentrale Bedeutung bei der naßchemischen
Silikatanalyse.

Für kolorimetrische Messungen wird eine relativ einfache Meßanordnung benötigt. Sie besteht aus einer Lichtquelle, einem
Monochromator und einem Empfänger. Die zu analysierende Substanz
wird zwischen Monochromator und Empfänger in den Strahlengang
gebracht und ihre Extinktion gemessen. Für die Leistungsfähigkeit
des Instrumentes sind wichtig die Stabilisierung der Lichtquelle
und des Empfängers, sowie das Auflösungsvermögen des Monochromators. Viele optische Firmen stellen Spektralphotometer her,
die mit ihrem Leistungen den Zwecken der kolorimetrischen Silikatanalyse und der geochemischen Spurenanalyse genügen. Allgemeine Analysenvorschriften und spezielle Angaben über jedes Element lassen sich jeweils ohne Schwierigkeiten übertragen, wenn
auch von Labor zu Labor verschiedene Typen von Spektralphotometern verwendet werden.

Anders ist das bei der Flammenspektrometrie. Neben der Stabilisierung von Hohlkathodenlampe und Empfänger und dem Auflösungsvermögen des Monochromators, an welche höchste Anforderungen
gestellt werden, muß eine stabil brennende Flamme erzeugt werden.
In dieser Flamme spielen sich komplizierte physikalisch-chemische
Vorgänge ab. Zerstäuben von Lösungen in der Flamme, Verdampfen
des Lösungsmittels, Dissoziation der gelösten Substanzen und
deren Ionisationsgrad müssen in einen statischen Gleichgewichtszustand gebracht werden, bevor reproduzierbare Messungen möglich
sind. Dieser Gleichgewichtszustand kann durch apparative Veränderungen der Meßanordnung und durch Lösungspartner leicht verändert bzw. gestört werden. Die Störungen stehen in komplexen
Wechselbeziehungen zueinander.

Zur Beseitigung der Störungen müssen Maßnahmen chemischer und
apparativer Art getroffen werden. Die chemischen Maßnahmen bei
der Silikatanalyse sind entweder Angleichung der Konzentrationen

störender Lösungspartner in Eich- und Analysenlösung oder besser
die Abtrennung der störenden Lösungspartner. Weiter gehören dazu
die Verdünnung der Lösungen auf geeignete Konzentrationen der
Analysenelemente und der Zusatz von Ionisationspuffern in optimaler Dosierung. Diese chemischen Maßnahmen sind praktisch unabhängig von den Konstruktionsmerkmalen des gerade verwendeten
Flammenspektrometers. Angaben und Vorschriften über diese chemischen Maßnahmen sind allgemein gültig und lassen sich unverändert bei der Flammenspektrometrie mit unterschiedlichen Geräten
übernehmen. Die apparativen Maßnahmen sind vor allem die Verwendung des optimalen Brenngasgemisches für jedes einzelne Analysenelement, die Optimierung der Flamme, der Photometerspaltbreite,
des Lampenstroms u.a. auf die jeweiligen Analysenbedingungen.
Diese apparativen Maßnahmen hängen in ihrer Wirksamkeit von den
Konstruktionsmerkmalen des verwendeten Flammenspektrometers ab.
Sie müssen jeweils für das verwendete Flammenspektrometer auf-
einander abgestimmt und optimiert werden. Der Verfasser hat seit
vielen Jahren Zeiss-Spektrophotometer bei der Silikatanalyse angewendet. So sind als Beispiel in den Kapiteln über Flammenspektrometrie die Geräteeinstellungen des Atom-Absorptions-Spek-
trometers FMD 3 der Firma Carl Zeiss, Oberkochen, angegeben und
zwar optimiert für die jeweiligen Analysenbedingungen. Leistungs-
vergleiche mit Flammenspektrometern anderer Herstellerfirmen
zeigen, daß die Spitzenerzeugnisse der verschiedenen Firmen untereinander gleichwertig sind.

An den Anfang einer Abhandlung über Methoden der chemischen Silikatanalyse und Angaben von Analysenvorschriften muß eine Beschreibung der verwendeten Apparaturen gestellt werden. Diese
Beschreibung soll die wesentlichen konstruktiven Merkmale der
Apparate aufzeigen. So können Benutzer anderer Fabrikate erkennen, welche Analysenvorschriften gegebenenfalls für die eigenen
Analysenbestimmungen abzuändern sind.

Das Spektralphotometer PMQ 3 ist ein Einstrahlphotometer. Es
arbeitet nach dem Wechsellichtprinzip. Die Grundausrüstung ent-
hält den Quarz-Prismenmonochromator MQ 3 mit einem Spektralbe-
reich von 185 bis 2500 nm. Als Lichtquelle kann wahlweise eine
Glüh- oder Deuteriumlampe eingeschaltet werden. Das Licht der
Lampe wird im Monochromator spektral zerlegt und durch eine
Schwingblende moduliert. Das modulierte Licht durchsetzt die
Küvette mit der Lösung und trifft auf den Empfänger. Für den
Spektralbereich von 185 bis 800 nm dient ein Photoelektronen-
vervielfacher und für den Spektralbereich 800 bis 2500 nm ein
Photowiderstand (PbS) als Empfänger. Im Empfänger wird das Licht
in Wechselstromsignale umgewandelt und verstärkt. Die Signale
werden im Verstärkerteil des Anzeigegerätes weiter verstärkt
und im Anzeigenteil wird je nach eingestellter Anzeigeart das
Signal logarithmiert oder/und multipliziert. Darauf folgt eine
Analog/Digital-Wandlung mit Digitalanzeige.

Der Digitalausgang des PMQ 3 ermöglicht den Anschluß eines
Druckers. An den Analogausgang des PMQ 3 kann direkt ein hochohmiger Kompensationsschreiber mit erdfreiem Eingang angeschlossen werden. Der parallele Analogausgang ist mit einer Nullpunktsunterdrückung für den ganzen Transmissions- bzw. Extinktionsbereich ausgestattet.

Beim Spektralphotometer PMQ 3 sind das Empfängergehäuse, mit Probenwechsler, der Monochromator und das Lampengehäuse auf einer optischen Bank justiert und so zu einer Einheit zusammengefaßt. Eine zweite davon getrennte Einheit bilden die Netzteile von Glühlampen und UV-Lampe. In einer dritten Einheit, dem Anzeigegerät, sind Verstärker, Anzeigeeinheit und Verstärkungsautomatik untergebracht. Das Anzeigegerät kann mit zwei etwas unterschiedlichen Anzeigeeinheiten ausgestattet werden, die jeweils mit manueller Regelung der Verstärkung oder Verstärkungsautomatik oder Spaltautomatik kombiniert werden können. So gibt es als Grundausrüstung des PMQ 3 sechs Varianten.

Für spektralphotometrische Messungen bei der Silikatanalyse genügt die einfachste Grundausrüstung des PMQ 3 mit dem Anzeigegerät 5 (Anzeigeeinheit 1 und manueller Regler). Weitere Einzelheiten enthält die Gebrauchsanleitung G 50-654-d der Firma Carl Zeiss, Oberkochen.

Das Atomabsorptions-Spektrometer FMD 3 ist ein Einstrahlphotometer für Atomabsorption und Flammenemission. Die Grundausrüstung besteht aus Empfängergehäuse, Gittermonochromator MB 3, Brennereinheit (Universalbrenner und Zerstäuber), Lampenwechsler und Anzeigegerät. Davon sind Empfängergehäuse, Gittermonochromator, Brennereinheit und Lampenwechsler auf einer optischen Bank justiert. Das Anzeigegerät mit Verstärkerteil, Anzeigeeinheit 3 und Verstärkungsautomatik bildet eine eigene Einheit.

Als Empfänger dient der Photoelektronenvervielfacher R 446.

Der Gittermonochromator MB 3 hat einen Spektralbereich von 193 bis 900 nm (Gitter mit 600 Linien/mm). Die Auflösung beträgt 0,03 nm bei 200 nm und 0,05 nm im Bereich 300 - 900 nm. Die reziproke Lineardispersion bei 193 - 300 nm ist 2,5 nm/mm und bei 300 - 900 nm beträgt sie 5,0 nm/mm. Durch eine vor dem Gitter in den Strahlengang einschaltbare Schwingblende wird bei Flammenemissionsmessungen das Licht im Monochromatorteil mechanisch moduliert.

Der Universalbrenner kann für fast alle gebräuchlichen Gasgemische (Luft/Acetylen, Luft/Wasserstoff, Lachgas/Acetylen, Lachgas/Wasserstoff, Lachgas/Propan) verwendet werden. Die Schlitzlänge beträgt 10 cm. Die Formgebung und das Material (Titan) verhindern Graphitbildung am Brennerschlitz. Durch die Höhenverstellung kann in der für jedes Element jeweils günstigen Flammenzone gemessen werden. Der Universalbrenner kann gegen einen Edelstahlbrenner für Luft/Propan-Gasgemisch ausgetauscht werden. Die Brenner sind nach Seite und Winkel justierbar.

Der Zerstäuber besteht aus Titan mit Edelstahlkanüle, die gegen eine Platin-Iridiumkanüle ausgetauscht werden kann. Die Zerstäuberkammer ist massiv Teflon. Der Zerstäuber spricht bei geringem Probenverbrauch sehr schnell an, was bei der Spurenanalyse in kleinen Lösungsvolumina sehr vorteilhaft ist.

Der Lampenwechsler enthält einen Revolver, in dem vier Hohlkathodenlampen justiert werden können. Neben der Lampe in Meßposition kann eine zweite vorgeheizt werden. Das Licht der Hohlkathodenlampe wird elektrisch moduliert. In der Lampenwechsslereinheit ist auch die Gasversorgung untergebracht. Je zwei Brenn- und Trägergase sind gleichzeitig anschließbar. Die Anzeige der Gasmengen erfolgt durch Dreiflächenmeßrohre mit 15 cm langen Skalen. Außerdem ist im Lampenwechsler die automatische Nullpunkteinstellung untergebracht.

Die Meßgeräteanzeige wird hierbei durch Tastendruck automatisch auf E = 0 oder T = 1 eingeregelt (Einlaufgenauigkeit 0,1% T).

Der Verstärkerteil im Anzeigegerät besitzt drei Verstärkungsstufen. Das Grundsignal kann 10- und 100fach verstärkt werden.

Mit dem Anzeigeteil 3 im Anzeigegerät wird zwischen Transmissions- und Extinktionsanzeige gewählt. Weiter ist der Abgleich auf T = 1 oder E = 0 und E = 0,1 möglich. Durch einen wählbaren Faktor zwischen 0,2 und 5 kann das primäre Meßsignal so verändert werden, daß die Anzeige direkt die Konzentration ergibt. Unabhängig von der Wahl der Anzeige sind vier Dämpfungszeiten einstellbar. Eine digitale Mittelwertbildung aus bis zu 256 Einzelmessungen bei 5,1 s Integrationszeit ist möglich. Gekrümmte Eichkurven mit Abweichungen bis zu 30% vom linearen Verlauf lassen sich mit dem Eichkurvenkorrektor im Extinktionsbereich 0,1 bis 1,0 linearisieren.

Die Verstärkungsautomatik im Anzeigegerät dient lediglich zur Einregelung der optimalen Hochspannung des Empfängers.

Die Grundausrüstung des FMD 3 kann durch Zusatzteile ergänzt werden. Mit dem Ergänzungsteil "Eichautomatik" kann ein vorgegebener Eichwert eingestellt und dadurch Empfindlichkeitsschwankungen ausgeglichen werden. Der Ergänzungsteil "automatischer Untergrundkompensator" eliminiert Analysenstörungen durch unspezifische Absorption. Bei hohen Salzkonzentrationen in den Analysenlösungen kann neben der spezifischen Absorption des Analysenelementes eine unspezifische Absorption durch Lösungspartner auftreten. Der Untergrundkompensator mißt alternierend mit einer Hohlkathodenlampe die Gesamtabsorption und mit einer Deuteriumlampe die unspezifische Absorption. Zur Anzeige gelangt darauf die der spezifischen Absorption entsprechende Extinktion.

An den Digitalausgang des Anzeigegerätes kann ein passender Drucker angeschlossen werden, von dem neben dem Meßergebnis die fortlaufende Probenummer und das Datum ausgedruckt werden.

An den Analogausgang des Anzeigegerätes läßt sich ein hochohmiger Kompensationsschreiber mit erdfreiem Eingang anschließen. Der Schreiberanschluß des Anzeigegerätes ist für 5, 10 und 20 mV Vollausschlag bei einem Innenwiderstand von 50, 100 und 200 Ohm eingerichtet. Bei Verwendung des Kompensographen "Servogor S" (Firma Metrawatt, Nürnberg) ist beim 20 mV Ausgang eine bis zu 100fache Skalendehnung möglich. Der parallele Analogausgang ist mit einer Nullpunktsunterdrückung ausgestattet. Jeder beliebige Meßwert (Emission, Extinktion oder Konzentration) kann durch eine einstellbare Gegenspannung (am Anschluß 0 ...+20 mV) unterdrückt werden.

Ein weiterer nützlicher Zusatz ist ein Wellenlängenantrieb für
die automatische Registrierung von Emissionsspektren mit 10 Ge-
schwindigkeitsstufen von 0,2 bis 200 nm in der Minute.

Zu erwähnen ist noch, daß das Atomabsorptions-Spektrometer FMD 3
mit einem Hg-Zusatz zur flammenlosen Quecksilberbestimmung und
mit einer Graphitrohrküvette zur flammenlosen Atomabsorption aus-
gerüstet werden kann. Weitere Informationen enthält die Gebrauchsanleitung (G 50-625/III-d) zum FMD 3 und die Druckschrift 50-625/
IV-d der Firma Carl Zeiss, Oberkochen.

1.2   Theoretische Grundlagen der Meßmethoden

1.2.1   Spektralphotometrie (Kolorimetrie)

Bei der "Kolorimetrie" werden die zu analysierenden chemischen
Elemente in gefärbte Verbindungen überführt. Die Konzentration
solcher Farbstoffe in der Lösung wird photometrisch gemessen.
Mit steigender Konzentration des Farbstoffes und zunehmender
Schichtdicke der durchstrahlten Lösung nimmt die Absorption der
Lösung zu. Bei gleichbleibender Schichtdicke wird dabei meistens
für einen bestimmten Konzentrationsbereich ein linearer Zusammen-
hang zwischen Konzentration und Absorption der Lösung beobachtet.
Es ist deshalb möglich, aus der Absorption der gefärbten Lösung
auf die Konzentration eines gesuchten Elementes zu schließen.

Einfache Gesetzmäßigkeiten für die Absorption ergeben sich bei
Verwendung monochromatischer Strahlung. Der von einer Lichtquelle
mit der Intensität I_o (λ) ausgehende Strom einer monochromatischen
Strahlung wird beim Durchgang durch ein homogenes absorbierendes
Medium geschwächt und tritt mit der Intensität I (λ) aus dem absorbierenden Medium aus. Das Verhältnis T (λ) = I (λ)/I_o (λ) wird
als Durchlaßgrad oder Transmissionsgrad bezeichnet.

Bei der spektralphotometrischen Messung können die an den Grenz-
flächen von Medien auftretenden Reflexionsverluste der Strahlung
vernachlässigt werden, weil Vergleichsmessungen gegen gleichartige Küvetten, die mit gleichartigen Lösungen gefüllt sind, durchgeführt werden. Verglichen werden hier stets die "Reindurchlaß-
grade" der Lösungen. Die Reflexionsanteile der Absorption werden
beim Meßvorgang eliminiert.

Nach dem Lambert'schen Gesetz ist

$$T(\lambda) \quad = \quad 10^{-k(\lambda) \cdot d} \tag{1}$$

Darin bedeuten: k(λ) = dekadischer Extinktionsmodul mit der Di-
mension 1/cm und d = Schichtdicke des durchstrahlten Mediums in
cm.

Der dekadische Logarithmus des reziproken Durchlaßgrades (= Rein-
durchlaßgrades) wird Extinktion genannt.

$$E(\lambda) \quad = \quad \log \frac{1}{T(\lambda)} \tag{2}$$

$$E(\lambda) \;=\; k(\lambda) \cdot d \tag{3}$$

Der dekadische Extinktionsmodul ist häufig, aber nicht immer der Konzentration c des gelösten Farbstoffes proportional (Gesetz von Beer):

$$k(\lambda) \;=\; e(\lambda) \cdot c \tag{4}$$

$$E(\lambda) \;=\; e(\lambda) \cdot c \cdot d \tag{5}$$

Die Größe $e(\lambda)$ wird dekadischer Extinktionskoeffizient genannt. Häufig werden Konzentrationen in M/l gemessen und $e(\lambda)$ wird dann als molarer Extinktionskoeffizient bezeichnet.

Das Lambert-Beer'sche Gesetz gilt streng nur für die Absorption monochromatischen Lichtes. Für Strahlung endlicher, kleiner spektraler Bandbreite kann das Lambert-Beer'sche Gesetz innerhalb der Meßgenauigkeit als gültig angesehen werden.

Bei Gültigkeit des Lambert-Beer'schen Gesetzes, also im linearen Bereich einer Eichkurve, ist die Konzentration einer Lösung gegeben durch:

$$c \;=\; \frac{1}{e(\lambda)} \cdot \frac{E(\lambda)}{d} \tag{6}$$

Ist der Faktor $1/e(\lambda)$ einmal ermittelt, so kann die jeder gemessenen Extinktion zugehörige Konzentration der Lösung nach Gleichung (6) leicht errechnet werden.

Zweckmäßig wird bei der graphischen Darstellung $E(\lambda)/d$ gegen die Konzentration c aufgetragen. Ist das Lambert-Beer'sche Gesetz nicht erfüllt, d.h. die Steigung der Eichkurve $1/e(\lambda)$ verändert sich im ganzen benutzten Konzentrationsbereich, so muß der gesamte Verlauf der Eichkurve empirisch bestimmt werden. Die einer gemessenen Extinktion entsprechende Konzentration einer Lösung muß dann jeweils graphisch ermittelt werden.

<u>Grundregeln</u> für spektralphotometrische Messungen:

Spektralphotometrische Messungen sollten in Bereichen der Extinktion ausgeführt werden, für die das Lambert-Beer'sche Gesetz gültig ist. Denn die linearen Bereiche von Eichkurven können mit wenigen Meßpunkten genauer festgelegt und besser reproduziert werden als gekrümmte Kurvenbereiche.

Die gemessenen Extinktionswerte sollten möglichst zwischen O,2 und O,7 liegen. In diesem Meßwertbereich ist der relative Fehler der Extinktion $\Delta E/E$ am geringsten (Minimum bei E = O,434). Auch durch Streulicht des Monochromators verursachte Meßfehler bleiben im genannten Extinktionsbereich relativ klein, wachsen aber mit steigender Extinktion rasch an (Zeiss-Druckschrift G 50-657/ VI-d).

Die beiden Grundforderungen – "Gültigkeit des Lambert-Beer'schen Gesetzes" und "Extinktionsbereich zwischen O,2 und O,7" – können durch Variation der Konzentration c der Meßlösungen und/oder der

Schichtdicke d der Küvetten in den meisten Fällen praktisch erfüllt werden.

1.2.2 Flammenspektrometrie

Die Energiezufuhr durch eine Flamme reicht bei vielen Elementen
aus, die Atome oder Moleküle anzuregen, d.h. sie in energetisch
höhere Zustände zu überführen. Aufgrund des Atombaues gibt es
für jede Atomart und aufgrund des Molekülbaues für jede Molekül-
art nur bestimmte diskrete Anregungszustände mit entsprechenden
diskreten Energiewerten. Bei Rückkehr zu einem energetisch nie-
deren Zustand oder den Grundzustand wird deshalb Strahlung ganz
bestimmter Wellenlängen emittiert. Jedes Element besitzt ein charakteristisches Emissionsspektrum, das aus Linien und Banden zusammengesetzt ist.

Die in der Flamme befindlichen Atome eines Elementes absorbieren
Strahlung bestimmter Wellenlängen. Sie gehen dabei vom atomaren
Grundzustand in diskrete Anregungszustände über. Jedes Element
besitzt ein charakteristisches Absorptionsspektrum, das aus Linien besteht. Die Absorptionslinien werden auch als Resonanz-
linien bezeichnet. Sie sind identisch mit einigen Emissionslinien
des gleichen Elementes.

Für die quantitative flammenspektrometrische Analyse ergeben sich
zwei Möglichkeiten:

1. Die Intensität der emittierten Strahlung einer bestimmten Wellenlänge zu messen. Diese Methode wird als Emissionsflammenspektrometrie (auch Flammenphotometrie) bezeichnet; oder

2. Den durch die Atome eines Elementes absorbierten Teil einer
Strahlung zu messen, wenn der Lichtstrom einer Hohlkathodenlampe
des gleichen Elementes durch die Flamme geschickt wird. Diese
Methode wird als Absorptionsflammenspektrometrie oder gebräuch-
licher als Atomabsorption bezeichnet.

Die Emissionsflammenspektrometrie wird vorzugsweise bei Elementen
angewendet, deren Atome (bzw. Moleküle) in der Flamme leicht an-
geregt werden. Diese Elemente sind vor allem die Alkalien und
schweren Erdalkalien. Bei schwer anregbaren Elementen, die aber
in der Flamme genügend atomaren Metalldampf geben, kommt die Atomabsorption zur Anwendung.

Die quantitative flammenspektrometrische Analyse solcher Elemente
ist möglich, weil die Intensität der emittierten Strahlung $I(\lambda)$
beziehungsweise bei der Atomabsorption die Extinktion $E(\lambda)$ direkt
proportional ist der Konzentration c des Elementes in der Lösung,
die der Flamme zugeführt wird. Die gemessenen Intensitäten bzw.
Extinktionen sind aber nicht nur von der Konzentration c des Elementes in den zugeführten Lösungen abhängig, sondern werden außerdem beeinflußt durch die apparativen Bedingungen bei der Messung
und durch die physikalisch-chemischen Eigenschaften der Lösungen.
Während einer Messung ist der emittierende bzw. absorbierende
Prozentanteil eines Elementes in der Flamme jeweils abhängig von
den physikalischen Eigenschaften der Flamme, von der Art des Ein-
bringens der Lösungen in die Flamme, von der Verdampfung, Disso-

ziation und Ionisation der Analysensubstanz in der Flamme und
von der Art und Konzentration von Lösungspartnern. Die komplexe
Abhängigkeit flammenspektrometrischer Messungen von physikalischen und chemischen Eigenschaften der verwendeten Flammen und
Lösungen erschwert bei quantitativen Analysen den zuverlässigen
Rückschluß von gemessenen Intensitäten und Extinktionen auf zugehörige Konzentrationen des Analysenelementes.

Die das flammenspektrometrische Meßergebnis beeinflussenden Faktoren müssen im folgenden kurz umrissen werden. Ausführlichere
Darstellungen finden sich beispielsweise bei Dean und Rains
(1969, 1971) und Herrmann und Alkemade (1960).

Bei der Flammenspektrometrie werden im wesentlichen zwei Grund-
typen von Brennern verwendet: der Vorkammerzerstäuberbrenner und
der Direktzerstäuberbrenner.

Beim <u>Vorkammerzerstäuberbrenner</u> werden die Brenngase vor Eintritt
in den Brenner gemischt. Die laminar strömend den Brenner ver-
lassenden Gase erzeugen eine ruhig brennende, geräuscharme,
"laminare Flamme". An dieser Flamme lassen sich mehrere Zonen
unterscheiden: Ein Innenkonus, in dem die wesentlichen Verbren-
nungsvorgänge stattfinden. Dieser Innenkonus — auch primäre Verbrennungszone genannt — ist durch instabile thermodynamische
Verhältnisse gekennzeichnet. Bei C- und H-haltigen Flammen zeigt
der Innenkonus eine starke bläulichgrüne Lichtemission. Für Messungen wird der Innenkonus nur selten herangezogen. Über der
primären Verbrennungszone folgt eine langgestreckte reaktions-
freie Zone, in der sich nahezu ein thermodynamisches Gleichge-
wicht eingestellt hat. In dieser reaktionsfreien Zone liegt unmittelbar über der Spitze des Innenkonus der heißeste Teil der
Flamme, wenn in der primären Verbrennungszone genügend Sauerstoff
zur vollständigen Verbrennung des Gasgemisches vorhanden ist.
Für flammenspektrometrische Messungen wird normalerweise die re-
aktionsfreie Zone der Flamme verwendet. Schließlich zeigt die
in Luft brennende Flamme noch einen äußeren Mantel oder Außenkonus, in dem die Vermischung mit Außenluft erfolgt und die Verbrennung von Restgasen eintritt. Die Verbrennung von CO zu CO_2
im Außenkonus ist mit einer schwach blauvioletten Lichtemission
verbunden, die als Untergrundstrahlung der Flamme bei Emissionsmessungen in Erscheinung tritt. Bei unvollständiger Verbrennung
der Gase im Innenkonus kann gelegentlich der Außenkonus durch
die Nachverbrennung in der Außenluft zum heißesten Flammenteil
werden.

Der laminaren Flamme wird die in einer Vorkammer zerstäubte Analysenlösung zugeführt. Die Lösung wird von dem die Vorkammer
durchströmenden Oxydanten (Luft, O_2, N_2O) kapillar angesaugt
und durch Aufprall in der Vorkammer zerstäubt. Die feinsten Flüs-
sigkeitströpfchen werden vom Oxydanten als Sol mitgerissen und
gelangen weiter ins Brenngasgemisch und in die Flamme. Die größeren Tröpfchen werden in der Vorkammer abgeschieden. Nur ein
geringer Teil — etwa 1 bis 5% — der angesaugten Lösung gelangt
in die Flamme. Durch die geringe, feinstverteilte Flüssigkeits-
menge werden die Flammeneigenschaften, besonders die Temperatur,
nicht wesentlich verändert. Weiter steht die Wärmeenergie der
ganzen Flamme zur Verdampfung und Dissoziation einer relativ

kleinen Flüssigkeits- und Festsubstanzmenge zur Verfügung. Die
sehr feine, homogene Verteilung der in die Flamme geführten Lösung bedingt gut reproduzierbare Verdampfungs- und Dissoziations-
vorgänge. Der Vorkammerzerstäuberbrenner ist für die Atomabsorption besonders gut geeignet und hat sich als universal verwend-
barer Brennertyp auch bei der Flammenemissionsspektralanalyse
durchgesetzt.

Beim Direktzerstäuberbrenner werden die Brenngase erst in der
Flamme gemischt und die kapillar angesaugte Analysenlösung unmittelbar in die Flamme gesprüht. Die turbulente Bewegung der
sich mischenden Brenngase erzeugt eine stark rauschende "turbulente Flamme", an der keine gut ausgeprägten Zonen zu erkennen
sind. Bei gleichen Brenngasen ist im allgemeinen die turbulente
Flamme des Direktzerstäuberbrenners kälter als die laminare Flamme eines Vorkammerzerstäuberbrenners. Ein Vorteil des Direktzer-
stäuberbrennners ist für bestimmte Fälle, daß die gesamte Analysenlösung in die Flamme gesprüht wird und so Fraktionierungen
vermieden werden. Weiterhin ist die verdampfende Salzmenge absolut größer als beim Vorkammerzerstäuberbrenner und bei leicht
dissoziierbaren Elementen kann trotz kälterer Flamme und kleine-
rem Dissoziationsgrad die zur Emission beitragende Substanzmenge
absolut größer sein als beim Vorkammerzerstäuberbrenner. Nachteile des Direktzerstäuberbrenners ergeben sich vor allem durch
die zusätzliche Abkühlung der Flamme mit der zugeführten großen
Lösungsmenge, der ungünstigen Tröpfchenverteilung in der Flamme
und die labileren Verhältnisse brennender Gase mit turbulenter
Bewegung.

Der Direktzerstäuberbrenner ist für absorptionsflammenspektrometrische Messungen wenig geeignet. Nur bei der Emissionsflammenspektrometrie der Alkalien ist er dem Vorkammerzerstäuberbrenner
gleichwertig oder kann ihm überlegen sein.

Auf den Einfluß von Flammentyp, Art der Lösungszufuhr in die
Flamme, sowie Menge und Verteilung der zugeführten Lösung auf
die Verdampfung und Dissoziation wurde oben hingewiesen. Optimale Verhältnisse werden im allgemeinen erreicht, wenn alle zu-
geführte Substanz in der Flamme verdampft. Schwer verdampfende
Substanzen erfordern heiße Flammen (Gasgemische von C_2H_2/N_2O,
C_2H_2/O_2, $C_2H_2/Luft$). Bei leichter verdampfenden Substanzen bieten
kältere Flammen (H_2/O_2, $H_2/Luft$, $C_3H_8/Luft$) meistens Vorteile.

Neben der möglichst vollständigen Verdampfung ist die molekulare
Dissoziation eines chemischen Elementes in der Flamme für die
flammenspektrometrische Analyse von größter Wichtigkeit. Von
einem in der Flamme verdampfenden Element wird ein Teil in der
Flamme als freie Atome vorkommen, ein zweiter wird ionisiert
sein und ein dritter in Form nicht dissoziierter Verbindungen
vorliegen. Nur die freien Atome sind flammenspektrometrischen
Messungen zugänglich.

Unter Berücksichtigung des Massenwirkungsgesetzes ergibt sich
für den Dissoziationsgrad α beispielsweise von NaCl die Beziehung

$$\frac{\alpha^2}{1-\alpha} = \frac{K_p(T)}{p_{Na} + p_{NaCl}} \tag{7}$$

K_p = Dissoziationskonstante. p_{Na} und p_{NaCl} sind die Partialdrücke von Na und NaCl in der Flamme.

Aus der Beziehung folgt:

Die Dissoziation wird vollständiger, wenn die Summe der Partialdrücke p_{Na} + p_{NaCl} in der Flamme abnimmt. Das wird praktisch erreicht durch Verringerung der Lösungskonzentration.

Bei Temperaturerhöhung nimmt die Dissoziation zu.

Andere Chloride neben NaCl erhöhen nach dem Massenwirkungsgesetz den Partialdruck p_{Cl} und erniedrigen den von p_{Na}. Damit verringert sich der Dissoziationsgrad von NaCl und folglich die Na-Emission bzw. Na-Absorption.

Vor allem die Alkalien, weniger die Erdalkalien und andere Elemente, werden in der Flamme stark ionisiert. Der ionisierte Anteil geht der flammenspektrometrischen Messung verloren. Für den Ionisationsgrad β von Na ergibt sich aus der Sahaschen Gleichung die Beziehung

$$\frac{\beta^2}{1 - \beta} = \frac{I\ (T)}{p_{Na} + p_{Na^+}} \tag{8}$$

I = Ionisationskonstante.

Weil die Erhöhung des Ionisationsgrades eine Verringerung der atomaren Emission bzw. Absorption bedeutet, folgt aus dieser Beziehung:

Eine Temperaturerhöhung bewirkt eine Zunahme der Ionisation und damit eine Abnahme der atomaren Konzentration und folglich eine Abnahme der Emission bzw. Absorption.

Eine Erhöhung der Summe der Partialdrücke p_{Na} + p_{Na^+} in der Flamme, das bedeutet eine Erhöhung der Lösungskonzentration von NaCl, bewirkt eine Erniedrigung des Ionisationsgrades und dadurch eine Vergrößerung der Emission bzw. Absorption.

Die Zugabe eines Partners, der viele Elektronen in die Flamme abgibt, verringert nach der Sahaschen Gleichung p_{Na^+} und damit den Ionisationsgrad von Na, zwangsläufig muß eine Erhöhung der Emission bzw. Absorption eintreten.

Als letzter Faktor, der die Meßergebnisse beeinflußt, ist die Wirkung von Lösungspartnern zu erläutern. Bei modernen Flammenspektrometern lassen sich die apparativen Bedinungen, wie Flammenform, Flammentemperatur, Zufuhr der Lösung in die Flamme, über ausreichend lange Zeiten konstant halten. Lösungspartner verändern diese apparativen Bedingungen und dazu auch die Dissoziation und Ionisation des Analysenelementes in der Flamme. Herrmann und Alkemade (1960) geben folgende Übersicht zu Störmöglichkeiten durch Lösungspartner:

1.2.2.1 Blindwertstörungen

1. Querempfindlichkeit

Ein auf eine Linie eingestellter Monochromator läßt abhängig von der Öffnung des Monochromatorspaltes auch Licht anderer Wellenlängen (Bandbreite) und sogenanntes Streulicht durch. Die dadurch verursachte Querempfindlichkeit ist bei Monochromatoren im Gegensatz zu Linienfiltern bei flammenspektrometrischen Messungen meistens vernachlässigbar klein. Für besondere Zwecke (z. B. extreme Spurenanalysen) kann die Querempfindlichkeit durch Verwendung von Doppelmonochromatoren sehr stark verringert werden.

2. Untergrundstörungen

a) Untergrundstörungen durch Beeinflussung der Eigenstrahlung der Flamme.
Die Eigenstrahlung der Flamme kann verändert werden durch Lösungspartner, welche die kontinuierliche Strahlung der Flamme (Flammenuntergrund) oder die Bandenemission der Flammengase beeinflussen.

b) Untergrundstörungen durch überlappende Strahlung von Lösungspartnern.
Manche Elemente wie Molybdän geben neben ihrer spezifischen Linienemission eine fest kontinuierliche Strahlung über größere Wellenlängenbereiche des Spektrums, andere wie Bor geben Bandenemissionen über weite Wellenlängenbereiche. Solche Strahlungen können den Untergrund unter einer Emissionslinie anheben.

1.2.2.2 Emissionsbeeinflussungen der Analysenlinie oder Bande

1. Nicht spezifische Emissionsbeeinflussungen

Nicht spezifische Emissionsbeeinflussungen treten ein, wenn Lösungspartner auf die Oberflächenspannung, die Dichte, die Viskosität und/oder den Dampfdruck der Analaysenlösungen einwirken. Solche Störungen werden vor allem bei hohen Lösungskonzentrationen bemerkbar und wirksam. Es lassen sich unterscheiden:

a) Beeinflussung des Transportes der Analysensubstanz bis in die Flamme

b) Beeinflussung der Verdampfung des Flüssigkeitsanteiles der Tröpfchen

c) Beeinflussung der Flammenform

2. Spezifische Emissionsbeeinflussungen

Spezifische Emissionsbeeinflussungen werden durch Faktoren verursacht, die die Menge der emittierenden bzw. absorbierenden Atome eines Elementes in der Flamme verändern oder die Anregung selber verändern. Zu unterscheiden sind:

a) Beeinflussung der Verdampfung der festen Partikel. Auch die Verdampfung der festen Partikel in der Flamme wird von der Konzentration der zugeführten Lösung beeinflußt. Wichtiger aber sind Störungen durch Lösungspartner, die mit dem Analysenelement schwer verdampfende Verbindungen bilden. Als Beispiel sei die Bildung von Calciumaluminat bei Gegenwart von Calcium und Aluminium in der Lösung genannt.

b) Beeinflussung der molaren Dissoziation. Die molare Dissoziation kann durch Lösungspartner — wie oben unter Dissoziationsgrad angeführt — verändert werden. Vor allem führen komplexbildende Anionen zu großen Störungen, zum Beispiel Phosphationen bei der Calciumanalyse.

c) Beeinflussung der Ionisation wird durch Lösungspartner verursacht, die selber Elektronen in die Flamme geben und den Ionisationsgrad

des Analysenelementes verringern. Ein solches Element ist beispielsweise das Caesium.

d) Beeinflussung der Anregung ist eine Folge der Veränderung der Flammentemperatur durch die verdampfenden Lösungspartner, vor allem
wenn große Substanzmengen verdampft werden müssen.

Bei Flammenabsorptionsmessungen (Atomabsorption) entfallen die
Blindwertstörungen und die Anregungsbeeinflussungen. Alle übrigen Störmöglichkeiten gelten für die Atomabsorption genauso wie
für die Emissionsflammenspektrometrie.

Die komplexen Zusammenhänge der Störfaktoren gestatten nur wenige allgemeingültige Regeln für die Flammenspektrometrie. Genau-
ere Anleitungen haben immer nur für einen bestimmten Gerätetyp
Gültigkeit, weil apparative Maßnahmen und chemische Maßnahmen
zur Beseitigung von Analysenstörungen parallelgehen und aufeinan-
der abgestimmt werden müssen. Folgende Punkte können aufgezählt
werden:

Zur Flammenspektrometrie wird ein weitgehend variables Gerät benötigt, das für emissions- und absorptionsflammenspektrometrische
Messungen gleich gut geeignet ist. Das Gerät muß die Auswahl von
verschiedenen Brenngasgemischen, Wechsel der Brenngasdrücke und
eine Höhenverstellung des Brenners zulassen, um für jedes Analysenelement die "optimale Flamme" einstellen zu können. Durch
Variation der apparativen Bedingungen lassen sich zwar nicht alle
Störungen beseitigen, die meisten aber vermindern.

Fast alle oben aufgezählten Störmöglichkeiten durch Lösungspartner werden durch Verdünnen der Analysenlösungen stark verringert.
Grundsätzlich ist deshalb die Flammenspektrometrie zur Analyse
nur solcher Elemente gut geeignet, die sich in stark verdünnten
Lösungen noch empfindlich genug nachweisen lassen.

Die Dissoziation und Ionisation eines Elementes in der Flamme
kann im Einzelfall durch bewußte Zugabe von Lösungspartnern beeinflußt und "normalisiert" oder "gepuffert" werden. Jedoch ist
die Anwendung von sogenannten "Dissoziations-" oder "Ionisationspuffern" nicht allgemein möglich und bei Lösungen komplexer Zusammensetzung ist die Wirkung oft ungenügend.

Als wirksamste chemische Maßnahme ist die Abtrennung störender
Lösungspartner zu nennen.

Zur Registrierung flammenspektrometrischer Messungen wird zweckmäßig ein Kompensationsschreiber verwendet, der an das Anzeigegerät des Spektralphotometers anzuschließen ist. Ein weiteres
nützliches Zusatzgerät ist ein automatischer Wellenlängenantrieb
für den Monochromator. Mit diesen Zusatzgeräten ergeben sich die
folgenden Registriermöglichkeiten:

1. Der interessierende Spektralbereich, in dem die Analysenlinie
liegt, wird mit Hilfe des Wellenlängenantriebes abgefahren. Höhe
oder Flächeninhalt der Analysenlinien können als Maß für die Intensität I der emittierten Strahlung bzw. als Maß für die Trans-
mission T bei Absorptionsmessungen verwendet werden.

Vorteil des Verfahrens ist, daß kein Verdriften des Monochromators das Meßergebnis verfälschen kann. Weiterhin können bei der

Flammenemission Untergrundstörungen durch Lösungspartner leicht
erkannt werden. Bei der Atomabsorption wird dieses Registrier-
verfahren des Abfahrens der Analysenlinie wenig angewendet,
weil Untergrundstörungen bei Absorptionsmessungen entfallen.

2. Die am häufigsten angewendete Registriermethode ist das Messen auf der Analysenlinie. Zunächst muß dazu bei möglichst weit
geschlossenem Monochromatorspalt das Amplitudenmaximum der Analysenlinie eingestellt werden. Bei weiter geöffnetem Spalt und
feststehender Wellenlänge wird darauf die Emission bzw. Absorption der Analysenlösung über ein bestimmtes Zeitintervall gemessen.

Mit dieser Registriermethode des Messens auf der Analysenlinie
erhält man die beste Reproduzierbarkeit der Meßergebnisse bei
geringstem Bedarf an Zeit und Lösungsmenge.

Bei flammenspektrometrischen Messungen muß die Breite des Monochromatorspaltes möglichst klein gewählt werden und der Empfänger
soll entsprechend mit großer oder voller Verstärkung arbeiten.
Die Gründe sind folgende:

Bei der Emissionsflammenspektrometrie ändert sich der Photostrom
einer Linie etwa proportional mit der Spaltbreite, dagegen die
Untergrundstrahlung etwa proportional mit dem Quadrat der Spaltbreite. Um ein möglichst günstiges Verhältnis von Nutzausschlag
gegen Untergrundausschlag zu erhalten, muß die Spaltbreite klein
gehalten werden.

Bei der Atomabsorption ist die Wahl kleiner Spaltbreiten nötig,
um statistische Schwankungen des Flammenkontinuums und ihre Verstärkung innerhalb der Bandbreite des Monochromators zu unterdrücken, weiterhin um das Rauschen des Empfängers durch den
Gleichlichtanteil des Flammenkontinuums zu verringern und um
das von der Hohlkathodenlampe emittierte schwache Kontinuum zu
unterdrücken.

Zu beachten ist in diesem Zusammenhang, daß bei Gittermonochromatoren das Verhältnis von Spaltbreite und Bandbreite über den
ganzen erfaßbaren Wellenlängenbereich konstant ist. Beim Zeiss
Monochromator MB 3 beträgt die Bandbreite 5 nm je mm Spaltöffnung. Gittermonochromatoren sind besonders im langwelligen Spektralbereich wegen ihres größeren Auflösungsvermögens den Prismenmonochromatoren bei flammenspektrometrischen Messungen vorzuziehen. Bei Prismenmonochromatoren ist der Zusammenhang von
Spaltbreite und Bandbreite nicht mehr linear. Zu größeren Wellenlängen nimmt die Bandbreite sehr stark zu. Für jede Wellenlänge und Spaltbreite muß die zugehörige Bandbreite aus einem
Nomogramm entnommen werden.

Anleitungen zur flammenspektrometrischen Analyse der einzelnen
Elemente mit dem Zeiss-Spektralphotometer FMD 3 unter optimalen
physikalischen und chemischen Bedingungen finden sich in den
entsprechenden Kapiteln dieses Buches.

1.3 Statistische Methoden zur Beurteilung von Reproduzierbarkeit und Richtigkeit der Analysenergebnisse

Einleitung

Wenn die Leistungsfähigkeit eines Analysenverfahrens beurteilt werden soll, muß unterschieden werden zwischen der "Reproduzierbarkeit" (precision) und der "Richtigkeit" (accuracy) der erhaltenen Analysenwerte.

Die Reproduzierbarkeit hängt von "Zufallsfehlern" des Analysenverfahrens ab. Die Reproduzierbarkeit kann für ein Analysenverfahren mit statistischen Methoden aus einer größeren Anzahl von Analysenwerten ermittelt werden.

Die Richtigkeit der nach einem Analysenverfahren erhaltenen Meßwerte hängt von "systematischen Fehlern" des Verfahrens ab. Die Richtigkeit der Analysenergebnisse — d.h., ob die erhaltenen Analysenwerte mit den tatsächlichen Gehalten in der Probe übereinstimmen — ist nur gesichert, wenn mindestens zwei, besser aber mehrere voneinander völlig unabhängige Analysenverfahren die gleichen Ergebnisse liefern.

Standardabweichung, Varianz

Aus einer Anzahl von n Einzelmessungen ergibt sich der Mittelwert (average) als:

$$\bar{x} = \frac{x_1 + x_2 + x_3 + \ldots + x_n}{n} \tag{9}$$

Der mittlere Fehler (average deviation = mittlere Abweichung vom Mittelwert) ist:

$$\bar{d} = \frac{(x_1 - \bar{x}) + (x_2 - \bar{x}) + (x_3 - \bar{x}) + \ldots + (x_n - \bar{x})}{n} \tag{10}$$

Als scheinbarer Fehler einer Einzelmessung wird die Differenz zwischen dem einzelnen Meßwert x und dem Mittelwert aller Einzelmessungen $\bar{x}$ bezeichnet:

$$d = x - \bar{x} \tag{11}$$

Die einzelnen Meßwerte x_1 bis x_n streuen um den Mittelwert $\bar{x}$. Diese Streuung ist das Ergebnis von Zufallsfehlern. Trägt man die Größe der einzelnen Meßwerte auf der Abzisse und ihre Häufigkeit als Ordinate in einem Koordinationssystem auf, so erhält man bei einer genügend großen Anzahl von Meßwerten gewöhnlich eine glockenförmige Kurve mit einem Häufigkeitsmaximum an der Stelle des Mittelwertes, d.i. die sogenannte Gauß'sche Normalverteilungskurve.

Durch diese Glockenkurve ist die Reproduzierbarkeit eines Analysenverfahrens charakterisiert. Je spitzer die Kurve ausfällt, um so besser ist die Reproduzierbarkeit des Verfahrens; je flacher die Glockenkurve, um so schlechter ist die Reproduzierbarkeit.

Tabelle 1. Werte von k und S

k	S in %
0,678	50,0
1,00	68,3
1,64	90,0
1,96	95,0
2,00	95,5
2,58	99,0
3,00	99,7
3,29	99,9

Zwischen den beiden Wendepunkten ergibt die Integration der Glockenkurve immer einen Flächenanteil von 68,3% der Gesamtfläche unter der Kurve. Als charakterisierende Kenngröße der Kurve läßt sich deshalb der Abstand zwischen den Wendepunkten verwenden. Der halbe Abstand zwischen den Wendepunkten wird als Standardabweichung (standard deviation) bezeichnet und ergibt sich als:

$$s = \sqrt{\frac{\Sigma\ d^2}{n-1}} \tag{12}$$

Das Quadrat der Standardabweichung wird als Varianz (variance) bezeichnet:

$$s^2 = \frac{\Sigma\ d^2}{n-1} \tag{13}$$

Mit der Standardabweichung wird vorausgesagt, daß jeder weitere Meßwert x_i vom Mittelwert aller bisherigen Messungen $\bar{x}$ mit einer Wahrscheinlichkeit oder Sicherheit von S = 68,3% um nicht mehr als den Betrag der Standardabweichung s abweichen wird. Mit einer Sicherheit von 95,5% kann vorausgesagt werden, daß die Abweichung nicht größer als 2s sein wird, und mit 99,7% Sicherheit, daß sie nicht größer als 3s sein wird. Meistens werden Voraussagen mit einer statistischen Sicherheit von 95% oder 99% erwünscht sein. Allgemein wird also die Frage nach der voraussichtlichen Abweichung k.s bei vorgegebener statistischer Sicherheit S gestellt. Die Beziehungen zwischen k und S sind in Tabelle 1 zusammengestellt.

Eine andere, häufig benutzte Gleichung für die Varianz bzw. Standardabweichung ergibt sich durch die folgende Umformung aus Gleichung (12):

$$\Sigma\ d^2 = (x_1-\bar{x})^2 + (x_2-\bar{x})^2 + (x_3-\bar{x})^2 + \ldots (x_n-\bar{x})^2 \qquad (14)$$

$$= x_1{}^2 + x_2{}^2 + x_3{}^2 + \ldots + x_n{}^2 - \frac{(x_1+x_2+x_3+\ldots+x_n)^2}{n} \qquad (14a)$$

$$= \Sigma\ x_i{}^2 - \frac{(\Sigma\ x_i)^2}{n} \qquad (14b)$$

$$s = \sqrt{\frac{\Sigma\ x_i{}^2 - \dfrac{(\Sigma\ x_i)^2}{n}}{n-1}} \qquad (15)$$

Anmerkung: Sind bei Gleichung (15) mehr als dreistellige Ziffern zu quadrieren, so reichen Tafeln fünfstelliger Logarithmen nicht mehr aus. Die Standardabweichung wird dann besser nach Gleichung (12) berechnet.

In der analytischen Chemie tritt häufig der Fall ein, daß mit dem gleichen Analysenverfahren Mehrfachbestimmungen am gleichen oder an verschiedenen ähnlichen Objekten durchgeführt werden. Sind X, Y, Z verschiedene Meßreihen mit n, m, p Einzelmessungen, so ergibt sich die Standardabweichung nach Gleichung (16) als:

$$s = \sqrt{\frac{\Sigma\ (x-\bar{x})^2 + \Sigma\ (y-\bar{y})^2 + \Sigma\ (z-\bar{z})^2}{(n-1) + (m-1) + (p-1)}} \qquad (16)$$

Ein anderer Fall ist gegeben, wenn von verschiedenen Analytikern oder Laboratorien mit dem gleichen Analysenverfahren verschiedene ähnliche Objekte oder auch das gleiche Objekt mehrfach analysiert werden und statt der einzelnen Meßwerte jeder Meßreihe die Standardabweichungen s_1, s_2, usw., die jeder einzelne Analytiker oder das einzelne Laboratorium erzielten, mitgeteilt werden. Dann läßt sich die Standardabweichung des Analysenverfahrens aus den mitgeteilten Standardabweichungen wie folgt bestimmen:

$$s = \sqrt{\frac{n.s_1{}^2 + m.s_2{}^2 + \ldots + p.s_K{}^2}{n + m + \ldots + p}} \qquad (17)$$

Wenn dabei allen Meßreihen die gleiche Anzahl Messungen zugrunde liegt, also n = m = p ist und n + m + ... + p = K.n, so vereinfacht sich Gleichung (17) zu:

$$s = \sqrt{\frac{s_1{}^2 + s_2{}^2 + \ldots + s_K{}^2}{K}} \qquad (18)$$

Im Falle von Doppelbestimmungen mit dem gleichen Analysenverfahren an K ähnlichen Objekten ergibt sich aus den Gleichungen (12) und (18):

$$s = \sqrt{\frac{\Sigma\ (x' - x'')^2}{2\ K}} \qquad (19)$$

Darin bedeutet x' - x" die Differenz zwischen den beiden Messungen einer Doppelbestimmung.

Die Standardabweichung beinhaltet eine statistische Aussage über die zu erwartende Zuverlässigkeit eines Analysenverfahrens. Sie macht keine unmittelbare Aussage über die Zuverlässigkeit eines einzelnen bestimmten Meßwertes.

Streubereich, Vertrauensbereich, relative Standardabweichung

Wegen der zufälligen Fehler eines Analysenverfahrens kann die Differenz zwischen einem einzelnen Meßwert x und dem wahren Wert bis zu $\pm \Delta x$ betragen. Die Größe von Δx ist abhängig von der Standardabweichung s des Analysenverfahrens, der vorgegebenen statistischen Sicherheit S und — weil die Standardabweichung nur aus einer begrenzten Zahl von n Messungen bestimmt werden kann (Gl. 12) — von n, der Zahl dieser Meßwerte. Für Δx, den sogenannten Streubereich (interval) gilt daher:

$$\Delta x = t(n,S) \cdot s \qquad (20)$$

Im Gegensatz zur Standardabweichung dient der Streubereich zur Charakterisierung von Einzelmessungen. Der Streubereich besagt, daß bei vorgegebener Sicherheit S ein Meßwert x um den Betrag $\pm\Delta x$ reproduzierbar ist.

Analog zum Streubereich kann ein Streubereich des Mittelwertes definiert werden (Gl. 21). Dieser wird als Vertrauensbereich (confidence interval) bezeichnet:

$$\Delta \bar{x} = t(n,S) \cdot \frac{s}{\sqrt{n_i}} \qquad (21)$$

Dabei ist n_i die Zahl der Einzelmessungen, aus der der Mittelwert $\bar{x}$ gebildet wurde.

Die Gleichungen (20) und (21) lassen deutlich erkennen, daß der Mittelwert $\bar{x}$ aus Mehrfachbestimmungen ein "vertrauenswürdigerer" Wert ist als der Meßwert x einer Einzelbestimmung.

Zur Charakterisierung von Einzelmessungen wird häufig auch die relative Standardabweichung (relativ standard deviation) benutzt. Die relative Standardabweichung ist definiert als:

$$C = \frac{s}{\bar{x}} \cdot 100 \qquad (22)$$

Die t-Probe

Die t-Probe (Student-t-test) dient zum Vergleich von Meßwerten verschiedener Proben, vor allem wenn entschieden werden soll, ob das beiden Meßwerten zugrunde liegende Probenmaterial identisch ist oder ob zwei verschiedene Materialien vorliegen.

Wenn s_x und s_y die Standardabweichungen aus den beiden Meßreihen und n und m die zugehörigen Zahlen der Messungen sind, so ergibt

Tabelle 2. Kritische Werte für t(n,S)

n	S = 95%	S = 99%
1	12,71	63,66
2	4,30	9,93
3	3,18	5,84
4	2,78	4,60
5	2,57	4,03
6	2,45	3,71
7	2,37	3,50
8	2,31	3,36
9	2,26	3,25
10	2,23	3,17
15	2,13	2,95
20	2,09	2,85
50	2,008	2,678

sich:

$$t = \frac{\bar{x} - \bar{y}}{s_{(x,y)}} \cdot \sqrt{\frac{n \cdot m}{n + m}} \qquad (23)$$

Falls n = m ist, vereinfacht sich die Gleichung (23) zu:

$$t = \frac{\bar{x} - \bar{y}}{s_{(x,y)}} \cdot \sqrt{\frac{n}{2}} \qquad (24)$$

Wenn t einen von der vorgegebenen Sicherheit und der Zahl der Meßwerte n und m abhängigen Wert t (n,m,S) nicht überschreitet, kann mit der vorgegebenen statistischen Sicherheit ausgesagt werden, daß beide Proben identisch sind. Andernfalls, wenn t diesen Wert überschreitet, kann mit gleicher Sicherheit gesagt werden, daß zwei verschiedene Materialien vorliegen.

Bei Vorgabe identischen Probenmaterials und Anwendung des gleichen Analysenverfahrens kann auch mit der t-Probe festgestellt werden, ob zwei verschiedene Laboratorien oder zwei verschiedene Analytiker systematische Fehler bei der Analyse machen.

Die Tabelle 2 zeigt, daß der Student-t-Test an wenigen Meßwerten durchgeführt werden kann. Der kritische Wert für t (n,S) nimmt mit steigender Anzahl der Messungen nur noch geringfügig ab. Für n gilt auch (n+m)/2.

Die F-Probe

Die F-Probe (Snedector-F-test) dient zum Vergleich von Standardabweichungen bzw. Varianzen. Mit der F-Probe kann festgestellt werden, ob sich zwei Analysenverfahren in ihrer Zuverlässigkeit unterscheiden. Sind s_1 und s_2 die Standardabweichungen der beiden Verfahren, so gilt:

$$F = \frac{s_1^2}{s_2^2} \quad \text{(wobei F stets >1)} \tag{25}$$

Ein gesicherter Unterschied der Reproduzierbarkeiten zweier Analysenverfahren besteht nur, wenn F einen bestimmten Wert überschreitet. Dieser kritische Wert ist abhängig von der Anzahl der Messungen n_1 und n_2, mit denen die Standardabweichungen s_1 und s_2 bestimmt wurden, und von der vorausgesetzten statistischen Sicherheit, mit der eine Aussage erfolgen soll.

$$F > F (n_1, n_2, S)$$

Durch die F-Probe läßt sich auch entscheiden, welcher Apparat zuverlässiger arbeitet, welcher Analytiker der geschicktere ist, oder ob ein bestimmtes Analysenverfahren nach einiger Zeit im gleichen Labor noch mit der gleichen Zuverlässigkeit gehandhabt wird wie vorher.

Die kritischen Werte für F (n_1, n_2, S) sind unter der Voraussetzung einer statistischen Sicherheit von 95% in Tabelle 3 (S. 20) wiedergegeben. Erst bei relativ großen Meßwertzahlen nimmt der kritische Wert für F nur noch geringfügig ab. Für zuverlässige Entscheidungen nach der F-Probe müssen größere Meßwertreihen verwendet werden.

Untersuchungen der Fehlerursache zwecks Verbesserung der Reproduzierbarkeit eines Analysenverfahrens

Jeder Analysengang besteht aus einer Folge von einzelnen Schritten, z.B. (1) Einwaage, (2) Aufschluß, (3) Lösung des Aufschlusses zu einem bestimmten Volumen, (4) Entnahme eines aliquoten Teiles, (5) Abtrennung von Störpartnern, (6) spektralphotometrische Bestimmung. Den Zufallsfehlern bei jedem einzelnen Schritt des Analysenganges lassen sich entsprechende Standardabweichungen s_1, s_2, s_3, usw. zuordnen. Die gesamte Standardabweichung des Analysenverfahrens setzt sich aus den Standardabweichungen der Einzelschritte des Analysenganges zusammen. Nach dem "Fehlerfortpflanzungsgesetz" gilt:

$$s^2 = s_1^2 + s_2^2 + s_3^2 + \ldots + s_n^2 \tag{26}$$

Nach Gleichung (26) ist leicht einzusehen, daß eine wirksame Verbesserung der Reproduzierbarkeit eines Analysenverfahrens nur erzielt werden kann, wenn die größten unter den Standardabweichungen der Einzelschritte verringert werden. Eine systematische Untersuchung der Fehler von Einzelschritten bei der spektralphotometrischen Analyse von SiO_2 (nach Kap. 3.1.1.1) und Al_2O_3 (nach Kap. 3.1.2.1) wurde beispielsweise von Köster (1964) durchgeführt.

Tabelle 3. Kritische Werte für $F(n_1, n_2, S)$ bei einer statistischen Sicherheit S von 95%

n im Nenner	n im Zähler									
	1	2	3	4	5	6	7	8	9	10
1	161	200	216	225	230	234	237	239	241	242
2	18,51	19,00	19,16	19,25	19,30	19,33	19,36	19,37	19,38	19,39
3	10,13	9,55	9,28	9,12	9,01	8,94	8,88	8,84	8,81	8,78
4	7,71	6,94	6,59	6,39	6,26	6,16	6,09	6,04	6,00	5,96
5	6,61	5,79	5,41	5,19	5,05	4,95	4,88	4,82	4,78	4,74
6	5,99	5,14	4,76	4,53	4,39	4,28	4,21	4,15	4,10	4,06
7	5,59	4,74	4,35	4,12	3,97	3,87	3,79	3,73	3,68	3,63
8	5,32	4,46	4,07	3,84	3,69	3,58	3,50	3,44	3,39	3,34
9	5,22	4,26	3,86	3,63	3,48	3,37	3,29	3,23	3,18	3,13
10	4,96	4,10	3,71	3,48	3,33	3,22	3,14	3,07	3,02	2,97
15	4,54	3,68	3,29	3,06	2,90	2,79	2,70	2,64	2,59	2,55
20	4,35	3,49	3,10	2,87	2,71	2,60	2,52	2,45	2,40	2,35
25	4,24	3,38	2,99	2,76	2,60	2,49	2,41	2,34	2,28	2,24
50	4,03	3,18	2,79	2,56	2,40	2,29	2,20	2,13	2,07	2,02

Nachweisgrenze

Bei der Spurenanalyse ist die "Nachweisgrenze" ein wichtiges
Merkmal der angewendeten Analysenmethode. Die Nachweisempfindlichkeit wird bei jedem chemischen Analysenverfahren z.B. durch
die Eigenschaften der verwendeten Meßinstrumente, unvermeidliche
Verunreinigungen durch die Chemikalien, Verluste während des Ar-
beitsganges, Störungen durch Lösungsgenossen u.a. begrenzt.
Werden genügend empfindliche Meßinstrumente verwendet, so wird
bei "leerem" Ablauf des Analysenverfahrens ein "Blindwert" gemessen. Die Größe der einzelnen gemessenen Blindwerte unterliegt
Zufallsfehlern. Es läßt sich deshalb statistisch eine Standardabweichung s_B der Blindwerte bestimmen.

Für den sichereren Nachweis eines chemischen Bestandteiles ist
wichtig, daß sich der Meßwert x hinreichend von den zufälligen
Schwankungen der Blindwerte abhebt. Der Festlegung der Nachweisgrenze sollte die hohe statistische Sicherheit von 99,7% (= 3s)
zugrunde gelegt werden. Für die Differenz zwischen dem Meßwert
x und dem Mittelwert $\bar{x}_B$ über alle Blindwerte ergibt sich daraus
als geforderte Mindestgröße:

$$x - \bar{x}_B = 3 \cdot \sqrt{2}\ s_B \tag{27}$$

Dabei wird angenommen, daß die Standardabweichung des Analysenverfahrens bei Annäherung der Meßwerte an die Nachweisgrenze
gleich der aus den Blindwerten bestimmten Standardabweichung
ist ($s \approx s_B$).

Die Grenze für die quantitativen Analysenangaben

Der Nachweis eines chemischen Bestandteiles ist statistisch erst
gesichert, wenn der Meßwert x die Größe der Standardabweichung
um ein bestimmtes Vielfaches übertrifft (Gl. 27).

Ein in der Nähe der Nachweisgrenze gelegener Meßwert ist in
seiner Größe unsicher.

Quantitative Angaben der Meßgrößen erlangen erst eine ausreichende Sicherheit, wenn die Meßgrößen die Standardabweichungen um
ein Vielfaches übertreffen. Wenn der Meßwert x beispielsweise
die Größe von 10 $\cdot$ s hat, so kann er bei einer statistischen Sicherheit von 95,5% mit einem relativen Fehler bis zu 20% (100 $\cdot$
2s/10s) behaftet sein. Wird eine statistische Sicherheit von
99,7% vorgegeben, muß mit einem relativen Fehler bis zu 30%
(100 $\cdot$ 3s/10s) gerechnet werden.

Im allgemeinen wird die Annahme des Grenzwertes von 10s für
quantitative Analysenangaben eine ausreichende Sicherheit bieten.
Meßwerte zwischen der Nachweisgrenze von 3 $\cdot$ $\sqrt{2}$ s_B und dem Wert
10s haben dabei den Charakter halbquantitativer Angaben. Zu bemerken ist hier, daß bei allen Analysenverfahren s stets > s_B
ist. Die Standardabweichung ist für verschiedene Konzentrationsbereiche des zu analysierenden Elementes verschieden groß.

Die Richtigkeit von Analysenergebnissen

Die Richtigkeit von Analysenergebnissen ist objektiv nur als gesichert anzusehen, wenn mindestens zwei völlig voneinander unab-

Tabelle 4. Bleigehalte einiger Kaolinproben vergleichsweise analysiert mit der Röntgenfluoreszenzspektralanalyse und spektralphotometrisch nach der Dithizon-Methode

	Röntgenfluoreszenz-spektralanalyse ppm	spektralphotometrisch mit Dithizon ppm
Kaolin von Macon, Georgia, No.3	33	24
Kaolin von Macon, Georgia, No.4	45	34
Kaolin von Bath, South Carolina, No.5	29	27
Kaolin von Bath, South Carolina, No.7	46	36
Kaolin von Mesa Alta, New Mexico, No.9	9	16
Tirschenreuther Kaolin, A Oberpfalz	69	66
Tirschenreuther Kaolin, B, Oberpfalz	80	96
Tirschenreuther Kaolin, T, Oberpfalz	58	59
Kaolin von Burela, 1, Spanien	12	6
Kaolin von Burela, 2, Spanien	12	13
Kemmlitzer Kaolin, Sachsen	21	25
Kaolin von Schwertberg, Oberösterreich	52	48
China Clay, Sp, Cornwall	25	30
China Clay, 10, Cornwall	24	21
China Clay, VO, Cornwall	20	17
Mittelwert $\bar{x}$	35	35
Standardabweichung s	4	4

hängige Verfahren die gleichen Werte liefern. Diese harte Be-
dingung ist nur selten zu erfüllen.

Die Tabelle 4 zeigt die Übereinstimmung von Bleianalysen, die
mit der Röntgenfluoreszenzspektralanalyse und mit der Dithizon-
Methode spektralphotometrisch an den gleichen Kaolinproben durchgeführt wurden. Die spektralphotometrische Bleianalyse erfolgte
nach der Methode in Kapitel 3.2.6, die Röntgenfluoreszenzspektralanalyse nach der Methode von Köster (1966). Die Standardabweichungen beider Verfahren wurden zu 4 ppm Pb bezogen auf die
Analysensubstanz bestimmt. Die in Tabelle 4 angegebenen Werte
sind Mittelwerte aus Doppelbestimmungen. Bei vorgegebener statistischer Sicherheit von 95% ergibt sich für die Werte der Tabelle 4 ein Vertrauensbereich von $\Delta\bar{x}$ = 12 ppm Pb. Mit einer Ausnahme stimmen alle entsprechenden Meßwerte beider Analysenverfahren innerhalb von 12 ppm Pb überein. Die einzelnen Werte haben
wegen der Nähe der Nachweisgrenze nur eine geringe Zuverlässigkeit. Die Meßwerte zwischen $3 \cdot \sqrt{2}$ s = 17 ppm und 10s = 40 ppm Pb
haben den Charakter halbquantitativer Angaben.

Die Mittelwerte über alle Proben stimmen mit 35 ppm Pb nach beiden Analysenverfahren sehr gut überein. Obwohl die Nachweisgrenze
für beide Analysenverfahren bei 17 ppm Pb liegt, kann aus den
übereinstimmenden Mittelwerten der jeweils $2 \cdot 15$ Messungen mit
großer Sicherheit geschlossen werden, daß beide Analysenverfahren
die richtigen Ergebnisse liefern.

Anhang zu Kapitel 1.3

Als Anwendungsbeispiel sollen hier Kieselsäureanalysen einer
Tonprobe statistisch ausgewertet werden. Die Analysengruppen X
und Y sind Mehrfachbestimmungen zweier Laboratorien; in der Gruppe Z sind Einzelanalysen von vier verschiedenen Laboratorien zusammengefaßt. Alle Analysen wurden nach dem gleichen gravimetrischen Standardverfahren (DIN-Norm 51070) durchgeführt.

Die Standardabweichung für jede Analysengruppe wird nach Gleichung (12) berechnet:

$$s = \sqrt{\frac{\Sigma\ d^2}{n - 1}}$$

Gruppe X: SiO_2

%	d	d^2
68,91	0,04	0,0016
68,76	0,19	0,0361
69,08	0,13	0,0169
68,97	0,02	0,0004
69,05	0,10	0,0100
68,94	0,01	0,0001

$\bar{x}$ = 68,95 Σd^2 = 0,0651   s = 0,114

	%	d	d^2

Gruppe Y:

	68,91	0,06	0,0036
	68,94	0,09	0,0081
	68,90	0,05	0,0025
	68,81	0,04	0,0016
	68,75	0,10	0,0100
	68,80	0,05	0,0025

$$\bar{y} = 68,85 \qquad \Sigma d^2 = 0,0283 \qquad s = 0,075$$

Gruppe Z:

	68,64	0,02	0,0004
	68,70	0,08	0,0064
	68,53	0,09	0,0081
	68,63	0,01	0,0001

$$\bar{z} = 68,62 \qquad \Sigma d^2 = 0,0150 \qquad s = 0,071$$

Mittel über alle
16 Analysen   68,83
=====

Nach Gleichung (16) wird die Standardabweichung des Analysenverfahrens aus allen vorhandenen Analysenwerten berechnet:

$$s = \sqrt{\frac{0,0651 + 0,0283 + 0,0150}{5 + 5 + 3}}$$

$$s = 0,091$$

Die Standardabweichung aus allen Analysenwerten kann auch nach Gleichung (17) berechnet werden, weil die Standardabweichungen der einzelnen Analysengruppen X, Y und Z bekannt sind:

$$s = \sqrt{\frac{n \cdot s_x^2 + m \cdot s_y^2 + p \cdot s_z^2}{n + m + p}}$$

$$s = \sqrt{\frac{6 \cdot 0,114^2 + 6 \cdot 0,075^2 + 4 \cdot 0,071^2}{16}}$$

$$s = 0,091$$

Nach Gleichung (20) wird der Streubereich Δx bestimmt. Bei vorgegebener statistischer Sicherheit von 95% und von 99% ergeben sich folgende Werte:

$$\Delta x_{95} = 2,12 \cdot 0,091$$

$$= 0,193$$

$$\Delta x_{99} = 2,92 \cdot 0,091$$

$$= 0,266$$

Für die Vertrauensbereiche werden unter Vorgabe der gleichen statistischen Sicherheiten nach Gleichung (21) die folgenden

Werte erhalten:

$$\Delta \bar{x}_{95} = 2,12 \cdot \frac{0,091}{4}$$

$$= 0,048$$

$$\Delta \bar{x}_{99} = 2,92 \cdot \frac{0,091}{4}$$

$$= 0,067$$

Aus den ermittelten Streubereichen und Vertrauensbereichen kann die folgende wichtige Feststellung getroffen werden:

Die Angabe der Analysenergebnisse bis auf die zweite Stelle hinter dem Komma ist hier nicht sinnvoll. Die Zufallsfehler des Analysenverfahrens wirken sich schon erheblich auf die erste Stelle hinter dem Komma aus. Der ermittelte Vertrauensbereich erlaubt nicht einmal die Angabe der zweiten Kommastelle für den Mittelwert über alle 16 Analysenwerte.

In gleicher Weise zeigt auch die relative Standardabweichung (nach Gl. 22), daß die Angabe der zweiten Kommastelle eine übertriebene Zuverlässigkeit der Analysen vorgibt:

$$C = \frac{0,091}{68,83} \cdot 100$$

$$= 0,132$$

Die Mittelwerte $\bar{x}$ und $\bar{z}$ der Analysengruppen X und Z unterscheiden sich um $0,33\%$ SiO_2. Die Frage, ob hier ein echter Unterschied vorliegt, muß durch die t-Probe entschieden werden (Gl. 23):

$$\bar{x} = 68,95\% \qquad \bar{z} = 68,62\%$$

$$s = \sqrt{\frac{0,0651 + 0,0150}{5 + 3}}$$

$$= 0,100$$

$$t = \frac{68,95 - 68,62}{0,100} \cdot \sqrt{\frac{6 \cdot 4}{6 + 4}}$$

$$= 5,1$$

Die kritischen Werte für t(n,S) bei einer statistischen Sicherheit von 95% und 99% sind 2,57 und 4,03. Der ermittelte t-Wert ist größer, deshalb liegt hier ein echter Unterschied der Analysenwerte zwischen den Gruppen X und Z vor. Weil von beiden Gruppen das gleiche Probenmaterial zur Analyse verwendet wurde, muß die Ursache der Abweichung ein systematischer Analysenfehler bei Gruppe X oder bei Gruppe Z sein.

1.4 Literatur zu Kapitel 1

Dean, J.A., Rains, Th.C.: Flame emission and Atomic Absorption Spectrometry. Theory. New York - London: Marcel Dekker, 1969, Vol. I

Dean, J.A., Rains, Th.C.: Flame emission and Atomic Absorption Spectrometry.
    Components and Techniques. New York - London: Marcel Dekker, 1971, Vol. II
Doerffel, K.: Anwendung der Statistik in der analytischen Chemie. Chem. Techn.
    11, 579-582 (1959)
Doerffel, K.: Beurteilung von Analysenverfahren und Ergebnissen. Berlin-
    Göttingen-Heidelberg: Springer, 1962
Herrmann, R., Alkemade, C.Th.J.: Flammenphotometrie. 2. Aufl. Berlin-Göttingen-
    Heidelberg: Springer, 1960
Kaiser, H.: Zum Problem der Nachweisgrenze. Z. Anal. Chem. 209, 1-18 (1965)
Kaiser, H., Specker, H.: Bewertung und Vergleich von Analysenverfahren. Z.
    Anal. Chem. 149, 46-66 (1956)
Köster, H.M.: Mineralogische und technologische Untersuchungen an Industrie-
    kaolinen. Ber. Dtsch. Keran. Ges. 41, 1-7 (1964)
Köster, H.M.: Zur Röntgen-Fluoreszenzspektralanalyse von Rubidium, Strontium,
    Barium und Blei in Kaolinen und Tonen. Contr. Min. Petrol. 12, 168-172
    (1966)
Shaw, D.M.: Evaluation of data. In: Handbook of Geochemistry. Chapter 11,
    324-375. Berlin-Heidelberg-New York: Springer, 1969, Vol. I
Youden, W.J.: Statistical Methods for Chemists. New York: John Wiley, 1957

2 Aufschlußverfahren

Als Aufschlußverfahren bei der chemischen Silikatanalyse kommen
vor allem <u>Flußsäureaufschlüsse</u> in Betracht. Von Flußsäure werden
die meisten Silikate leicht und schnell aufgelöst. Schwer lösbare Silikate können mit Flußsäure im Autoklaven aufgeschlossen
werden. Die Entfernung der Kieselsäure bei Flußsäureaufschlüssen
ist ein Vorteil für die spektralphotometrische, komplexometrische oder flammenspektrometrische Analyse der anderen Elemente,
weil die Kieselsäure als störender Lösungspartner entfällt. Die
meisten Haupt- und Nebenbestandteile der Silikate und Silikatgesteine lassen sich in Aufschlußlösungen von Flußsäureaufschlüssen nebeneinander analysieren.

Bei Flußsäureaufschlüssen werden durch die verwendeten Säuren
Verunreinigungen in die Analysenlösungen eingeschleppt. Bei Verwendung von Flußsäure und Perchlorsäure in suprapurer Qualität
und der übrigen Säuren in p.a.-Qualtität sind die eingeschleppten
Metallgehalte gegenüber den Mengen dieser Metalle in den Analysensubstanzen meistens vernachlässigbar klein. Die von der Firma
Merck angegebenen Maximalverunreinigungen ihrer Säuren sind aus-
zugsweise in Tabelle 5 (S. 28) wiedergegeben und zwar als µg
Metall/ml Säure. Nach dieser Tabelle kann leicht überschlagen
werden, welche Mengen an Metallverunreinigungen aus den verwendeten Säuremengen höchstens zu erwarten sind.

In diesem Zusammenhang muß berücksichtigt werden, daß Verunreinigungen nicht nur durch die verwendeten Säuren, sondern auch
aus anderen Quellen, etwa durch Kontamination aus den verwendeten Meß- und Aufbewahrungsgefäßen, in die Analysenlösungen eingebracht werden. In normal eingerichteten Laboratorien lassen
sich diese Fehlerquellen nur zum Teil durch besondere Vorsichtsmaßnahmen ausschalten. Es ist zweckmäßig, durch Blindversuche
die Menge eingeschleppter Verunreinigungen immer wieder zu kon-
trollieren.

Der <u>Sodaaufschluß</u> kann nur in besonderen Fällen den Flußsäureaufschluß ersetzen, wenn in Flußsäure nicht oder nur sehr schwer
lösbare Gesteinsbestandteile vorliegen. Zur Analyse der meisten
Spuren- oder Nebenelemente ist der Sodaaufschluß ungeeignet. Von
den Hauptelementen können die Alkalien in Sodaaufschlüssen nicht
analysiert werden und erfordern zusätzlich einen Sonderaufschluß.
Die anderen Hauptelemente müssen im Filtrat der Kieselsäurefällung analysiert werden, wodurch der ganze Analysengang zeitraubend wird. Im Filtrat der Kieselsäurefällung muß hier außerdem
die in Lösung verbliebene Kieselsäure spektralphotometrisch analysiert werden.

28

Tabelle 5. Maximal zulässige Verunreinigungen von Säuren verschiedener Qualitäten in µg Metall/ml Säure nach Angaben der Firma Merck

	Flußsäure		Perchlorsäure		Schwefelsäure		Salzsäure			Salpetersäure	
	supra-pur	p.a.	supra-pur	p.a.	supra-pur	p.a.	supra-pur	p.a.	p.a.	supra-pur	p.a.
	40%ig	40%ig	70%ig	70%ig	96%ig min.	95–97%ig	30%ig	32%ig	37%ig	65%ig	65%ig
	(1,13)	(1,13)	(1,67)	(1,67)	(1,84)	(1,84)	(1,15)	(1,16)	(1,19)	(1,40)	(1,40)
	µg/ml	µg/ml	µg/ml	µg/ml	µg/ml	µg/ml	µg/ml	µg/ml	µg/ml	µg/ml	µg/ml
Pb	0,011	0,565	0,033	0,167	0,009	1,84[a]	0,006	0,058	0,060	0,007	0,070
Cu	0,011	0,113	0,008	0,167	0,009		0,006	0,058	0,060	0,007	0,070
Zn	–	–	0,008	–	0,009		0,006	0,116	0,119	0,007	0,140
Fe	0,023	0,565	0,033	6,68	0,037	0,368	0,023	0,580	0,596	0,014	0,700
Ni	–	0,113	0,017	–	0,009		0,006	–	–	0,007	–
Co	–	–	0,017	–	0,009		0,006	–	–	0,001	–
Mn	–	–	0,084	0,835	0,009		–	–	–	0,007	–

[a]Summe aller Schwermetalle als Pb.

Der <u>Ätznatronaufschluß</u> wird herangezogen zur spektralphotometrischen Schnellanalyse der Kieselsäure und von Aluminium in Silikatgesteinen. In den meisten Gesteinen können beide Elemente so mit ausreichender Zuverlässigkeit analysiert werden.

2.1 Der Ätznatronaufschluß

Alle Silikate und fast alle übrigen Gesteinsbestandteile — mit Ausnahme einiger in natürlichen Gesteinen seltener Oxide wie ZrO_2 — werden in einer Ätznatronschmelze in wenigen Minuten aufgelöst. Als Tiegelmaterial für den Aufschluß eignen sich Nickel- oder Silbertiegel.

Bewährt hat sich folgendes Aufschlußverfahren für die anschliessende spektralphotometrische Analyse der Kieselsäure und des Aluminiums:

50 mg analysenfeine Substanz werden in einen Nickeltiegel (von 72 ml Inhalt, 45 mm Höhe, 50 mm Ø und 1 mm Wandstärke) eingewogen. Zur Wägung dient am besten eine normale Analysenwaage, bei welcher die Standardabweichung der Wägung kleiner als 0,05 mg sein muß. Die 50-mg-Probe wird bei frei schwingender Waage in den Tiegel zugewogen. Nur auf diese Weise kann die Standardabweichung der Wägung kleiner als ± 0,05 mg gehalten werden.

Die zum Aufschluß verwendete Natronlauge wird hergestellt durch Auflösen von 100 g NaOH (Plätzchen reinst zur Analyse) in 178 g destillierten Wassers. Die Herstellung dieser Lauge sollte in Kautexgefäßen erfolgen. Zweckmäßig werden die Ätznatronplätzchen in eine verschließbare Kautexflasche eingewogen und portionsweise in eine zweite gegeben, die 100 ml Wasser enthält und beim Auflösen der Ätznatronplätzchen gekühlt wird. Die fertige NaOH-Lösung muß in einer Kautexflasche aufbewahrt werden.

In den Tiegel werden zur Analyseneinwaage 3 ml Natronlauge mit der Pipette oder besser 4,17 g derselben durch Zuwaage gegeben. Zum Entwässern der Natronlauge wird der mit einem Deckel verschlossene Tiegel über einem Teclubrenner bei kleiner Flamme erhitzt. Als Tiegelhalterung dient am besten ein in der Mitte so durchbohrtes Asbestdrahtnetz, daß der Tiegel gerade 5 bis 10 mm hindurchragt. Das Asbestdrahtnetz wird auf ein normales Dreifußgestell gelegt. Zuerst muß mit kleiner Flamme der Tiegel umfächelt werden, bis der größte Teil des Wassers entwichen ist und keine Wasserdampfentwicklung mehr beobachtet wird. Dann erst darf langsam stärker erhitzt werden. Ein Verspratzen des Tiegelinhaltes wird so verhindert. Schließlich wird die Temperatur bis zur beginnenden Rotglut des Tiegelbodens (bei halbdunklem Raum) gesteigert und fünf Minuten lang angehalten. Darauf entfernt man den Brenner, läßt den Tiegel abkühlen und gibt 50 ml H_2O in den Tiegel. Die Schmelze löst sich über Nacht restlos.

Zur Aufnahme des Tiegelinhaltes wird ein 1000-ml-Becherglas (breite Form) bereitgestellt, das etwa 400 ml H_2O und genau 20 ml HCl 1:1 (aus 32%iger HCl p.a., D = 1,16) enthält. Der Tiegelinhalt wird in dieses Becherglas entleert. Innenseite von Tiegel und Deckel werden mit einem Gummiwischer gründlich ge-

säubert und mit dem feinen Strahl einer Spritzflasche in das
Becherglas abgespült. Der Tiegel darf nicht mit Säure in Berührung kommen. Die Analysenlösung wird nun in einem Meßkolben
zu 1 Liter aufgefüllt und dann in eine Kautexflasche überführt
und aufbewahrt.

Blindlösungen und Standardlösungen für die Kieselsäure- und Aluminiumanalyse werden nach dem gleichen Verfahren hergestellt.

Das beschriebene Aufschlußverfahren erfordert sorgfältiges Arbeiten des Analytikers. Besonders wichtig ist für die anschliessende spektralphotometrische Analyse der Kieselsäure und des
Aluminiums, daß das Mengenverhältnis der verwendeten Natronlauge
und Salzsäure genau eingehalten wird.

Riley (1958) empfiehlt für den Ätznatronaufschluß die Verwendung
von Silbertiegeln und festem NaOH. Der Aufschluß muß bei 800 -
850°C in einem Muffelofen durchgeführt werden. Bei dieser Temperatur werden Nickeltiegel von der Ätznatronschmelze stark angegriffen. Andererseits erhält man von festem NaOH bei niedrigen
Temperaturen keine Schmelze. Das Verfahren nach Riley bietet
gegenüber dem vorher beschriebenen keine grundsätzlichen Vorteile.

Vorschrift: 50 mg des analysenfeinen Gesteinspulvers werden in
einen 30-ml-Silbertiegel eingewogen und 1,5 g Ätznatronplätzchen
zugegeben. Der mit dem Deckel versehene Tiegel wird in einem
Muffelofen bei 800 - 850°C fünf Minuten lang erhitzt. (Nach
Weibel, 1961, kann es bei Einwaagen von mehr als 50 mg zu einem
Übersieden des Tiegelinhaltes im Ofen kommen.) Darauf den Tiegel
abkühlen lassen und 20 ml H_2O in den Tiegel geben. Zum schnelle-
ren Herauslösen des Schemlzkuchens kann der Tiegel auf dem Wasserbad erwärmt werden. Der gelöste Tiegelinhalt wird über einen
großen Polyäthylentrichter in einen vorbereiteten 1000-ml-Meß-
kolben entleert, welcher zuvor mit 200 ml Wasser und 20 ml 2,5 n
Schwefelsäure beschickt worden ist. Der Tiegel wird mehrmals
mit destilliertem Wasser ausgespült und dann noch einmal mit
5 ml 2,5 n Schwefelsäure und einem Gummiwischer gründlich ge-
säubert. Alle Waschflüssigkeiten werden dabei in den Meßkolben
gespült. Bei Gegenwart von viel Mangan in der Analysensubstanz
kann die Lösung rosa gefärbt sein. Diese Permanganatfärbung wird
durch Zugabe von etwas Eisen(II)sulfat beseitigt. Zuletzt wird
der Meßkolben zu einem Liter aufgefüllt.

Blindlösung und Standardlösungen werden nach dem gleichen Verfahren hergestellt.

2.2   Der Flußsäure-Perchlorsäure-Aufschluß

In Flußsäure-Perchlorsäure-Gemischen lösen sich Alkali- und Erd-
alkalisilikate — von wenigen seltenen Ausnahmen abgesehen —
leicht und schnell auf. Schwer oder nicht in Lösung zu bringen
sind einige Oxide, vor allem Titanoxide und Spinelle, wenn sie
in größerer Menge und nicht feinkörnig genug vorliegen.

Der Flußsäure-Perchlorsäure-Aufschluß eignet sich am besten für
die anschließende flammenspektrometrische Analyse der Alkalien

(Kap. 3.4, 4.3) und der komplexometrischen oder flammenspektrometrischen Analyse der Erdalkalien (Kap. 3.3, 4.4). Es entstehen
hier keine Störungen durch schwer lösliche Erdalkalisalze. Spektralphotometrisch können aus der Aufschlußlösung Eisen (Kap.
3.1.3.1, Kap. 3.1.3.2), Titan (Kap. 3.1.4.1), Nickel (Kap. 3.2.3),
Kupfer (Kap. 3.2.4), Blei (Kap. 3.2.6), Zink (Kap. 3.2.7) und
Phosphor (Kap. 3.2.8.1) analysiert werden.

Wenn Neben- bzw. Spurenelemente aus Flußsäure-Perchlorsäure-Aufschlüssen analysiert werden sollen, müssen Flußsäure und Perchlorsäure der suprapuren Qualität verwendet werden.

Ausführung: 500 mg analysenfeines Gesteinspulver werden direkt in
eine Platinschale von 75 ml Inhalt eingewogen. Dann wird das Gesteinspulver mit 3 ml H_2O angefeuchtet und 2 ml konz. $HClO_4$ (70%-
ige) und 10 - 15 ml HF (40%ige) zugegeben.

Nach dem Umrühren mit dem Platindraht wird die Schale 1/2 bis
1 Stunde lang stehen gelassen. Viele Silikatminerale zersetzen
sich schon dabei fast vollständig oder weitgehend.

Die Platinschale wird dann auf ein Sandbad gebracht und der Inhalt bis zur Trockene abgeraucht. Nach dem Abkühlen der Schale
wird mit den gleichen Säuremengen das Abrauchen wiederholt. Um
die Perchlorsäure zu vertreiben, wird der Schaleninhalt darauf
mit 2 ml konz. Salzsäure (32%ige, p.a.) und 5 ml destillierten
Wassers nochmals zur Trockene abgeraucht. Das Abrauchen mit Salzsäure muß mindestens zweimal wiederholt werden, wenn die Perchlorsäure restlos vertrieben werden soll.

Der Schaleninhalt wird nun mit 5 ml 1 n HCl aufgenommen, die
Schale gut zur Hälfte mit destilliertem Wasser aufgefüllt und
auf dem Luftbad (Asbestdrahtnetz mit aufgelegtem Tiegeldreieck
aus Quarzglas, so daß die Platinschale das Asbestnetz nicht berührt) vorsichtig erwärmt bis der Schaleninhalt klar gelöst ist.

Der gelöste Aufschluß wird aus der Platinschale in einen geeichten 100-ml-Meßkolben übergeführt und dieser bis zur Marke aufgefüllt. Zur Aufbewahrung wird die Aufschlußlösung aus dem Meßkolben in eine 100-ml-Kautexflasche umgefüllt.

Anmerkung: Enthält das Gesteinspulver organische Substanz, so muß
diese vor dem $HF/HClO_4$-Aufschluß durch Abrauchen mit 2 ml konz.
HNO_3 und 1 ml konz. HCl zersetzt werden. (Nicht in der Platinschale abrauchen!) Je nach Menge der organischen Substanz ist
der Vorgang mehrmals zu wiederholen.

Karbonatische Bestandteile der Analyseneinwaage sind vor dem
Aufschluß mit Salzsäure zu zerstören.

2.3 Der Flußsäure-Schwefelsäure-Aufschluß

In Flußsäure-Schwefelsäure-Gemischen werden bestimmte Gesteinsbestandteile, vor allem Titanoxid, leichter gelöst als in Flußsäure-Perchlorsäure. Erfahrungsgemäß können bis zu 2% TiO_2 bei

hinreichender Kornfeinheit der titanhaltigen Minerale ohne Schwierigkeiten aufgelöst werden.

Schwefelsaure Aufschlußlösungen sind notwendig für die spektralphotometrische Analyse von Titan (Kap. 3.1.4.2), Chrom (Kap. 3.2.1) und Mangan (Kap. 3.2.2). Chlorionen stören bei diesen Analysenverfahren. Aus schwefelsauren Aufschlußlösungen können die Alkalien flammenspektrometrisch (Kap. 4.3) analysiert werden. Wegen der schwer löslichen Sulfate ist es unzweckmäßig, hier Barium, Strontium und Blei zu analysieren. Größere Mengen Calcium werden allerdings in Lösung gehalten, wenn die Schwefelsäure nach dem Aufschluß nicht zur Trockene abgeraucht wird. Spektralphotometrisch lassen sich aus der schwefelsauren Aufschlußlösung Eisen (Kap. 3.1.3.1, 3.1.3.2), Nickel (Kap. 3.2.3), Kupfer (Kap. 3.2.4), Zink (Kap. 3.2.7), Phosphor (Kap. 3.2.8.2) und notfalls Bleispuren (Kap. 3.2.6) analysieren.

Wenn Neben- bzw. Spurenelemente aus Flußsäure-Schwefelsäure-Aufschlüssen analysiert werden sollen, muß die Flußsäure suprapure Qualität besitzen; bei der Schwefelsäure genügt die p.a.-Qualität.

Ausführung: 500 mg analysenfeines Gesteinspulver werden direkt in eine Platinschale von 75 ml Inhalt eingewogen. Das Gesteinspulver wird mit 3 ml destillierten Wassers angefeuchtet, 2 ml konz. H_2SO_4 (p.a.) werden aber erst nach der Zugabe von 10 - 15 ml HF (40%ige, suprapur) vorsichtig zugetropft, um Siedeverzug zu vermeiden.

Nach dem Umrühren mit dem Platindraht wird die Schale 1/2 bis 1 Stunde lang stehen gelassen. Viele Silikatminerale zersetzen sich schon dabei fast vollständig oder weitgehend.

Die Flußsäure wird auf dem Sandbad bis zum Auftreten starker SO_3-Nebel abgeraucht. Nach dem Abkühlen der Schale werden nochmals 10 ml HF zugegeben und das Abrauchen wiederholt. Die Schwefelsäure soll nicht bis zur Trockene abrauchen, sondern etwa 5 min nach dem Erscheinen der ersten starken SO_3-Nebel wird die Schale vom Sandbad entfernt und zum Abkühlen stehen gelassen. Auf diese Weise können beträchtliche Mengen schwer löslicher Sulfate in Lösung gehalten werden. Die letzten Flußsäurereste sind schon nach 2 bis 3 min mit der rauchenden Schwefelsäure aus der Platinschale vertrieben.

Nach dem Abkühlen der Platinschale wird diese gut zur Hälfte mit destilliertem Wasser gefüllt und auf dem Luftbad (Asbestdrahtnetz mit aufgelegtem Tiegeldreieck aus Quarzglas, so daß die Platinschale das Asbestdrahtnetz nicht berührt) vorsichtig erwärmt, bis der Schaleninhalt klar gelöst ist.

Der gelöste Aufschluß wird aus der Platinschale in einen geeichten 100-ml-Meßkolben übergeführt und dieser bis zur Marke aufgefüllt. Zur Aufbewahrung wird die Aufschlußlösung aus dem Meßkolben in eine 100-ml-Kautexflasche umgefüllt.

Anmerkung: Bei Gesteinspulvern, die mehrere Prozent K_2O nach der Analyse aufweisen und Quarz enthalten (Granite, Arkosen, usw.)

kann es nach dem Verdünnen der zunächst klaren Aufschlußlösung
zu einer Trübung kommen. Beim Aufschließen hat sich dann K_2SiF_6
gebildet, das sich in der konzentrierten schwefelsauren Aufschlußlösung nur langsam zersetzt. Beim Verdünnen der Aufschlußlösung hydrolisiert das Kaliumsiliziumhexafluorid und es fällt
Kieselsäure aus, wodurch die Trübung hervorgerufen wird. Hier
hilft mehrmaliges Abrauchen des Aufschlusses mit konz. H_2SO_4
bis fast zur Trockene.

2.4 Flußsäureaufschlüsse im Autoklaven

Manche Gesteine, beispielsweise Cordierit-Sillimanit-Gneise,
lassen sich mit den vorher beschriebenen Verfahren (Kap. 2.2
udn 2.3) nicht restlos aufschließen. Dann muß der Flußsäure-
Aufschluß im Autoklaven durchgeführt werden.

Die normalen Gesteine enthalten aber soviel Aluminium, daß sich
im Autoklaven eine große Menge Aluminiumfluorid bildet, welches
nicht mehr in Lösung gebracht werden kann. Nach Donderer (1968)
wird zweckmäßigerweise das Gestein durch einen normalen Flußsäureaufschluß in der Platinschale auf dem Sandbad soweit wie
möglich aufgeschlossen. Dabei werden die aluminiumhaltigen Minerale größtenteils zersetzt. Der ungelöste Anteil wird mittels
Membranfilter vom gelösten abgefiltert, das Membranfilter in
einen Teflontiegel gegeben und mit HNO_3/HCl naß verbrannt. Der
Rückstand schließlich wird im Autoklaven mittels $HF/HClO_4$ oder
HF/H_2SO_4 aufgeschlossen. Zuletzt werden die beiden Teilaufschlüsse
wieder vereinigt.

Gut bewährt haben sich nach einem Vorschlag von Wahler (1964)
Autoklaven aus Reinaluminium und Teflontiegel als Einsätze. Nur
die Schraubgewinde am Autoklaven und die Metallplatte, die gegen
den Tiegeldeckel gepreßt wird, müssen aus Stahl (V2A) gefertigt
sein. Reinaluminium ist hier zu duktil. Die Teflontiegel haben
zweckmäßigerweise einen flachen Boden, ihre Deckel sollten zwecks
besseren Verschließens etwas eingelassen sein und die Tiegel-
ränder schwach hinterdreht sein. Einzelheiten sind der Arbeit
von Wahler (1964) zu entnehmen.

Wenn Spuren- bzw. Nebenelemente analysiert werden sollen, so
ist zu beachten, daß bei dem Voraufschluß in der Platinschale,
dem Verbrennen des Membranfilters und dem Aufschluß im Autoklaven
ein Mehrfaches der Säuremenge eines normalen Flußsäureaufschlusses
verwendet wird, und daß aus dem verbrannten Membranfilter zusätzliche Metallverunreinigungen in die Analysenlösung gelangen können.

Für den Aufschluß eines Gesteines im Autoklaven hat sich das
folgende Verfahren bewährt:

1. Ein Flußsäure-Perchlorsäure- bzw. Flußsäure-Schwefelsäure-
Aufschluß wird wie oben beschrieben durchgeführt. Der Rückstand
wird mittels Membranfilter (Typ MF 30, 25 mm Ø, Filrationsgerät
Typ SM, Sartorius GmbH, Göttingen) abfiltriert. Das Filtrat
wird in einer Platinschale auf dem Sandbad eingeengt.

2. Das Membranfilter mit dem Rückstand wird in einen Teflontiegel
gegeben und bei 180°C im Trockenschrank 24 h getrocknet. Darauf
wird das Membranfilter mit 20 ml eines Gemisches aus 2 Teilen
konz. HNO_3 und 1 Teil konz. HCl naß verbrannt. Der Vorgang ist
einmal zu wiederholen. (Membranfilter Information MI 139, Sartorius GmbH, Göttingen.) Zum Erwärmen des Teflontiegels benutzt
man zweckmäßig eine regulierbare Kochplatte. Der Inhalt des Teflontiegels muß bis zur Trockene eingedampft werden.

3. In denselben Tiegel werden jetzt zum Rückstand 15 ml HF und
2 ml konz. H_2SO_4 bzw $HClO_4$ gegeben. Der Teflontiegel wird in den
Autoklaven gebracht und dieser über Nacht (ca. 15 h) im Trockenschrank auf 200°C erhitzt. Der gelungene Aufschluß wird nach dem
Abkühlen auf Zimmertemperatur in eine Platinschale überführt und
nach der Vorschrift des entsprechenden Flußsäureaufschlusses die
Flußsäure abgeraucht und der Trockenrückstand in Lösung gebracht.
Falls notwendig, wird darauf die Aufschlußlösung in der Platinschale auf dem Sandbad eingeengt.

4. Die Teilaufschlüsse werden in einem geeichten 100-ml-Meßkolben
vereinigt und dieser bis zur Marke aufgefüllt.

Nach dem gleichen Verfahren müssen mit den verwendeten Säuren
und Membranfiltern Blindaufschlüsse durchgeführt werden, um die
eingebrachten Verunreinigungen quantitativ zu analysieren.

2.5 Sonderaufschlüsse

Neben den beschriebenen Flußsäure- und Ätznatronaufschlüssen
sind Sonderaufschlüsse nötig: Zur Bestimmung der Eisen(II)-Menge
neben der Gesamtmenge Eisen; wenn durch Flußsäure nicht alle Gesteinsbestandteile zersetzt werden und beispielsweise für die
TiO_2-Analyse der Sodaaufschluß herangezogen werden muß; der Kaliumdisulfataufschluß dient zum Aufschluß von Rutil (TiO_2 p.a.)
bei der Herstellung von TiO_2-Standardauflösungen (Kap. 3.1.4.1,
3.1.4.2).

2.5.1 Der Flußsäure-Schwefelsäure-Aufschluß in Gegenwart von Vanadium(V) zur Eisen(II)-Bestimmung nach Wilson

Der Aufschluß wird in Kapitel 3.1.3.3 beschrieben.

2.5.2 Kaliumdisulfataufschluß (zur Herstellung von TiO_2-Standardlösungen)

Bei starkem Erhitzen von Kaliumdisulfat $K_2S_2O_7$ entwickelt sich
SO_3, das mit Metalloxiden unter Bildung der entsprechenden Sulfate reagiert. Kaliumdisulfat beginnt etwa bei 300°C zu schmelzen, ab 450°C entweicht dann SO_3. Beim Disulfataufschluß darf
die Temperatur nur langsam gesteigert werden, damit die SO_3-
Entwicklung nicht zu schnell abläuft. Das zurückbleibende Kaliumsulfat hat keine aufschließende Wirkung.

Der Aufschluß wird am besten in einem Platintiegel ausgeführt.
Der von einem Tiegeldreieck (Quarzgut) gehaltene Tiegel wird mit

dem Teclubrenner direkt erhitzt. Den Fortgang des Aufschlusses
kontrolliert man öfter durch Abheben des Tiegeldeckels und Umschwenken der Schmelze. Beginnt die Schmelze durch Auskristalli-
sieren von Kaliumsulfat zu erstarren, muß die Temperatur vorsichtig gesteigert werden. Nach insgesamt 10 bis 20 min Schmelz-
dauer wird etwas stärker erhitzt und nach weiteren 10 min der
Brenner unter dem Tiegel entfernt. Zeigt sich jetzt die Schmelze
klar durchsichtig und die aufzuschließende Substanz gelöst, läßt
man die Schmelze unter Umschwenken als dünne Schicht an den Tie-
gelwandungen erstarren. Ist die Substanz nicht völlig aufgeschlossen worden, gibt man nach dem Erstarren der Schmelze und Abkühlen
des Tiegels einige Tropfen konzentrierte Schwefelsäure zum Tiegelinhalt und wiederholt den Aufschluß.

Enthält der Schmelzkuchen Titan, so muß er mit konzentrierter
Schwefelsäure aus dem Tiegel herausgelöst werden. Dabei darf
nicht erwärmt werden.

Zur Herstellung von TiO_2-Standardlösungen (Kap. 3.1.4.1, 3.1.4.2)
werden 100 mg TiO_2 p.a. (Rutil) mit 2 g $K_2S_2O_7$ p.a. aufgeschlossen. Dazu wird der Boden des Platintiegels mit einer dünnen
Schicht des $K_2S_2O_7$ bedeckt. Der größere Teil des $K_2S_2O_7$ wird
in einer Achatschale innig mit den 100 mg TiO_2 vermengt und dann
in den Tiegel abgegeben. Einen Rest $K_2S_2O_7$ verwendet man zum
Nachspülen der Achatschale und als Deckschicht im Tiegel. Das
Aufschließen erfolgt in der oben beschriebenen Weise.

Der abgekühlte Tiegel wird in ein kleines Becherglas gelegt und
die Schmelze wird mit 50 ml halbkonzentrierter Schwefelsäure gelöst (Stehen über Nacht). Die Lösung wird in einen geeichten
500-ml-Meßkolben überführt und dieser bis zur Marke aufgefüllt.
Nach kräftigem Umschütteln werden 50 ml mit einer geeichten Vollpipette entnommen und in einem Meßkolben zu 1 Liter verdünnt.
Diese zweite verdünnte Lösung enthält 10 µg TiO_2/ml und kann
als Standardlösung für die Titanbestimmung (Kap. 3.1.4.1, 3.1.4.2)
verwendet werden.

Der Aufschluß von Titanoxiden mit Kaliumdisulfat erfordert einige
Übung und Erfahrung des Analytikers. Dem Anfänger wird dieser
Aufschluß nicht auf Anhieb gelingen.

2.5.3 Sodaaufschluß und Soda-Borax-Aufschluß

Die meisten Silikate sind in Sodaschmelzen leicht lösbar. Nur
wenige der in natürlichen Gesteinen vorkommenden Silikatminerale
werden von Sodaschmelzen schwer aufgeschlossen, wie Olivin, Gra-
nat, Disthen, Sillimanit, Andalusit, Topas, Staurolith und Tita-
nit. Schwer lösbare Analysensubstanzen müssen vor dem Aufschluß
besonders fein gerieben werden.

Der klassische Sodaaufschluß wird in einem Platintiegel von 25
bis 30 cm^3 Inhalt durchgeführt. Die Analyseneinwaagen betragen
dabei 0,5 bis 1,0 g je nach Kieselsäuregehalt des Gesteins (die
größere Einwaage bei kieselsäurereichen). Die Einwaagen werden
innig mit der vier- bis sechsfachen Menge Soda gemischt und in
den Tiegel gegeben. Dabei sollte der Tiegelboden mit etwas reiner

Soda bedeckt und auch das eingefüllte Gemisch sollte mit reiner
Soda abgedeckt werden. Um ein Übersieden des Tiegelinhaltes zu
Beginn des Aufschlusses zu vermeiden, werden zweckmäßig mit dem
Teclubrenner zuerst der Tiegeldeckel und die Wandungen erhitzt,
so daß die Soda von oben ohne zu schäumen auf den Tiegelboden
herabschmilzt. Dann wird der Tiegel von unten her mit langsam
gesteigerter Temperatur erhitzt und zuletzt etwa eine halbe
Stunde lang mit voller Flamme des Teclubrenners. Bei schwer auf-
schließbaren Analysensubstanzen ist es zweckmäßig, zuerst etwa
10 min mit dem Teclubrenner und anschließend noch 15 bis 30 min
mit dem Gebläsebrenner zu erhitzen. Schwer aufschließbare eisen-
haltige Silikate, z.B. Granate, lassen sich meistens leichter
lösen, wenn man der Soda etwas Natriumnitrat zumischt und so
eine oxidierende Sodaschmelze erzeugt. Oft genügt geringer Na-
triumnitratzusatz; das Verhältnis 3 Teile Soda zu 1 Teil Natriumnitrat sollte niemals überschritten werden. Oxidierende Sodaschmelzen greifen Platin stärker an. Ein Vorteil des Natriumni-
tratzusatzes ist, das bei eisen(II)reichen Analysensubstanzen
eine Reduktion zu metallischem Eisen und eine Legierung des Pla-
tingehaltes verhindert wird.

Eine aggressive Schmelze erhält man durch Zusatz von Natriumtetraborat zur Soda. Doch ergeben sich dann Schwierigkeiten bei
der gravimetrischen Bestimmung der Kieselsäure. Der Soda-Borax-
Aufschluß hat deshalb nur Bedeutung zur Aufschließung des oxi-
dischen Rückstandes nach Abrauchen der Kieselsäure im klassischen
Analysengang erlangt. Das Mengenverhältnis von Natriumtetraborat
zu Soda sollte sich etwa in den Grenzen von 1:1 bis 1:3 bewegen,
niemals sollte aber die Boratmenge die Sodamenge übertreffen.
Durch Boraxschmelzen werden Platingefäße merklich angegriffen.
Um ein Übersieden des Tiegelinhaltes zu vermeiden, gibt man Na-
triumtetraborat und Soda getrennt in den Tiegel; zuunterst das
Natriumtetraborat.

Als Tiegelhalterung dienen bei diesen Aufschlüssen Tiegeldrei-
ecke (Quarzgut). Nur die nichtleuchtenden Flammen der Brenner
dürfen den Platintiegel berühren, jedoch nicht ihr innerer Flam-
menkegel. (Gefahr der Rußbildung und Legierung des Platins mit
Kohlenstoff!)

Im klassischen Gang der Silikatanalyse wird nach dem Sodaaufschluß die Kieselsäure gefällt und gravimetrisch bestimmt. Bei
der klassischen Verfahrensweise ergeben sich dabei merkliche
Verluste an Kieselsäure; einmal weil Kieselsäure in der zur Fällung verwendeten Porzellanschale haften bleibt, zum anderen
weil auch in stark sauren Medien merkliche Kieselsäuremengen
löslich sind (etwa 100 µg SiO_2/ml). Bei neueren Verfahrensweisen
wird deshalb vorgeschlagen, den Sodaaufschluß in einer größeren
mit Deckel versehenen Platinschale im Muffelofen auszuführen
und anschließend die Kieselsäure in der Platinschale selber zu
fällen. Die gefällte Kieselsäure wird dann gravimetrisch bestimmt und die in Lösung verbliebene Kieselsäure wird im Filtrat
der Kieselsäurefällung spektralphotometrisch bestimmt. Im Filtrat der Kieselsäurefällung können dann auch Ti, Al, Fe, Ca und
Mg spektralphotometrisch bzw. komplexometrisch bestimmt werden.

Sodaaufschluß und Soda-Borax-Aufschluß haben im Zusammenhang mit spektralphotometrischen und flammenspektrometrischen Analysenverfahren nur ausnahmsweise eine Bedeutung. Meistens wird es sich darum handeln, im Filtrat der Kieselsäurefällung bestimmte Elemente zu analysieren, wenn Flußsäureaufschlüsse versagt haben.

Eine bewährte Vorschrift für den Sodaaufschluß mit einer Platinschale im Muffelofen enthält die DIN-Vorschrift 51070 Blatt 2 (Prüfung keramischer Roh- und Werkstoffe: Chemische Analyse von Stoffen mit den Hauptbestandteilen Aluminiumoxid und/oder Silicium(IV)oxid. Bestimmung von Silicium(IV)oxid.)

2.6 Literatur zu Kapitel 2

Borchert, W., Donderer, E.: Röntgenfluoreszenzanalytische Bestimmung von Thorium und Uran in granitischen Gesteinen. N. Jb. Miner. Abh. 110, 142-158 (1969)

Donderer, E.: Röntgenfluoreszenzanalytische Bestimmung von Thorium und Uran in granitischen Gesteinen. Diss. TH München, 1968

Hegemann, F., Thomann, H.: Spektralphotometrische Verfahren bei der Tonanalyse. Berichte Dtsch. Keram. Ges. 37, 127-134 (1960)

Herrmann, A.G.: Praktikum der Gesteinsanalyse. Berlin-Heidelberg-New York: Springer 1975

Jakob, J.: Chemische Analyse der Gesteine und silikatischen Mineralien. Basel: Birkhäuser Verlag, 1952

Köster, H.M.: Die flammenspektrometrische Bestimmung der Alkalien Li, Na, K, Rb bei der Silikatanalyse nach Abtrennung der störenden mehrwertigen Kationen und der Anionen durch einen mit Ammoniumcitrat beladenen Anionenaustauscher DOWEX 1. N. Jb. Miner. Abh. 111, 206-226 (1969)

Riley, J.P.: The rapid analysis of silicate rocks and minerals. Anal. Chim. Acta 19, 413-428 (1958)

Shapiro, L., Brannock, W.W.: Rapid analysis of silicate rocks. US Geol. Surv. Bull. 1036-C (1956)

Wahler, W.: Mechanische und chemische Aufbereitung von Mineralien und Gesteinen für geochemische Spurenanalysen. N. Jb. Miner. Abh. 101, 109-126 (1964)

Weibel, M.: Die Schnellmethoden der Gesteinsanalyse. Schweiz. Min. Petr. Mitt. 41, 285-294 (1961)

Wilson, A.D.: The micro-determination of ferrous iron in silicate minerals by a volumetric and colorimetric method. Analyst 85, 823-827 (1960)

3 Die Analyse von Kationen und Anionen in aliquoten Teilen der Aufschlußlösungen

3.1 Spektralphotometrische Analyse der chemischen Hauptbestandteile

Die klassischen gravimetrischen Analysenverfahren bei der Silikatanalyse sind sehr zeitraubend und werden in letzter Zeit immer mehr durch die neueren spektralphotometrischen, komplexometrischen und flammenspektrometrischen Analysenverfahren ersetzt. Durch spektralphotometrische Verfahren lassen sich vor allem die chemischen Hauptbestandteile SiO_2, Al_2O_3, Fe_2O_3, FeO und TiO_2 analysieren. Die spektralphotometrischen Verfahren haben den Vorteil des geringen Zeitbedarfs und eignen sich deshalb besonders bei Serienanalysen ähnlicher Analysensubstanzen. Ihre Anwendung erfordert vom Analytiker aber größere Übung und weitreichendere chemische Kenntnisse als dies für die klassischen Verfahren notwendig ist.

Zur spektralphotometrischen Kieselsäurebestimmung sind nur die gelbe 1-Silico-12-molybdänsäure (Molybdängelb, Kap. 3.1.1.2) oder ihre blau gefärbten Reduktionsprodukte (Molybdänblau, Kap. 3.1.1.1) geeignet. Von mehreren Methoden der spektralphotometrischen Aluminiumbestimmung sind die drei gebräuchlichsten, die Alizarin-S- (Kap. 3.1.2.1), die Aluminon- (Kap. 3.1.2.2) und die 8-Hydroxychinolin-Methode (Kap. 3.1.2.3) beschrieben. Die genannten Methoden der SiO_2- und Al_2O_3-Bestimmung beruhen auf sehr empfindlichen Farbreaktionen und sind deshalb nur als "Mikromethoden", d.h. unter starker Verdünnung der Analysenlösungen durchführbar. Die Farbkörper befinden sich kolloidal in Lösung. Die Farbreaktionen werden daher von augenblicklichen Zufälligkeiten beeinflußt. Es ist deshalb stets notwendig, Analysenlösungen mit gleichbehandelten Standardlösungen direkt zu vergleichen. Die Aufstellung und Verwendung von Eichkurven ist zur SiO_2- und Al_2O_3-Bestimmung nicht geeignet.

Empfindliche Analysenstörungen können durch Lösungspartner verursacht werden. Wenn neue, bisher nicht analysierte Gesteinstypen oder Minerale untersucht werden sollen, müssen die Analysenmethoden auf ihre Zuverlässigkeit erneut geprüft werden. In Tabelle 6 sind die Reproduzierbarkeiten einiger Analysenmethoden angegeben. Diese genannten Methoden haben sich bei der Analyse granitischer Gesteine, von Feldspäten und Kaolinen gut bewährt. Dagegen haben alle beschriebenen Methoden der Al_2O_3-Bestimmung bei der Analyse von Tonen, die organische Substanzen enthielten, nur ungenügend reproduzierbare Ergebnisse gezeigt. Die Ursache hierfür ist bislang unbekannt, zumal die organische Substanz beim Aufschluß der Tone zerstört wird.

Tabelle 6. Die Reproduzierbarkeit von spektralphotometrischen Bestimmungen von Hauptbestandteilen bei der Silikatanalyse

	Konzentration im Gestein (%)	Standard-abweichung s (%)	Analysenmethode	Kap.
SiO_2	45 - 70	0,2	Molybdänblau	3.1.1.1
Al_2O_3	15 - 40	0,3	Alizarin-S	3.1.2.1
Fe_2O_3	0,3 - 2	0,03	1,10-Phenanthrolin	3.1.3.1
TiO_2	0,2 - 2	0,02	Tiron	3.1.4.1

Trotz der genannten Schwierigkeiten können im allgemeinen mit spektralphotometrischen Methoden bei der SiO_2 und Al_2O_3-Analyse gleiche Reproduzierbarkeiten wie bei klassischen Verfahren erreicht werden, wenn die Leistungsfähigkeit moderner Laborgeräte voll ausgenutzt wird. Ein Vergleich der systematischen Abweichungen zwischen spektralphotometrischen und klassischen Analysenwerten läßt erkennen, daß mit spektralphotometrischen Methoden die "richtigeren" Werte analysiert werden (Köster, 1964).

Keine Schwierigkeiten bieten die beschriebenen spektralphotometrischen Methoden der Eisen- und Titananalyse, wenn die Anmerkungen in den einzelnen Kapiteln hinreichend berücksichtigt werden. Die Analyse von Eisen mit 1,10-Phenanthrolin (Kap. 3.1.3.1) oder 2,2'-Bipyridyl (Kap. 3.1.3.2 und 3.1.3.3) und von Titan mit Tiron (Kap. 3.1.4.1) oder H_2O_2 in schwefelsaurer Lösung (Kap. 3.1.4.2) sind heute verbreitete Methoden. Auch diese Methoden liefern aus meßtechnischen Gründen nur dann gut reproduzierbare Ergebnisse, wenn die Analysenlösungen jeweils gegen gleichbehandelte Standardlösungen verglichen werden. Anleitungen zu anderen spektralphotometrischen Methoden der Eisen- und Titanbestimmung können der Monographie von Sandell (1959) entnommen werden.

3.1.1 SiO_2-Bestimmung

3.1.1.1 SiO_2-Bestimmung nach der Molybdänblau-Methode

In stark sauren Lösungen bildet sich aus Kieselsäure und Molybdänsäure die gelbe 1-Silico-12-molybdänsäure. In der Kälte entsteht bei niederem pH (1-2) bevorzugt die instabile β-Modifikation, die sich irreversibel im Verlauf von Stunden in die stabile α-Modifikation umwandelt. Diese Modifikationsänderung der Silicomolybdänsäure kann durch Erwärmen der Lösung oder durch Erhöhung des pH (auf 3-4) beschleunigt werden.

Die gelbe 1-Silico-12-molybdänsäure wird durch verschiedene Reduktionsmittel in "Molybdänblau" überführt. Als Reduktionsmittel werden $SnCl_2$, Na_2SO_3, NH_2OH, 4-(Methylamino)-phenolsulfat (Metol), Ascorbinsäure und 1-Amino-2-naphthol-4-sulfonsäure in der Litera-

tur beschrieben (Mullin und Riley, 1955). Die Wirkung dieser verschiedenen starken Reduktionsmittel ist sehr unterschiedlich.
Während $SnCl_2$ beide Modifikationen der Silicomolybdänsäure reduziert, wird z.B. durch 1-Amino-2-naphthol-4-sulfonsäure nur die
instabile β-Modifikation reduziert (Morrison und Wilson, 1963).

Molybdänblau ist keine stöchiometrische chemische Verbindung,
sondern ein Mischoxid von Mo(IV) und Mo(VI), das kolloidal in
der Lösung verteilt ist. Abhängig vom Verhältnis der beiden Modifikationen der Silicomolybdänsäure in der Lösung, der Konzentration von MoO_4^{2-} in der Lösung, vom verwendeten Reduktionsmittel, der Konzentration von Lösungsgenossen und besonders dem
pH der Lösung ändert sich die Zusammensetzung des Mischoxides
und seine kolloidale Verteilung. Entsprechend treten unterschiedliche Absorptionsspektren des Molybdänblau auf (Strickland, 1952).

Gleichartige Reaktionen mit Molybdänsäure geben neben der Kieselsäure die Elemente P, As, Ge, Se, Ni, Co, W, Cu, Ti und Zr. Ähnlich dem Molybdän bilden W, U, V, Ta und Nb Isopolysäuren, die
mit den erstgenannten Elementen zu Heteropolysäuren reagieren.
Von allen diesen Elementen kann P gelegentlich in störenden Konzentrationen in Silikaten vorkommen. Citronensäure, Oxalsäure
und Weinsäure in der Lösung verhindern die Bildung von 1-Phospho-
12-molybdänsäure vollständig. Jedoch wird auch die Bildung der
Silicomolybdänsäure durch diese organischen Säuren beeinträchtigt; am wenigsten durch Weinsäure. Die Weinsäure verhindert
außerdem durch Komplexbildung mit dem Fe^{3+}-Ion eine Störung der
Reaktion durch Eisen. Freie Eisenionen beeinflussen den Redox-
vorgang und verändern das Absorptionsspektrum des Molybdänblau
(Hegemann und Thomann, 1960).

Grundsätzlich bieten sich zwei Möglichkeiten der SiO_2-Bestimmung
als Molybdänblau an: Die erste Möglichkeit ist die quantitative
Umwandlung der β- in die stabile α-Modifikation der Silicomolybdänsäure mit anschließender Reduktion durch $SnCl_2$ zu Molybdänblau. Eine rasche und quantitative Modifikationsänderung ist
durch Erwärmen der Lösungen auf $100^{\circ}C$ erreichbar (Andersson,
1958; Morrison und Wilson, 1963). Jedoch müssen vor der Reduktion alle Analysen- und Vergleichslösungen sorgfältig auf Zimmertemperatur (d.h. auf gleiche Temperatur mit den Reagenzlösungen und dem verwendeten destillierten Wasser) abgekühlt werden. Das Abkühlen der Lösungen ist zeitraubend. Störungen durch
Lösungsgenossen bei der Bildung der Silicomolybdänsäure und der
Reduktion zu Molybdänblau müssen weiterhin berücksichtigt werden
(Morrison und Wilson, 1963).

Die zweite Möglichkeit beruht auf der Stabilisierung der β-Modi-
fikation der Silicomolybdänsäure und der Verwendung eines Reduk-
tionsmittels, das nur diese β-Modifikation zu Molybdänblau reduziert (Morrison und Wilson, 1963). Wegen der Abhängigkeit der
irreversiblen Modifikationsänderung von pH, Temperatur, Zeit und
Lösungsgenossen müssen die Analysenbedingungen für die Analysen-
und Vergleichslösungen in engen Grenzen übereinstimmend gehalten
werden. Vorteile des zweiten Verfahrens bei der Silikatanalyse
sind die rasche Durchführung und die geringere optische Dichte
des gebildeten Molybdänblau.

Die ausführlichen Untersuchungen von Morrison und Wilson (1963)
über die Bildungsbedingungen der α- und β-Silicomolybdänsäure
und über optimale Analysenbedingungen für die Molybdänblau-Methode sind an schwefelsauren Lösungen durchgeführt worden. Die
Verhältnisse in salzsauren Lösungen weichen erheblich davon ab,
sind aber weniger systematisch untersucht. In den Salzsäure,
Schwefelsäure und Weinsäure nebeneinander enthaltenden Lösungen,
wie sie bei dem unten beschriebenen Analysenverfahren verwendet
werden, ist die Molybdänfärbung über mehrere Stunden stabil gegenüber einer Stunde in schwefelsaurer Lösung. Während sich aber
der volle Extinktionswert in schwefelsaurer Lösung (Morrison und
Wilson, 1963) nach 3 min entwickelt hat und dann konstant über
eine Stunde nur leicht abfällt, werden zur Entwicklung des vollen
Extinktionswertes in der salzsäure-, schwefelsäure- und weinsäure-
haltigen Lösung (Shapiro und Brannock, 1962) etwa 30 min benötigt. Der Extinktionswert bleibt darauf 3 bis 4 h nahezu konstant.

Bei Verwendung von 1-Amino-2-naphthol-4-sulfonsäure als Reduktionsmittel ist schon von Straub und Grabowski (1944) eine besonders stabile und gut reproduzierbare Blaufärbung der Lösung
erzielt worden. Die Reaktion ist äußerst empfindlich. Es sind
0,1 µg SiO_2/ml Lösung bei 1 cm Schichtdicke der Küvetten noch
sicher nachweisbar. Die Kieselsäurebestimmung muß in sehr verdünnten Lösungen vorgenommen werden. Mit besonderer Sorgfalt
muß deshalb das Einschleppen von Kieselsäure durch Kontamination
verhindert werden. Zweckmäßig wird ein besonderer Satz von Meßkolben nur für die Kieselsäureanalyse verwendet. Diese Meßkolben
sind häufiger mit konzentrierter Salzsäure (1:3) zu reinigen
und werden mit verdünnter Säure oder destilliertem Wasser gefüllt für die Analyse bereit gehalten. Durch die verwendeten,
unten aufgezählten Reagenzien werden keine meßbaren Kieselsäuremengen eingebracht.

Das Molybdänblau zeigt unter den Bedingungen der hier angegebenen
Arbeitsvorschrift (Hegemann und Thomann, 1960, verbessert durch
Mann, mündliche Mitteilung) ein erstes Absorptionsmaximum bei
330 nm, ein Minimum bei 420 nm und darauf einen Anstieg mit mehreren Nebenbanden. Ein zweites Absorptionsmaximum liegt im In-
frarotbereich bei 820 nm. Die Extinktionsmessung wird am besten
bei 650 nm der Wellenlänge einer Nebenbande vorgenommen. Im lang-
welligeren Bereich ist die Extinktion der Lösung zu groß.

Das Lambert-Beer'sche Gesetz ist (bei 650 nm) erfüllt für die
Konzentrationen bis zu etwa 7 µg SiO_2/ml Meßlösung. Jedoch ist
bei Konzentrationen über 2,5 µg SiO_2/ml Meßlösung die Reproduzierbarkeit deutlich geringer als bei niedriger konzentrierten
Lösungen (Thomann, 1960). Deshalb sind Messungen im Bereich über
2,5 µg SiO_2/ml Meßlösung möglichst zu vermeiden.

Wie oben bereits erwähnt, werden durch Zugabe von Weinsäure störende Eisenionen komplex gebunden und gebildete Phosphomolybdän-
säure zerstört. Auch die Silicomolybdänsäure wird durch Weinsäure
etwas angegriffen. Die Konzentration von P_2O_5 in Silikatgesteinen
übersteigt 0,1% nur selten. Die Standardabweichung der hier beschriebenen Molybdänblau-Methode liegt bei 0,3% SiO_2 (Köster,

1964). Die Zugabe von Weinsäure könnte deshalb unterbleiben,
weil die Störung durch Phosphorsäure meistens vernachlässigbar
klein ist. Bei geringen Eisengehalten der Analysensubstanz erübrigt sich die Zugabe von Weinsäure ebenfalls. Allerdings ist
nichts über die Grenzkonzentration bekannt, ab welcher die Störungen bei der Bildung des Molybdänblau durch Eisenionen eintreten.

Wegen der komplexen Abhängigkeit der Molybdänblaubildung von
verschiedenen genannten Faktoren müssen nach Mann (mündliche
Mitteilung) besonders die folgenden Punkte bei der Analyse be-
achtet werden:

1. pH von Analysen- und Vergleichslösungen müssen nach Zugabe
der Molybdatlösung übereinstimmen und im Bereich von pH 1,3 bis
1,6 liegen. Unterschiedliche Volumina von Analysen- und Vergleichslösungen müssen durch Zugabe von Blindlösung von gleichem
pH und von gleicher Neutralionenkonzentration ausgeglichen werden

2. Die Temperatur aller verwendeten Lösungen darf 20°C nicht unterschreiten und alle Lösungen müssen gleichtemperiert sein (optimal ca. 22°C, unter Verwendung eines Wasserbades einstellen)

3. Die Zugabe der Reagenzlösungen zu den Analysen- und Vergleichslösungen muß in gleichen Zeitintervallen, in gleicher Menge und
unter raschem Vermischen erfolgen. Einzelheiten enthält die Analysenvorschrift.

Analysenvorschrift (Ätznatronaufschluß Kap. 2.1)

Mit einer geeichten Vollpipette werden 10 ml Aufschlußlösung in
einen geeichten 100-ml-Meßkolben gebracht. In einen zweiten geeichten 100-ml-Meßkolben werden 10 ml Blindlösung und in einen
dritten 5 ml Standardlösung plus 5 ml Blindlösung gegeben. Falls
die Analysensubstanz mehr als 50% SiO_2 enthält, werden in den
ersten Meßkolben nur 5 ml Aufschlußlösung, in den zweiten nur
5 ml Standardlösung und in den dritten 5 ml Blindlösung eingesetzt.

Unter Umschwenken der Meßkolben wird je 1 ml Molybdänlösung (aus
einer Mikrobürette) zufließen lassen. Nach völliger Durchmischung
läßt man die Lösungen genau 10 min rasten. Dann werden unter Umschwenken 10 ml Weinsäure (aus einer Schnellbürette) und nach
genau 4 min 1 ml Reduktionslösung (aus einer Mikrobürette) zugegeben, wieder durchgemischt und die Meßkolben mit destilliertem
Wasser bis zur Eichmarke aufgefüllt und nochmals gut durchgemischt.

Die Lösungen müssen mindestens eine halbe Stunde stehen. Darauf
werden die Extinktionen in 2-cm-Küvetten bei einer Wellenlänge
von 650 nm gegen die Blindlösung gemessen.

Anmerkung. Wichtig ist, daß alle verwendeten Lösungen und das de-
stillierte Wasser temperaturgleich sind und eine Temperatur
zwischen 20° und 25°C aufweisen. Die Temperatur von 20°C darf
keinesfalls unterschritten werden, weil sonst die Zeit von 10
min zur Bildung der Heteropolysäure nicht ausreicht.

Optimale Meßbedingungen

0,75 - 2,5 µg SiO_2/ml Meßlösung
(mit 2-cm-Küvetten bei 0,03 mm Spaltbreite)
= 15 - 50% SiO_2 in der Analysensubstanz (bei Entnahme von
10 ml aus der Aufschlußlösung)

Reagenzien

1. Molybdatlösung: 7,5 g Ammoniummolybdat p.a. $(NH_4) Mo_7O_{24} \cdot$
$4H_2O$ werden in 75 ml destillierten Wassers gelöst. Dann gibt
man 10 ml H_2SO_4 p.a. (1:1) zu und verdünnt auf 100 ml

2. Weinsäurelösung: 50 g Weinsäure p.a. $C_4H_6O_6$ werden mit destilliertem Wasser zu 500 ml gelöst

3. Reduktionslösung: 0,7 g Na_2SO_3 werden in 10 ml destillierten
Wassers gelöst. Man fügt 0,15 g 1-Amino-2-naphthol-4-sulfonsäure
zu und schüttelt bis alles gelöst ist.

Eine zweite Lösung wird hergestellt durch Lösen von 8,2 g $Na_2S_2O_5$
(oder 9,0 $NaHSO_3$) in 90 ml destillierten Wassers. Beide Lösungen
werden gemischt. Die fertige Reaktionslösung ist vor Lichtein-
wirkung zu schützen und höchstens eine Woche lang haltbar. Am
besten wird die Reduktionslösung bei Gebrauch frisch angesetzt
und nur 48 h verwendet.

Standardlösung

Herstellung einer Standardlösung durch Auflösen von elementarem
Silizium in Natronlauge (nach mündlicher Mitteilung durch Herrn
Dipl.-Chem. W. Mann):

Einige Stückchen eines Siliziumeinkristalles (Abfall von Halb-
leitermaterial ist hierfür bei weitem rein genug) werden mit
konzentrierter Salzsäure behandelt, um metallische Verunreinigungen durch das Zerkleinerungswerkzeug zu entfernen, dann mit
destilliertem Wasser abgespült und bei 110°C getrocknet.

Etwa 75 mg Si-Metall werden in eine Platinschale von 100 ml Inhalt eingewogen. Durch Mehrfachwägung können die Si-Stückchen
sehr genau gewogen werden, ohne daß Wägeverluste wie bei Pulvern
zu befürchten sind.

In die Platinschale werden nun 6 g NaOH p.a. zugewogen und dann
die Schale etwa zu 3/4 mit destilliertem Wasser gefüllt. Mit
einem Platindraht oder Teflonstab wird solange gerührt, bis alles NaOH gelöst ist. Der Draht bzw. Stab wird mit wenig destilliertem Wasser in die Platinschale abgespült.

Das eingewogenen Siliziummetall löst sich quantitativ in der
konzentrierten Natronlauge während 5 bis 8 h bei 95°C im Trockenschrank. Die Platinschale darf nicht durch einen Deckel verschlossen werden. Verunreinigungen durch herabfallenden Staub
werden am besten durch ein Silberblech verhindert, das durch
Teflonsäulen (nicht Polyäthylen) etwa 3 mm über den Rand der
Platinschale gehalten wird. Beim Lösen des Siliziums wird vom
Inhalt der Schale nichts verspritzt. Ein Anflug versprühter NaOH
kann von der Unterseite des Silberbleches mit wenigen ml destillierten Wassers in die Lösung zurückgespült werden.

Die gewonnene SiO$_2$-Lösung muß auf ein Volumen von 4 Litern verdünnt und dabei angesäuert werden. Zweckmäßig geht man so vor:
Der Inhalt der Platinschale wird quantitativ in einen geeichten
2000-ml-Meßkolben gespült, der schon etwa 1 Liter destilliertes
Wasser enthält. Dann werden unverzüglich unter Umschwenken 80 ml
Salzsäure (1:1, von 32%iger HCl p.a.) zugefügt und der Meßkolben
mit destilliertem Wasser bis zur Eichmarke aufgefüllt und gut
umgeschüttelt. Aus dem 2000-ml-Meßkolben werden genau 500 ml Lösung entnommen (mittels geeichtem 500-ml-Meßkolben), in einen
geeichten 1000-ml-Meßkolben gebracht und mit destilliertem Wasser
auf 1000 ml verdünnt. Aufbewahrt wird diese Standardlösung dann
in einer Polyäthylenflasche.

Mit der beschriebenen Arbeitsweise wird erstens verhindert, daß
meßbare Mengen SiO$_2$ durch die Natronlauge aus dem Meßkolben herausgelöst werden und zweitens, daß beim Ansäuern örtliche Über-
sättigungen an SiO$_2$ und dabei Polykieselsäuren entstehen.

Die gewonnene SiO$_2$-Standardlösung enthält:
40 μg SiO$_2$/ml, wenn genau 74,80 mg Silizium eingewogen werden,
und etwa 2,2 mg NaCl/ml. Die NaCl-Konzentration entspricht der
einer Aufschlußlösung nach dem Aufschlußverfahren im Kapitel 2.1.

Zur Herstellung einer Vergleichslösung mit 2,0 μg SiO$_2$/ml für
die Analyse werden der Standardlösung 5 ml mit einer geeichten
Vollpipette entnommen und in einen geeichten 100-ml-Meßkolben
überführt. Weitere Verfahrensweise wie in der Analysenvorschrift
oben.

3.1.1.2 SiO$_2$-Bestimmung nach der Molybdängelb-Methode

Im pH-Bereich von 3 bis 4 bildet sich aus Kieselsäure und Molybdänsäure bevorzugt die stabile α-Modifikation der 1-Silico-12-
molybdänsäure (Strickland, 1952). Die vollständige und irrever-
sible Umwandlung der instabilen β- in die stabile α-Modifikation
kann durch kurzes Erhitzen der Lösung auf 100°C sehr beschleunigt werden (Ringbom et al., 1959).

Das Absorptionsspektrum der α-Silicomolybdänsäure zeigt nach
Strickland (1952) zwischen 270 und 310 nm ein Plateau. Die Absorption ist hier so groß, daß die Extinktionen an sehr stark
verdünnten Lösungen gemessen werden müssen. Für die Analyse
werden deshalb Wellenlängen um 400 nm bevorzugt. Wegen des An-
stieges der Extinktionskurve bei 400 nm müssen jedoch Analysenlösungen stets gegen gleichbehandelte Standardlösungen gemessen
werden, um abweichende Einstellungen der Wellenlänge am Monochromator von Meßreihe zu Meßreihe zu kompensieren. Einer Abweichung der Wellenlängeneinstellung um ± 1 entspricht hier
einer relativen Extinktionsänderung um 3% (Zeiss-Spektralphotometer PMQ 3).

Die gemessenen Extinktionen sind merklich von der Temperatur
abhängig. Deshalb müssen alle Analysen- und Standardlösungen
vor der Extinktionsmessung im Thermostaten auf gleiche Temperatur gebracht werden. Auch wegen der Temperaturabhängigkeit der
Extinktion ist der Vergleich von Analysen- gegen Standardlösungen

unerläßlich. Wenn Analysenlösungen bei pH 3,0 bis 3,7 auf 100°C
erhitzt und dann im Thermostaten auf 20°C abgekühlt werden, ändern sich nach den Erfahrungen des eigenen Labors die Extinktionswerte in den folgenden 24 h nur noch um höchstens 1% relativ.

Die Bildung der α-Silicomolybdänsäure und deren Absorption scheint
kaum abhängig zu sein von der Molybdatkonzentration in der Lösung,
sofern für einen hinreichenden Molybdatüberschuß gesorgt ist.
Nach Morrison und Wilson (1963) sollen die Meßlösungen 0,015 m
an MoO_4^{2-} sein, während Ringbom et al. (1959) 0,04 m MoO_4^{2-} vor-
schlagen. Eine Konzentration von 0,02 m an MoO_4^{2-} in der Meßlösung führt zu einwandfrei reproduzierbaren Ergebnissen und ist
ausreichend für mehr als 50 µg SiO_2/ml Meßlösung. Unsere Analysenlösungen enthalten maximal 10 µg SiO_2/ml Meßlösung.

Analysenstörungen werden durch Lösungspartner verursacht, die
selber eine Gelbfärbung der Lösung hervorbringen. Das sind hier
Fe^{3+}, Ni^{2+} (Ni aus dem Aufschlußtiegel) und eventuell organische
Substanzen. Diese Störungen können leicht eliminiert werden, in-
dem gegen eine Blindlösung gemessen wird, die die gleiche Menge
Aufschlußlösung ohne Zusatz der Molybdatlösung enthält.

Von Elementen, die neben der Kieselsäure mit der Molybdänsäure
gleichartige Reaktionen geben, ist nur die Phosphorsäure in störenden Konzentrationen bei der Silikatanalyse zu erwarten. Bei
einem Gehalt der Analysenprobe von 1% P_2O_5 entspricht die nach
der unten gegebenen Analysenvorschrift entstehende Gelbfärbung
durch Phosphatomolybdänsäure einem Gehalt von 0,25 bis 0,30%
SiO_2. Die Analysenstörung von weniger als 0,5% P_2O_5 in der Analysensubstanz kann vernachlässigt werden, weil sie in die Reproduzierbarkeit der SiO_2-Bestimmung fällt. Höhere P_2O_5-Gehalte
sind in natürlichen Silikatgesteinen selten und können nach Andersson (1959) durch Ausschütteln mit 1-Butanol aus den Aufschlußlösungen entfernt werden.

Eine Zerstörung der Phosphatomolybdänsäure durch Komplexbildner
wie Weinsäure und Oxalsäure ist nach Erniedrigung des pH-Wertes
möglich, jedoch verschiebt sich dadurch nach Strickland (1952)
das Hydrolysegleichgewicht der α-Silicomolybdänsäure, so daß
auch diese langsam zersetzt wird. Die Intensität der Gelbfärbung
wird dadurch zeitabhängig. Die Extraktion des Phosphatgehaltes
nach Andersson (1959) ist demgegenüber vorzuziehen.

Analysenvorschrift (Ätznatronaufschluß Kap. 2.1)

In einen geeichten 100-ml-Meßkolben, in dem sich 20 ml Pufferlösung und 10 ml Ammoniummolybdatlösung befinden, werden bei
einem Gehalt der Analysensubstanz von 20 bis 70% SiO_2 20 ml Aufschlußlösung mit einer geeichten Vollpipette gegeben.

In einen zweiten geeichten 100-ml-Meßkolben, in dem sich 20 ml
Pufferlösung und 10 ml Ammoniummolybdatlösung befinden, werden
15 ml Standardlösung und 5 ml Blindlösung mit geeichten Vollpipetten gegeben.

Der erste und zweite Meßkolben werden mit destilliertem Wasser
bis auf etwa 80 ml aufgefüllt, umgeschwenkt und etwa 10 min lang

in einem siedenden Wasserbad erhitzt. Anschließend werden die
Meßkolben im Thermostaten auf 20°C abgekühlt. Diese Temperatur
wird nach etwa 15 min erreicht. Dann werden die Meßkolben bis
zur Eichmarke mit destilliertem Wasser von genau 20°C aufgefüllt.

In einem dritten geeichten 100-ml-Meßkolben, in dem sich nur 20
ml Pufferlösung befinden, gibt man die gleiche Menge Aufschlußlösung und füllt mit destilliertem Wasser gleich zur Eichmarke
auf. Gegen diese Blindlösung wird die Analysenlösung später gemessen. Auf diese Weise werden die Analysenstörungen durch gelb-
färbende Eisen- und Nickelsalze, sowie organische Verbindungen
eliminiert.

Die Extinktionen werden in 5-cm-Küvetten bei einer Wellenlänge
von 400 nm gegen die Blindlösung gemessen. Die Messung kann sofort oder nach Standzeiten bis zu mehreren Stunden erfolgen. Jedoch müssen die Temperaturen aller Meßlösungen übereinstimmen.
Die Vergleichslösung (in Meßkolben Nr. 2) enthält 0,6 µg SiO_2/ml
entsprechend 60% SiO_2 in der Analysensubstanz.

Die verwendeten Reagenzien, vor allem die in Glasgefäßen gelieferte Ammoniaklösung, enthalten merkliche Mengen Kieselsäure.
Der Kieselsäureleerwert der Reagenzien muß deshalb analysiert
und vom Analysenwert abgezogen werden. Dazu wird folgendermaßen
verfahren:

In einen vierten 100-ml-Meßkolben werden 20 ml Pufferlösung und
10 ml Ammoniummolybdatlösung gegeben und etwa bis auf 80 ml mit
destilliertem Wasser aufgefüllt. Dann wird dieser vierte Meßkolben ebenso wie der erste und zweite Meßkolben im Wasserbad
erhitzt und im Thermostaten abgekühlt. Der Reagenzienleerwert
wird gegen eine Blindlösung (Meßkolben Nr. 5) gemessen, die nur
20 ml Pufferlösung auf 100 ml enthält.

Zu beachten ist ferner, daß bei der angegebenen Wellenlänge von
400 nm u.U. Küvettenkorrekturen notwendig sind. Der verwendete
Küvettensatz muß dann vorher mit destilliertem Wasser gefüllt
durchgemessen und so die Abweichungen der Küvetten untereinander
bestimmt werden.

Besondere Sorgfalt ist nur beim Auffüllen der geeichten Meßkolben
und beim Abmessen der Aufschlußlösungen mit der geeichten Vollpipette aufzuwenden. Alle anderen Operationen, wie Abmessen von
Puffer- und Molybdatlösung, Erhitzungsdauer, Standzeit bis zur
Messung u.a., sind unkritisch.

Optimale Meßbedingungen

   2,0 - 7,0 µg SiO_2/ml Meßlösung
   (mit 5-cm-Küvetten bei 0,02 mm Spaltbreite)
= 20 - 70% SiO_2 in der Analysensubstanz

Reagenzien

1. Ammoniummolybdatlösung (0,03 m): 34,2 g $(NH_4)_6Mo_7O_{24} \cdot 4H_2O$
werden mit destilliertem Wasser zu 1000 ml gelöst

2. Pufferlösung: 190 g Chloressigsäure p.a. werden in ca. 800 ml destilliertem Wasser gelöst und mit 120 ml 25%igem Ammoniak (d = 0,910) versetzt. Nach dem Abkühlen auf Zimmertemperatur wird das pH durch Zugabe von 10%iger Ammoniaklösung auf 3,6 - 3,7 eingestellt (Messung mit Glaselektrode) und die Lösung auf 1000 ml mit destilliertem Wasser aufgefüllt. 20 ml dieser Pufferlösung müssen mit 60 ml destilliertem Wasser und 0,5 ml HCl (1:1) versetzt ein pH von 3,0 bis 3,7 ergeben.

Die in Glasflaschen gelieferte konzentrierte Ammoniaklösung enthält stets größere Mengen SiO_2 gelöst. Einen niedrigeren Reagenzienblindwert der Pufferlösung erhält man, wenn zur pH-Einstellung gasförmiges NH_3 in die Chloressigsäurelösung eingeleitet wird:

190 g Chloressigsäure p.a. werden in einem Polyäthylengefäß in etwa 700 ml destilliertes Wasser gelöst. In die Lösung wird unter Kühlung und Rühren mit dem Magnetrührer gasförmiges NH_3 eingeleitet. Ist pH 3,6 - 3,7 erreicht, wird die NH_3-Zufuhr unterbrochen und die Lösung mit destilliertem Wasser auf 1000 ml aufgefüllt.

Standardlösung

Standardlösung hergestellt durch Auflösen von Silizium in Natronlauge nach Kapitel 3.1.1.1.

3.1.2 Aluminiumbestimmung

3.1.2.1 Aluminiumbestimmung mit Alizarin-S

Aluminium bildet mit dem Natriumsalz der Alizarinsulfonsäure (Alizarin-S) einen roten Farblack. Der Farblack ist in Wasser unlöslich. In schwach sauren Lösungen wird jedoch ein stabiles Kolloid gebildet. In Gegenwart von Ca-Ionen nimmt die Farbintensität bis zu einem Grenzwert zu. Dabei verschiebt sich das Absorptionsmaximum des Kolloids zu größeren Wellenlängen. Die Ursache soll nach Parker und Goddard (1950) eine komplexe Bindung des Ca^{2+} im Aluminiumfarblack sein.

Bei Abwesenheit von Störelementen können noch 0,01 µg Al/ml Meßlösung spektralphotometrisch sicher nachgewiesen werden. Bei der Silikatanalyse stören verschiedene Elemente die Aluminiumbestimmung. Zum Teil bilden sie selber einen roten Farblack mit Alizarin-S, wie Ti^{4+} und Fe^{3+}, oder sie verändern allein durch ihre Gegenwart die kolloidale Al-Verbindung. Nach Shapiro und Brannock (1956) lassen sich die Störungen von Si, Fe und Ti auf folgende Weise ausschalten:

Die geringe Störung durch Si läßt sich ausreichend kompensieren, wenn als Standardsubstanz ein Silikat mit ähnlichem SiO_2-Gehalt wie in der Analysensubstanz verwendet wird.

Das Fe^{3+} wird mit Hydroxylaminhydrochlorid zu Fe^{2+} reduziert und dieses mit rotem Blutlaugensalz als kolloidales Turnbulls Blau gebunden. Das Absorptionsspektrum dieses Kolloids zeigt eine Bande, die von etwa 450 nm gegen größere Wellenlängen an-

steigt. Bei einer Wellenlänge von 485 nm wird durch 1% Fe_2O_3 in
der Analysensubstanz eine Menge von 0,05 bis 0,1% Al_2O_3 vorge-
täuscht. Bei größeren Eisengehalten in der Analysensubstanz wird
die Korrektur des Aluminiumwertes unsicher. Bei Anwesenheit von
mehr als 5% Fe_2O_3 trennt man das Eisen zweckmäßig mit Kupferron
ab.

Die Störung durch Titan wird nicht durch die Bildung des roten
Ti-Farblackes mit Alizarin-S verursacht. Bei größeren Titangehalten, etwa ab 0,5% TiO_2 in der Analysensubstanz, kann eine Trübung der Lösung beobachtet werden. Diese Trübung ist nach Hegemann und Thomann (1960) vermutlich auf ausgeflockte Titansäure
mit adsorbiertem Alizarin-S zurückzuführen. Nur bis zu einem
TiO_2-Gehalt von 0,4% ist die Korrektur des Al_2O_3-Gehaltes durch
Abzug des halben analysierten TiO_2-Gehaltes zulässig (Shapiro
und Brannock, 1956). Bei größeren TiO_2-Gehalten in der Analysensubstanz muß das Titan wie das Eisen mit Kupferron abgetrennt
werden.

Kupferron (N-Nitroso-N-phenylhydroxylamin Ammoniumsalz) bildet
in mineralsaurer Lösung unlösliche Komplexe mit Fe^{3+}, Ti^{4+}, V,
Ga und einigen weniger häufigen Elementen. Der Aluminiumkomplex
ist dagegen in stark sauren Lösungen löslich und gibt nur in
schwach sauren Lösungen eine Fällung. Dadurch ist eine einfache
Trennung des Aluminiums von den Störelementen möglich. Die Störelemente Fe^{3+} und Ti^{4+} lassen sich aus schwefelsaurer Lösung mit
Chloroform extrahieren und so vom Aluminium quantitativ trennen.
Bei dieser Extraktion wird gleichzeitig das überschüssige Kupferron aus der Lösung entfernt und kann bei der Entwicklung des Alu-
miniumkolloids mit Alizarin-S nicht mehr stören. Zu beachten ist,
daß alte Kupferronlösungen farblose Zersetzungsprodukte enthalten,
die von Chloroform nicht aufgenommen werden. Die wäßrige Phase
mit dem Aluminium färbt sich in diesem Falle gelb, wenn sie zum
Vertreiben der Chloroformreste erhitzt wird. Die Probe muß dann
verworfen werden.

Deshalb ist es besser, die Zersetzungsprodukte des Kupferron
gleich aus den Lösungen fern zu halten. Nach Milner and Woodhead
(1955) stellt man sich dazu eine Lösung von Nitrosophenylhydroxylamin in Chloroform her. Diese Lösung erhält man durch Auflösen
von Kupferron in Wasser, Ausfällen der freien Verbindung mit
Salzsäure und Ausschütteln mit Chloroform. Die gewonnene Lösung
von Nitrosophenylhydroxylamin zersetzt sich schon bei Zimmertemperatur langsam. Sie muß sofort verbraucht werden und ist nur
in der Tiefkühltruhe kürzere Zeit haltbar.

Nach der Extraktion von Eisen und Titan und dem Verkochen der
Chloroformreste wird durch Zugabe von Natriumacetat ein pH-Wert
von 4,55 eingestellt. Natriumacetat enthält stets Aluminium-
spuren. Deshalb müssen zur Analysenprobe, zur Blind- und zur
Standardvergleichsprobe die gleichen Reagenzmengen zugegeben
werden. Der pH-Wert wird mit Hilfe eines pH-Meßgerätes mit Glaselektrode eingestellt.

Analysenvorschrift A (Aufschluß Kap. 2.1)

Bei Gegenwart von weniger als 5% Eisenoxiden und weniger als
0,4% Titanoxiden.

In einen geeichten 250-ml-Meßkolben gibt man bei einem Gehalt der
Analysensubstanz an Al_2O_3 von
    10 - 20% 20 ml Aufschlußlösung
    20 - 25% 15 ml Aufschlußlösung + 5 ml Blindlösung
    25 - 40% 10 ml Aufschlußlösung + 10 ml Blindlösung

In einen zweiten Meßkolben werden 5 ml Standardlösung und 15 ml
Blindlösung und in einen dritten Meßkolben werden 20 ml Blindlösung gegeben. In jeden Kolben werden 2,5 ml Calciumchloridlösung, 2,5 ml Hydroxylaminhydrochlorid-Lösung und 2,5 ml Kalium-
hexacyanoferrat(III)-Lösung unter Umschwenken zugegeben. Die Lösungen werden durchgemischt und nach 5 min mit 10 ml Pufferlösung
versetzt und wieder durchgemischt. Nach weiteren 10 min werden
5 ml Alizarin-S-Lösung zugegeben, die Kolben bis zur Marke aufgefüllt und wieder gut durchgemischt. Nach 60 bis 90 min werden
die Extinktionen in 2-cm-Küvetten bei einer Wellenlänge von 485
nm gemessen.

Die Lösungen dürfen während der gesamten Prozedur nicht dem grel-
len Tageslicht ausgesetzt werden und müssen bis zur Messung in
einem abgedunkelten Raum stehen! Auch die Alizarin-S-Lösung wird
im Dunkeln aufbewahrt.

Optimale Meßbedingungen

    0,10 - 0,40 µg Al_2O_3/ml Meßlösung
    (mit 2-cm-Küvetten, 250-ml-Meßkolben und 0,01 mm Spaltbreite)
  = 5 - 20% Al_2O_3 in der Analysensubstanz

Über 1 µg Al_2O_3/ml Meßlösung ist nach Thomann (1960) die Extinktion nicht mehr linear. Mann (mündliche Mitteilung) konnte schon
oberhalb 0,5 µg Al_2O_3/ml Meßlösung ein leichtes Abbiegen der Extinktionskurve feststellen.

Reagenzien

1. Calciumchloridlösung: 7 g $CaCO_3$ p.a. werden in einen 300-ml-
Erlenmeyerkolben mit 50 ml destillierten Wassers gegeben und
durch Zutropfen von 16 ml konz. HCl p.a. (32%ig) aufgelöst. Nach
kurzem Aufkochen wird die Lösung abgekühlt und auf 500 ml verdünnt

2. Hydroxylaminhydrochlorid-Lösung: (10%ige), 50 g $NH_2OH.HCl$
werden mit destilliertem Wasser zu 500 ml gelöst

3. Kaliumhexacyanoferrat(III)-Lösung: 1 g $K_3Fe(CN)_6$ wird in 100
ml H_2O gelöst. Die Lösung darf nur einen Tag aufbewahrt werden

4. Pufferlösung: 70 g Natriumacetat p.a. und 30 ml Eisessig p.a.
werden mit destilliertem Wasser zu 500 ml gelöst

5. Alizarin-S-Lösung: 0,5 g Alizarin-S werden in 500 ml destillierten Wassers gelöst. Die Lösung im Dunkeln aufbewahren!

Analysenvorschrift B

Bei Gegenwart von mehr als 5% Eisenoxiden und mehr als 0,4% Titanoxiden.

Man gibt bei einem Gehalt der Analysensubstanz von
    10 - 20% Al_2O_3 20 ml Aufschlußlösung
    20 - 25% Al_2O_3 15 ml Aufschlußlösung + 5 ml Blindlösung
    25 - 40% Al_2O_3 10 ml Aufschlußlösung + 10 ml Blindlösung

in einen Scheidetrichter von 150 ml Volumen. Dazu werden 6 ml
Salzsäure (konz.) und 20 ml Nitrosophenylhydroxylamin-Lösung in
Chloroform gegeben. Dann wird eine Minute maschinell geschüttelt.
Die Chloroformphase wird entfernt und die wäßrige Lösung noch
zweimal mit reinem Chloroform ausgeschüttelt. Schließlich läßt
man die wäßrige Phase in einen 150-ml-Erlenmeyerkolben fließen.
Das Verfahren wird an 5 ml Standardaufschlußlösung + 15 ml Blind-
lösung und an 20 ml Blindlösung gleichfalls durchgeführt.

Die Lösungen werden eingedampft bis alle Chloroformreste vertrieben sind und das Volumen nicht mehr als 25 ml beträgt. Nach Zugabe von 1 ml Calciumchloridlösung läßt man aus einer Bürette
langsam Natriumacetatlösung zufließen und kontrolliert mit einem
pH-Meßgerät mit Glaselektrode kontinuierlich den pH-Wert. Die Lösungen werden auf ein pH von 4,55 eingestellt. Dabei soll für
alle Lösungen etwa gleich viel Natriumacetat verbraucht werden
($\pm$ 0,3 ml). Dann bringt man die Lösungen in geeichte 100-ml-Meß-
kolben, setzt 5 ml Alizarin-S-Lösung zu und füllt bis zur Marke
auf. Nach gutem Durchmischen und einer Wartezeit von 2 h werden
die scheinbaren Extinktionen bei einer Wellenlänge von 492 nm
gegen eine Blindlösung in 1-cm-Küvetten gemessen.

Optimale Meßbedingungen

    0,25 - 1,0 µg Al_2O_3/ml Meßlösung
    (mit 1-cm-Küvetten bei 0,01 mm Spaltbreite)
= 5 - 20% Al_2O_3 in der Analysensubstanz

Reagenzien

1. Calciumchloridlösung: wie unter Vorschrift A

2. Salzsäure p.a., 32%ige

3. Kupferron-Lösung: 3 g Kupferron (N-Nitroso-N-phenylhydroxylamin Ammoniumsalz) werden in 100 ml destillierten Wassers gelöst,
mit 10 ml Salzsäure versetzt und mit 120 ml Chloroform ausgeschüttelt. Die Lösung muß sofort verbraucht werden! In einer
Tiefkühltruhe ist die Lösung mehrere Tage haltbar

4. Natriumacetatlösung: 279 g $CH_3CO_2Na.3H_3O$ werden mit destilliertem Wasser zu 1 Liter gelöst

5. Alizarin-S-Lösung: wie unter Vorschrift A

Standardlösungen

Herstellung einer Standardlösung durch Lösen von Aluminium in
Natronlauge (mündliche Mitteilung durch Herrn Dipl.-Chem. W.
Mann):

Etwa 42,3 mg Aluminium (Blech) werden in eine Platinschale von
100 ml Inhalt eingewogen. Durch Mehrfachwägungen können die Alu-
miniumstückchen sehr genau gewogen werden, ohne daß Wägeverluste
wie bei Pulvern zu befürchten sind.

In gleicher Weise wie in Kapitel 3.1.1.1 für Silizium beschrieben
wird eine Standardlösung durch Auflösen des Aluminiums in Natronlauge hergestellt. Nur muß das Lösen wegen der heftigeren Reaktion bei Zimmertemperatur durchgeführt werden.

Die gewonnene Al_2O_3-Standardlösung enthält: 20 µg Al_2O_3/ml, wenn
genau 42,34 mg Aluminium eingewogen werden und etwa 2,2 mg NaCl/
ml. Die NaCl-Konzentration entspricht der einer Aufschlußlösung
nach dem Aufschlußverfahren in Kapitel 2.1.

Wegen der Störung der Aluminiumanalyse durch die nach Aufschluß
(Kap. 2.1) in den Analysenlösungen vorhandene Kieselsäure, muß
einer Aluminiumvergleichslösung zur Kompensation des Fehlers auch
SiO_2-Standardlösung zugesetzt werden. Unterschiedliche Volumina
von Vergleichs- und Analysenlösungen sind dann vor den Reagenz-
zugaben durch entsprechende Mengen Blindlösung auszugleichen.

Beispiel: Eine Analysensubstanz möge etwa 15% Al_2O_3 und etwa
50% SiO_2 enthalten.

1. Vergleichslösung: 5 ml Al_2O_3-Standardlösung (= 20% Al_2O_3)
                     5 ml SiO_2 -Standardlösung (= 40% SiO_2)
                   10 ml Blindlösung

2. Analysenlösung: 20 ml Aufschlußlösung

3.1.2.2 Aluminiumbestimmung mit Aluminon

Aluminium bildet mit dem Ammoniumsalz der Aurintricarbonsäure
(4,4-Dihydroxyfuchson-3,3',3"-tricarbonsäure), kurz Aluminon genannt, einen roten Komplex, der unter Zusatz von Stärke oder
Gummi arabicum oder auch ohne Schutzkolloid zur spektralphotometrischen Aluminiumbestimmung herangezogen werden kann. Die
Farbentwicklung des Aluminiums mit dem Aluminon wird durch Zeit,
Temperatur, pH, Volumen, Konzentration der Reaktionspartner und
die Gegenwart anderer Ionen beeinflußt.

Die vollständige Ausbildung des Komplexes dauert bei Raumtempera-
tur mehrere Tage. Durch Erhitzen auf 80 bis 100°C kann die Reak-
tionszeit auf 10 bis 20 min verkürzt werden. Die entstehende
Färbung zeigt über Stunden und Tage die gleiche Absorption.

Die Messung erfolgt beim Absorptionsmaximum nahe 525 nm. Je nach
Zusammensetzung der verwendeten Pufferlösung verschiebt sich das
Absorptionsmaximum um einige nm. Deshalb muß für jede Variante
der Aluminiummethode die Lage des Absorptionsmaximums eigens bestimmt werden.

Nach Hsu (1963) ist Aluminium nur in sauren Lösungen unter pH 4
quantitativ zu Al^{3+} ionisiert, ab pH 4 tritt Polimerisation ein.
Die Polymere bilden mit anwesenden Anionen basische Salze. Die
Zahl der freien positiven Ladungen von Aluminium wird dadurch
vermindert. Der Zahl der freien positiven Ladungen an Al ist die
gebildete Menge des Alumuniumkomplexes direkt proportional. Deshalb kann die Komplexbildung des Aluminiums mit Aluminon nur
quantitativ verlaufen, wenn das pH kleiner ist als 4. Bei pH-
Werten unter 3,7 beginnt aber Auritricarbonsäure auszufallen,
so daß für die störungsfreie Bildung des Al-Aluminonkomplexes
nur der pH-Bereich 3,7 - 4,0 zur Verfügung steht. Vor den grund-

legenden Untersuchungen von Hsu (1963) haben frühere Autoren gewöhnlich pH-Werte von 4,5 bis 6,0 für die Bildung des Al-Aluminonkomplexes angegeben. Bei schwach saurem bis neutralem pH werden zu hohe Blindwerte durch den vorhandenen Reagenzüberschuß vermieden.

Nach einem alkalischen Aufschluß der Analysensubstanz müssen durch Wärme- und Säurebehandlung der Analysenlösung die polymeren Al-Verbindungen zerstört werden (Hsu, 1963). Wird die Aufschlußlösung nach Kapitel 2.1 hergestellt, erübrigt sich diese Vorbehandlung. In der ca. 0,1 n salzsauren Analysenlösung liegt hier Aluminium quantitativ als Al^{3+} vor.

Mit einem Al^{3+}-Ion reagieren 3 Moleküle Aluminon (Smith et al., 1949). Zur Bindung von 1 mg Al_2O_3 werden 14 mg Aluminon benötigt. Die Reproduzierbarkeit von Extinktionskurven ist stark abhängig vom Reagenzüberschuß. Erst bei mehr als zehnfachem Aluminonüberschuß gegenüber Al wird der Einfluß des Reagenzüberschusses auf die Extinktionswerte hinreichend klein.

Wird die Farbreaktion unter Erwärmen der Lösung durchgeführt, scheidet sich oft eine kleine Menge eines unbekannten, wasserunlöslichen Stoffes an der Flüssigkeitsoberfläche ab. Durch Zusatz von 2-Propanol kann diese Abscheidung vermieden werden (Owen und Price, 1960).

Eine befriedigende Reproduzierbarkeit von Aluminiumbestimmungen mit Aluminon ist nach Olsen et al. (1944) nur gewährleistet, wenn hierfür ein eigener Satz oberflächenbehandelter Meßkolben verwendet wird. Die neuen Kolben müssen eine kurze Vorbehandlung mit konzentrierter Sodalösung und danach mit heißer Chromschwefelsäure erfahren. Die Reinigung mit Chromschwefelsäure muß von Zeit zu Zeit wiederholt werden. Die Meßkolben sind mit verdünnter Salzsäure gefüllt aufzubewahren.

Störungen der Aluminiumbestimmung mit Aluminon werden vor allem durch Eisen und Titan verursacht. Silizium und Phosphor stören nicht, sofern die Analysenlösung keine Polyanionen dieser Elemente enthält (Hsu, 1963). Eisen und Titan können durch Kupferron-Extraktion aus der Lösung entfernt werden (Kap. 3.1.2.1). Die Störung durch Eisen kann auch durch Maskierung des Fe(III) mittels Thioglycolsäure (Poole und Segrove, 1955) oder durch Reduktion mit Hydroxylaminhydrochlorid und Maskierung des Fe(II) (Robertson, 1950) beseitigt werden. Als Maskierungsmittel für Eisen werden von anderen Autoren außerdem Bicin([N,N-Bis-(2-hydroxyethyl)-glycin]Natriumsalz) und 1,10-Phenanthrolin empfohlen.

Bei Zusatz von Thioglycolsäure wird die Extinktion von Aluminiumlösungen erniedrigt. Die Thioglycolsäure muß deshalb in genau gleichen Mengen allen Meßlösungen zugegeben werden. Zur Maskierung von 10 mg Fe_2O_3 genügt nach Poole und Segrove (1955) 1 ml einer 1%igen Thioglycolsäurelösung. Nach Robertson (1950) sind 5 ml dieser Lösung erforderlich für 0,6 mg Fe_2O_3. Bei eigenen Versuchen konnten mit 5 ml der 1%igen Thioglycolsäure nur etwa 0,3 mg Fe_2O_3 maskiert werden.

Nach Angaben der vorgenannten Autoren sollen Titangehalte bis
0,25 bzw. 0,1 µg TiO_2/ml Meßlösung ohne störenden Einfluß auf
die Aluminiumanalyse sein. Titan bildet mit Aluminon ebenfalls
einen roten Farblack. Größere Titanmengen müßten deshalb abgetrennt werden. Bei eigenen Versuchen haben selbst 1 µg TiO_2/ml
Meßlösung noch keinen merklichen Fehler bei der Aluminiumanalyse
verursacht. Das bedeutet für die unten angegebene Analysenvorschrift, Störungen durch Titan sind unter 4% TiO_2 in der Analysensubstanz nicht zu erwarten.

Nach Sandell (1959) sind für den günstigen Konzentrationsbereich
von 0,02 bis 0,2 µg Al_2O_3/ml Meßlösung die Eichkurven nicht völlig linear. Olsen (1944) fordert für jeden neuen Ansatz der Reagenzlösung die Erstellung einer neuen Eichkurve. Die Richtigkeit
dieser Angaben wurde durch die eigenen Erfahrungen bestätigt.

Die Reproduzierbarkeit von Aluminiumanalysen nach der Aluminonmethode wird von den verschiedenen Autoren mit 1 - 3% relativ
angegeben. Bei der Überprüfung der Aluminonmethode im eigenen
Labor unter Berücksichtigung und Ausschaltung aller vorher genannten Fehlerquellen konnte keine bessere Reproduzierbarkeit
erreicht werden. Die statistischen Analysenfehler sind wahrscheinlich größer als von den Autoren angegeben. Befriedigende Analysenergebnisse mit der Aluminonmethode sind nur bei Gesteinen mit
relativ kleinen Al_2O_3-Gehalten (< 5%) zu erwarten.

Analysenvorschrift (Aufschluß Kap. 2.1)

In einen geeichten 100-ml-Meßkolben werden bei einem Gehalt der
Analysensubstanz von 2 - 8% Al_2O_3 genau 50 ml Aufschlußlösung
gegeben. In einen zweiten Meßkolben werden 10 ml Standardlösung
pipettiert. Für die Blindlösung werden in einen dritten Meßkolben
50 ml Salzsäure (7,5 ml 32%ige HCl p.a./1000 ml) gefüllt. Mit
der gleichen Salzsäure wird der Inhalt des zweiten Meßkolbens
auf 50 ml ergänzt. Es genügt dabei, die Salzsäure (40 ml) mit
einem Meßzylinder auf ± 3 ml genau abzumessen. Darauf werden mittels Vollpipetten in jeden Meßkolben genau 5 ml Thioglycolsäure-
Lösung, 20 ml Pufferlösung und nach dem Durchmischen 10 ml Aluminonlösung gegeben. Nach erneutem Umschwenken werden die Meßkolben 15 min lang in ein siedendes Wasserbad gebracht. Anschließend werden die Meßkolben in einem Thermostaten auf 25°C
abgekühlt, was etwa 15 min dauert.

Nach dem Abkühlen werden die Kolben mit destilliertem Wasser von
20°C Temperatur bis zur Marke aufgefüllt und umgeschüttelt. Die
Extinktionen werden in 1-cm-Küvetten bei einer Wellenlänge von
530 nm gegen die Blindlösung gemessen.

Anmerkung. Bei jedem Ansatz neuer Aluminon-, Puffer- oder Thioglycolsäure-Lösung muß die Eichkurve neu erstellt werden. Für
jede Analysenserie muß der Verlauf der Eichkurve überprüft werden, bei großen Analysenreihen täglich mindestens einmal.

Optimale Meßbedingungen

0,5 - 2.0 µg Al_2O_3/ml Meßlösung
(mit 1-cm-Küvetten, 100-ml-Meßkolben und 0,01 mm Spaltbreite)

= 2 - 8% Al_2O_3 in der Analysensubstanz (bei 50 ml Aufschlußlösung)

Bei geringeren Aluminiumgehalten werden 5-cm-Küvetten und eine 0,1%ige Aluminonlösung verwendet.

Reagenzien

1. Salzsäure: 7,5 ml der 32%igen HCl p.a. werden mit destilliertem Wasser zum Liter aufgefüllt

2. Thioglycolsäure-Lösung: 1 ml Thioglycolsäure p.a. wird mit destilliertem Wasser zu 100 ml aufgefüllt. Die Lösung ist alle 5 Tage zu erneuern

3. Pufferlösung: 125 g Natriumacetat-Trihydrat p.a. und 180 ml Eisessig p.a. werden in destilliertem Wasser gelöst und zum Liter aufgefüllt. 20 ml dieser Pufferlösung müssen mit 50 ml Salzsäure (Lösung 1) versetzt einen pH-Wert von 3,8 - 3,9 ergeben. Andernfalls muß die Pufferlösung entsprechend korrigiert werden

4. Aluminonlösung: 4,0 g Aluminon p.a. werden in etwa 100 ml destillierten Wassers gelöst und zum Liter aufgefüllt. Die Lösung ist mehrere Wochen haltbar und muß im Dunkeln aufbewahrt werden

Standardlösungen

Herstellung einer Standardlösung durch Lösen von Aluminium in Natronlauge nach Kapitel 3.1.2.1.

3.1.2.3 Aluminiumbestimmung mit 8-Hydroxychinolin

Aluminium bildet mit 8-Hydroxychinolin (Oxin, 8-Chinolinol) einen gelb gefärbten Komplex, der mit Chloroform extrahiert werden kann. Die Lösung des Aluminiumoxinats in Chloroform hat ein Absorptionsmaximum bei 395 nm. Das Reagens selbst zeigt unterhalb von 370 nm eine starke Absorption. Deshalb wird die Absorption des Aluminiumoxinats zweckmäßig im Bereich von 395 bis 410 nm gemessen.

Die Extraktion erfolgt nach Gentry und Sherrington (1946) schon bei einmaligem Ausschütteln mit einer Reagenzlösung in Chloroform praktisch quantitativ, wenn das pH der wäßrigen Analysenlösung im Bereich von 4,5 - 6,5 oder 8,0 - 11,5 liegt. Nach Gentry und Sherrington (1946) sowie Claasen et al. (1954) stören einige Elemente nur im sauren pH-Bereich, z.b. V, Mo, Zr, während andere nur im alkalischen pH-Bereich störend wirken, z.B. Be, Mg, Mn, Ce. Die meisten Elemente bilden jedoch in beiden pH-Bereichen farbige mit Chloroform extrahierbare Oxinate. Der alkalische pH-Bereich bietet bei der Silikatanalyse nur dann einen Vorteil, wenn KCN als Tarnungsmittel verwendet werden soll.

Bei Silikatanalysen sind nur Eisen, Titan und Fluorid (aus dem Aufschluß) in störenden Konzentrationen zu erwarten. In der Literatur werden Vorschriften zur Tarnung von Eisen mittels Thioglycolsäure, EDTA, Cyanid und Titan mit Perhydrol oder Vorschriften zur Extraktion beider mittels Kupferron oder 8-Hydroxy-2-methylchinolin angegeben. Nach Riley und Williams (1959) ist bei der Silikatanalyse die Tarnung von Eisen durch 2,2'-Bipyridyl

und von Fluorid durch Berylliumsulfat ausreichend und zweckmäßig.
Für TiO$_2$-Gehalte unter 5% in der Analysensubstanz genügt eine
kleine Korrektur des Al$_2$O$_3$-Meßwertes (1% TiO$_2$ = 0,2% Al$_2$O$_3$). Weitere Verbesserungen dieser Methode wurden von Weibel (1961) vorgeschlagen. Nach unseren Erfahrungen ist es schwierig, bei Mehrfachbestimmungen mit dieser Methode einen relativen Fehler unter
1% zu erzielen.

Die Reproduzierbarkeit wird deutlich schlechter, wenn die Extraktion von störenden Lösungsgenossen notwendig ist. Nach Riley und
Williams (1959) wird Titan zuerst durch Extraktion mit 8-Hydroxy-
2-methylchinolin bei pH 4,0 entfernt, dann folgt die Extraktion
der meisten anderen Elemente mit 8-Hydroxy-2-methylchinolin bei
pH 10,0. Bei störenden Uran- und Zirkoniummengen müssen zusätzliche Extraktionsverfahren angewendet werden.

Analysenvorschrift A (HF/HClO$_4$-Aufschluß nach Kap. 2.3)

Bei Gegenwart von weniger als 5% Titanoxiden in der Analysensubstanz.

Der Aufschlußlösung des Flußsäure-Perchlorsäure-Aufschlusses
(100 ml) wird ein aliquoter Teil von 10 ml entnommen und auf 500
ml mit destilliertem Wasser in einem geeichten Meßkolben verdünnt.

Zur Analyse werden der verdünnten Aufschlußlösung 10 ml mit einer
geeichten Vollpipette entnommen und in einen 50- oder 100-ml-
Scheidetrichter gegeben. Die Analysensubstanz soll dabei unter
20% Al$_2$O$_3$ enthalten; bei Gehalten zwischen 20 und 40% Al$_2$O$_3$ in
der Analysensubstanz werden der verdünnten Aufschlußlösung nur
5 ml entnommen und zusammen mit 5 ml destillierten Wassers in
den Scheidetrichter gegeben. Dazu werden in den Scheidetrichter
10 ml Komplexlösung gegeben, um Eisen- und Fluorionen zu tarnen
und das pH der Lösung auf 4,9 - 5,0 einzustellen. Nach 5 min
werden 20 ml 8-Hydroxychinolin-Lösung zugesetzt und dann 5 min
lang geschüttelt. Die gelbe Chloroformlösung wird darauf quantitativ unter Nachextrahieren mit Chloroform in einen geeichten
50-ml-Meßkolben gebracht, in dem sich 1 g wasserfreies Natrium-
sulfat p.a. befindet. Der Meßkolben wird mit Chloroform bis zur
Eichmarke aufgefüllt und umgeschüttelt. Nach dem Absitzen wird
die Extinktion der überstehenden klaren Lösung bei einer Wellenlänge von 395 nm in 1-, 2- oder 5-cm-Küvetten gegen eine Blindlösung gemessen. Die Blindlösung wird zweckmäßig aus einem Blind-
aufschluß erhalten, der der gleichen Prozedur wie die Analysenlösung unterworfen wird.

Bei TiO$_2$-Gehalten unter 5% in der Analysensubstanz wird der ermittelte Al$_2$O$_3$-Gehalt korrigiert, indem je 1% TiO$_2$ rund 0,2%
Al$_2$O$_3$ vom Al$_2$O$_3$-Gehalt abzuziehen sind. Der Korrekturwert ist
etwas abhängig von den verwendeten Chemikalien und steigt nicht
ganz linear mit dem TiO$_2$-Gehalt an. Deshalb muß eine Korrektur-
kurve und bei Verwendung neuer Chemikalien stets eine neue Kor-
rekturkurve für den Al$_2$O$_3$-Gehalt aufgestellt werden. Bei höheren
TiO$_2$-Gehalten als 5% in der Analysensubstanz muß vor der Al$_2$O$_3$-
Bestimmung das Titan aus der Analysenlösung extrahiert werden
(siehe Analysenvorschrift B).

Anmerkung. Die 8-Hydroxychinolin-Lösung in Chloroform ist licht-
empfindlich. Sie darf nicht dem direkten Sonnenlicht ausgesetzt
werden. Falls die Extinktionen nicht sofort gemessen werden, sind
die Lösungen im Dunkeln aufzubewahren.

Optimale Meßbedingungen

Bei Verwendung von 10 ml der 50fach verdünnten Aufschlußlösung,
Messung bei 0,02 mm Spaltbreite und einer Wellenlänge von 395 mm:

0,5 - 2,5 µg Al_2O_3/ml Meßlösung in 1-cm-Küvetten = 5 - 25% Al_2O_3
in der Analysensubstanz.

0,1 - 0,5 µg Al_2O_3/ml Meßlösung in 5-cm-Küvetten = 1 - 5% Al_2O_3
in der Analysensubstanz.

Analysenvorschrift B (HF/$HClO_4$-Aufschluß nach Kap. 2.3)

Bei Gegenwart von mehr als 5% Titanoxiden in der Analysensubstanz.

Der Aufschlußlösung des Flußsäure-Perchlorsäure-Aufschlusses
(100 ml) wird ein aliquoter Teil von 10 ml entnommen und auf
500 ml mit destilliertem Wasser in einem geeichten Meßkolben
verdünnt.

Zur Analyse werden der verdünnten Aufschlußlösung 10 ml mit einer geeichten Vollpipette entnommen und in einen 50- oder 100-
ml-Scheidetrichter gegeben. Die Analysensubstanz soll dabei
< 20% Al_2O_3 enthalten; bei Gehalten zwischen 20 und 40% Al_2O_3
in der Analysensubstanz werden der verdünnten Aufschlußlösung
nur 5 ml entnommen und zusammen mit 5 ml destillierten Wassers
in den Scheidetrichter gegeben. Der Aufschlußlösung im Scheidetrichter werden 10 ml 8-Hydroxy-2-methylchinolin-Lösung zugefügt,
dann wird kurz geschüttelt, um die organische Base in die wäßrige
Phase überzuführen. Durch Zusatz von Natriumacetatlösung wird
darauf das pH der wäßrigen Phase auf 4,0 eingestellt. Zur pH-
Anzeige kann dabei eine Glaselektrode, die in die wäßrige Phase
eintaucht, oder feiner abgestuftes Indikatorpapier verwendet
werden. Nach der pH-Einstellung wird 15 min lang geschüttelt.
Die organische Phase wird verworfen und die wäßrige Phase zur
Reinigung mit Chloroform nachextrahiert.

Um ein Ausfallen von Aluminiumhydroxid zu verhindern, wird 1 ml
Tartratlösung zur wäßrigen Phase gegeben und durch 1 ml Pufferlösung das pH auf ca. 10 gebracht. Dann wird die Lösung zweimal
mit je 10 ml 8-Hydroxy-2-methylchinolin-Lösung 10 min lang ausgeschüttelt. Die letzten Spuren der 8-Hydroxy-2-methylchinolin-
Lösung müssen durch zweimaliges Nachextrahieren mit je 5 ml Chloroform entfernt werden.

Die wäßrige Phase wird darauf mit 0,7 ml Eisessig versetzt, um
den pH-Wert auf 4,5 zu erniedrigen, und schließlich 10 min lang
mit 20 ml 8-Hydroxychinolin-Lösung ausgeschüttelt. Der Extrakt
wird wie in Vorschrift A angegeben weiterverarbeitet.

Reagenzien

1. Komplexlösung: 60 ml 0,5 n Natriumacetatlösung (= 68 g NaOOC-
$CH_3.4H_2O/1000$ ml H_2O),
5 ml Hydroxylammoniumchlorid-Lösung (250 g $NH_2OH.HCl/1000$ ml H_2O),
10 ml Berylliumsulfatlösung (40 g $BeSO_4.4H_2O/1000$ ml H_2O)
und 20 ml Bipyridyllösung (2 g 2,2'-Bipyridyl/1000 ml 0,2 n HCl)
werden gemischt und auf 100 ml verdünnt.

2. Chloroform p.a.: Das verwendete Chloroform muß phosgenfrei
sein und darf keine sauren Zersetzungsprodukte enthalten. Andernfalls muß es vor der Verwendung mit einer Lösung, die 2 m an Ammoniak und Ammoniumchlorid ist, geschüttelt werden

3. 8-Hydroxychinolin-Lösung: 1 g 8-Hydroxychinolin p.a. wird in
100 ml Chloroform gelöst. Die Lösung ist selbst bei $0^{\circ}C$ nur wenige Tage haltbar und wird zweckmäßig vor der Verwendung jeweils
frisch angesetzt!

4. Tartratlösung: 56 g $KNaC_4H_4O_6$ p.a. werden zu einem Liter in
destilliertem Wasser gelöst. Als Stabilisator werden 2 ml Chloroform zugesetzt

5. Pufferlösung: 70 g NH_4Cl p.a. werden in 600 ml NH_4OH (d =
0,880) gelöst und mit destilliertem Wasser zum Liter aufgefüllt.

6. Eisessig p.a.

7. 8-Hydroxy-2-methylchinolin-Lösung: 1 g 8-Hydroxy-2-methyl-
chinolin wird in 100 ml Chloroform gelöst.

Standardlösungen

Herstellung einer Standardlösung durch Lösung von Aluminium in
Natronlauge nach Kapitel 3.1.2.1

oder

931 mg $KAl(SO_4)_2.12H_2O$ werden unter Zusatz von 1 ml konz. HCl
(32%ige) p.a. gelöst und mit destilliertem Wasser zum Liter aufgefüllt. Diese Lösung wird zehnfach verdünnt als Standardlösung
verwendet und enthält dann 10 µg Al_2O_3/ml.

3.1.3 Eisenbestimmung

3.1.3.1 Eisenbestimmung mit 1,10-Phenanthrolin (Gesamteisen)

1,10-Phenanthrolin wurde zur kolorimetrischen Eisenbestimmung
zuerst von Saywell und Cunningham (1937) verwendet. Eingehende
Untersuchungen über die Verwendbarkeit dieses Reagenz stammen
von Bandemer und Schaible (1944). Bei der Silikatanalyse wurde
1,10-Phenanthrolin zur Eisenbestimmung schon mehrfach benutzt,
so von Huart (1953), Shell (1950), Borin und Sicurella (1956),
Diamond (1948), sowie Shapiro und Brannock (1952, 1956, 1962)
und Gottlieb (1950).

1,10-Phenanthrolin bildet mit Eisen(II) im pH-Bereich von 2,5
bis 9 einen orangeroten Komplex. Die Intensität ist unabhängig

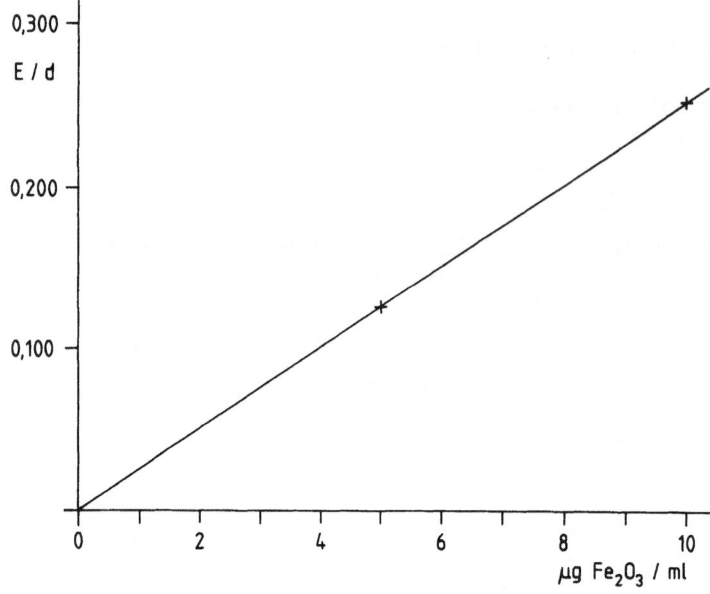

Abb. 1. Extinktions-
kurve für die Eisen-
bestimmung mit 1,10-
Phenanthrolin (Ge-
samteisen)

vom pH-Wert im Bereich von pH 2,5 bis 5,0. Bis pH 9 nimmt die
Intensität geringfügig ab. Die Farbintensität wird innerhalb
einiger Minuten nach Reagenzzusatz stabil und bleibt mindestens
einen Tag unverändert. Den Einfluß der Reihenfolge der Reagenz-
zusätze, der zeitlichen Intervalle zwischen den Reagenzzusätzen
und der Lösungstermperatur haben Bandemer und Schaible (1944)
genauer untersucht. Zur Reduktion des Eisen(III) in der Aufschlußlösung wird zweckmäßig Hydroxylaminhydrochlorid benutzt.

Der Eisen(II)-1,10-Phenanthrolin-Komplex zeigt in der Lösung ein
Absorptionsmaximum bei 508 nm (Fortune und Mellon, 1938; Shell,
1950). Bei dieser Wellenlänge ist der molare Extinktionskoeffizient zur Eisenbestimmung bei der Silikatanalyse zu groß, es ist
günstiger bei einer Wellenlänge von 560 nm zu messen (Shapiro
und Brannock, 1956; Hegemann und Thomann, 1960), bei der auch
Analysenstörungen durch Lösungsgenossen vermindert werden. Bei
Messung gegen einen Vergleichsstandard scheidet die Steilheit
der Absorptionskurve um 560 nm als mögliche Fehlerquelle aus.

Eine Reihe von Metallen gibt mit 1,10-Phenanthrolin ähnlich gefärbte Komplexe wie das Eisen(II). In Silikatgesteinen sind
diese Elemente — vor allem Nickel, Kobalt und Kupfer — nur als
Spurenelemente vorhanden und stören bei ihrer normalerweise geringen Konzentration in den Aufschlußlösungen die Eisenanalyse
nicht. Nickelgehalte von mehr als 2 µg Ni/ml Meßlösung bewirken
eine Minderung der Eisenextinktion bei Wellenlängen unter 540 nm.
Kobalt gibt einen gelbgefärbten Komplex und sollte im pH-Bereich
von 3 bis 5 eine Konzentration von 10 µg Co/ml in der Meßlösung
nicht überschreiten. Kupfer stört unter 10 µg Cu/ml Meßlösung
nicht; bei höheren Kupfergehalten muß das pH der Meßlösung auf
2,5 bis 4,0 eingestellt werden. Nähere Angaben über Analysenstörungen bei Verwendung von Hydroxylaminhydrochlorid als Reduktionsmittel sind der Arbeit von Fortune und Mellon (1938) zu entnehmen.

Unter den im folgenden beschriebenen Analysenbedingungen ist das Lambert-Beer'sche Gesetz für Eisenkonzentrationen bis 11 µg Fe_2O_3/ ml Meßlösung erfüllt.

Analysenvorschrift (HF/H_2SO_4-Aufschluß)

Ein aliquoter Teil von 10 ml wird der Aufschlußlösung entnommen und in einen 100-ml-Meßkolben gebracht. Zugegeben werden 5 ml Hydroxylaminhydrochlorid-Lösung. Darauf muß die Lösung 10 min rasten. Dann werden 10 ml 1,10-Phenanthrolin-Lösung und 10 ml Natriumcitratlösung zugesetzt. Mit H_2O wird bis zur Marke aufgefüllt und durchgemischt.

Gemessen wird nach einer Stunde bei einer Wellenlänge von λ = 560 nm in 5-cm-Küvetten bzw. 2-cm-Küvetten gegen eine Blindlösung.

Optimale Meßbedingungen

1 - 5 µg Fe_2O_3/ml Meßlösung
(mit 5-cm-Küvetten bei 0,01 mm Spaltbreite)
entsprechend
0,2 - 1,0% Fe_2O_3 (bei 1/10 von 500 mg Einwaage)

2 - 10 µg Fe_2O_3/ml Meßlösung
(mit 2-cm-Küvetten bei 0,01 mm Spaltbreite)
entsprechend
0,4 - 2,0% Fe_2O_3 (bei 1/10 von 500 mg Einwaage)

Reagenzien

1. Hydroxylaminhydrochlorid p.a.: 50 g je 500 ml destillierten Wassers

2. 1,10-Phenanthrolinlösung: 500 mg 1,10-Phenanthrolin in 500 ml heißen Wassers lösen

3. Natriumcitrat p.a.: 50 g $C_6H_5Na_3O_7 \cdot 2H_2O$ werden mit H_2O zu 500 ml gelöst.

4. Eisenstandardlösung: 100 µg Fe_2O_3/ml = 491,1 mg $(NH_4)_2Fe(SO_4)_2 \cdot 6H_2O$ oder
603,9 mg $(NH_4)Fe(SO_4)_2 \cdot 12H_2O$
mit 6 ml H_2SO_4 (1:1) auf 1000 ml mit destilliertem Wasser verdünnen

3.1.3.2 Eisenbestimmung mit 2,2'-Bipyridyl (Gesamteisen)

2,2'-Bipyridyl ist eine dem 1,10-Phenanthrolin gleichwertige und konstitutionsmäßig ähnliche Verbindung (Moss und Mellon, 1942). Bipyridyl gibt im pH-Bereich von 3 - 9 eine tiefrote Färbung, die besonders in mineralsaurer Lösung sehr beständig ist. Der Eisen(II)-2,2'-Bipyridyl-Komplex zeigt in der Lösung ein Absorptionsmaximum bei 522 nm.

Nach Riley (1958) treten bei Silikatgesteinsaufschlüssen nach Reduktion des Eisens mit Hydroxylaminhydrochlorid in mit Natriumacetat gepufferten Meßlösungen keine Störungen durch Lösungsgenossen auf. Jedoch ist hier zu bemerken, daß die Verwendungsmöglichkeiten von 2,2'-Bipyridyl für die Eisenanalyse in Silikatgesteinen weniger genau untersucht sind als die von 1,10-Phenan-

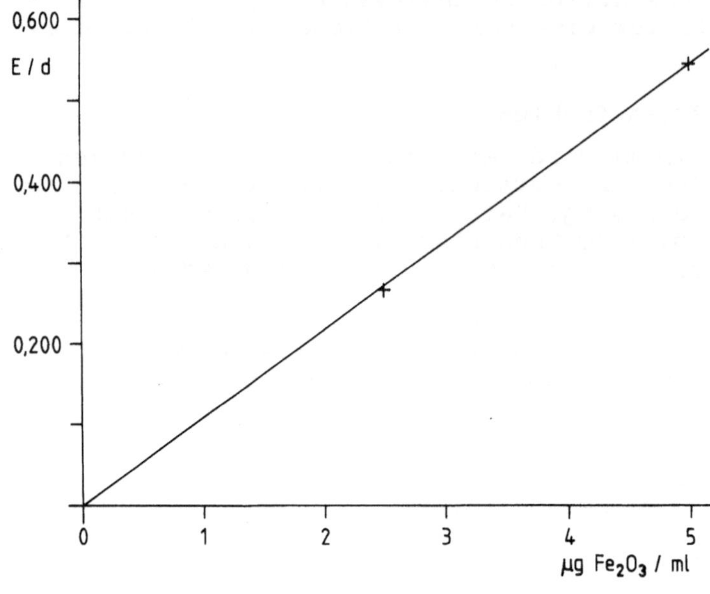

Abb. 2. Extinktionskurve für die Eisenbestimmung mit 2,2'-Bipyridil (Gesamteisen)

throlin. Nach Wilson (1960) stört Vanadium(III) die Eisenanalyse empfindlich. Im folgenden wird eine von Riley (1958) angegebene und bewährte Analysenvorschrift wiedergegeben.

Analysenvorschrift (HF/HClO$_4$-Aufschluß)

Ein aliquoter Teil von 10 ml wird der Aufschlußlösung entnommen und in einen 100-ml-Meßkolben gebracht, dann werden 10 ml Reaktionslösung zugegeben und der Meßkolben mit H$_2$O bis zur Marke aufgefüllt und durchgemischt.

Gemessen wird nach 1 1/2 h bei einer Wellenlänge vom λ = 522 nm in 5-cm-, 2-cm- bzw. 1-cm-Küvetten gegen eine Blindlösung. Die Lösungen in den Meßkolben dürfen nicht dem direkten Sonnenlicht ausgesetzt werden.

Optimale Meßbedingungen

2 - 5 µg Fe$_2$O$_3$/ml Meßlösung
(mit 1-cm-Küvetten bei 0,02 mm Spaltbreite)
entsprechend
0,4 - 1,0% Fe$_2$O$_3$ (bei 1/10 von 500 mg Einwaage)

0,5 - 2,5 µg Fe$_2$O$_3$/ml Meßlösung
(mit 2-cm-Küvetten bei 0,01 mm Spaltbreite)
entsprechend
0,2 - 0,5 Fe$_2$O$_3$ (bei 1/10 von 500 mg Einwaage)

Reagenzien

1. Hydroxylaminhydrochloridlösung, 10%ig

2. Natriumacetatlösung 0,5 n (17,0 g Natriumacetat auf 250 ml H$_2$O)

3. Bipyridyllösung: 0,2 g 2,2'-Bipyridyl in 100 ml 0,2 n HCl lösen

4. Reaktionslösung: Es werden 10 ml Hydroxylaminhydrochlorid-Lösung, 50 ml 0,5 n Natriumacetatlösung und 20 ml Bipyridyllösung in einen 100-ml-Meßkolben gegeben und dieser zur Marke aufgefüllt und durchgemischt

5. Eisenstandardlösung: 1 g Fe_2O_3 p.a. (Urtitersubstanz) werden mit 10 ml konzentrierter HCl p.a. (32%ig) gelöst und zu 1000 ml verdünnt.
Diese Stammlösung ist 0,1 n salzsauer. Durch Verdünnen dieser Stammlösung werden Eichlösungen hergestellt: 100 µg Fe_2O_3/ml und 10 µg Fe_2O_3/ml

3.1.3.3 Eisen(II)-Bestimmung nach Wilson

Im Flußsäure-Schwefelsäure-Aufschluß von Gesteinen erfolgt in Gegenwart von Vanadium(V)salzen eine spontane Oxidation von freiwerdendem Eisen(II). Das dabei entstehende Vanadium(IV) ist in Flußsäure und Schwefelsäure stabil und wird durch Luftsauerstoff nicht oxidiert.

Zur Eisen(II)-Bestimmung kann entweder der Überschuß an Vanadium(V) in der Aufschlußlösung titriert werden, oder es kann die Rückreaktion $Fe^{3+} + V^{4+} \rightarrow Fe^{2+} + V^{5+}$, die schon in schwach saurer Lösung erfolgt, zur direkten spektralphotometrischen Analyse des Eisen(II) genutzt werden (Kap. 3.1.1). Aufschluß und Analysenmethoden sind zur Mikrobestimmung von Eisen(II) bei kleinen Analyseneinwaagen von Wilson (1960) entwickelt worden.

Zur spektralphotometrischen Eisen(II)-Bestimmung wird die Aufschlußlösung auf pH 5 abgepuffert und das entstehende Fe^{2+} kann mit jedem bei pH 5 verwendbaren Reagenz analysiert werden. Dabei ist es notwendig, die in der Aufschlußlösung vorhandenen Fluorionen komplex zu binden, weil diese sonst das Eisen(III) komplex gebunden halten und vor der Reaktion schützen. Zur Bindung der Fluorionen ist Berylliumsulfat wegen seiner großen Löslichkeit in wäßrigen Lösungen besser geeignet als Borsäure. Als Reagenz auf Eisen(II) ist 2,2'-Bipyridyl gut verwendbar.

Aufschluß

Drei bis 20 g analysenfeine Substanz werden bei freischwingender Waage in einen kleinen Platintiegel genau eingewogen. Dazu werden 0,1 ml einer 0,139 n Vanadium(V)lösung aus einer Mikrobürette (ausreichend für weniger als 1 mg FeO in der Analyseneinwaage) und 1 ml Flußsäure gegeben. Der Tiegel wird dann mit aufgelegtem Deckel zur Seite gesetzt. Die meisten Minerale werden von Flußsäure innerhalb 4 h, einige widerstandsfähigere Minerale über Nacht zersetzt. Wenige besonders widerstandsfähige Minerale erfordern bis zu drei Tagen Standzeit.

Analysenvorschrift

Nach gelungenem Aufschluß werden 5 ml Berylliumsulfatlösung in den Tiegel gegeben und mit einem Magnetrührer der Inhalt solange

gerührt, bis aller Niederschlag aufgelöst ist. Darauf wird die
Lösung in einen 100-ml-Meßkolben überführt. Der Meßkolben wird
zuvor mit 5 ml 2,2'-Bipyridyllösung, 10 ml Ammoniumacetatlösung
und 50 ml destilliertem Wasser beschickt. Der Meßkolben wird auf
100 ml mit destilliertem Wasser aufgefüllt und gut umgeschüttelt.
Das pH der Lösung ist jetzt auf 5 eingestellt. Nach 10 min wird
in 1-cm-Küvetten bei einer Wellenlänge von 522 nm gegen eine
Blindlösung gemessen.

Bei Gegenwart von großen Eisen(III)gehalten ist die Lösung durch
Eisen(III)acetat schwach gelb gefärbt. Bei der Messung ergeben
sich dadurch für Eisen(II) leicht erhöhte Gehalte und es muß eine
Korrektur angebracht werden.

Die Eisen(II)analyse wird gestört durch oxidierende und reduzie-
rende Substanzen in der Analysensubstanz, wie organische Substanzen, Pyrolusit, Eisensulfide und Vanadium, dessen Wertigkeit
in Silikaten meist unbekannt ist. Organische Beimengungen und
Erzminerale müssen auf mechanischem Wege quantitativ entfernt
werden (bei Sedimenten oft möglich) bevor eine zuverlässige Ei-
sen(II)analyse möglich ist. Vanadiumgehalte über 0,08% im Gestein machen sich bereits störend bemerkbar. Bei Graniten darf
man annehmen, daß das Vanadium als V^{3+} vorliegt. Dann ist außer
der Vanadiumanalyse im Gestein zur Korrektur des analysierten
Eisen(II)gehaltes die Gleichung $V^{5+} + V^{3+} = 2\ V^{4+}$ zu berücksichtigen bzw. V^{3+} ist äquivalent zu 3 Fe^{2+}.

Reagenzien

1. Flußsäure, 40%ige p.a.

2. Vanadium(V)lösung: Die 0,139 n Vanadium(V)lösung wird hergestellt durch Auflösen von Ammoniumvanadat in Schwefelsäure. Die
Lösung muß 2-n-schwefelsauer sein

3. Berylliumsulfatlösung: Die 50%ige Berylliumsulfatlösung wird
durch Auflösen von $BeSO_4 \cdot 4H_2O$ in destilliertem Wasser hergestellt

4. 2,2'-Bipyridyllösung, 0,15%ig in Wasser

5. Ammoniumacetatlösung, 50%ig in Wasser

3.1.4 Titanbestimmung

3.1.4.1 Titanbestimmung mit Tiron

Titan(IV) bildet mit Tiron, dem Dinatriumsalz der Brenzkatechin-
3,5-disulfonsäure, einen intensiv zitronengelb gefärbten Komplex.
Mit dem Auge sind 0,02 µg TiO_2/ml Lösung noch erkennbar. Mit dem
Spektralphotometer lassen sich 0,0005 µg TiO_2 im ml noch nachweisen wenn bei einer Wellenlänge von 410 nm gemessen wird. Tiron wurde zur Titananalyse zuerst von Yoe und Armstrong (1947)
benutzt und bei der Silikatanalyse von Corey und Jackson (1953),
Shapiro und Brannock (1956, 1962) und Hegemann und Thomann (1960)
verwendet.

Das Absorptionsspektrum des Titan-Tiron-Komplexes zeigt eine
starke Bande im nahen Ultraviolett, welche bis 550 nm in das

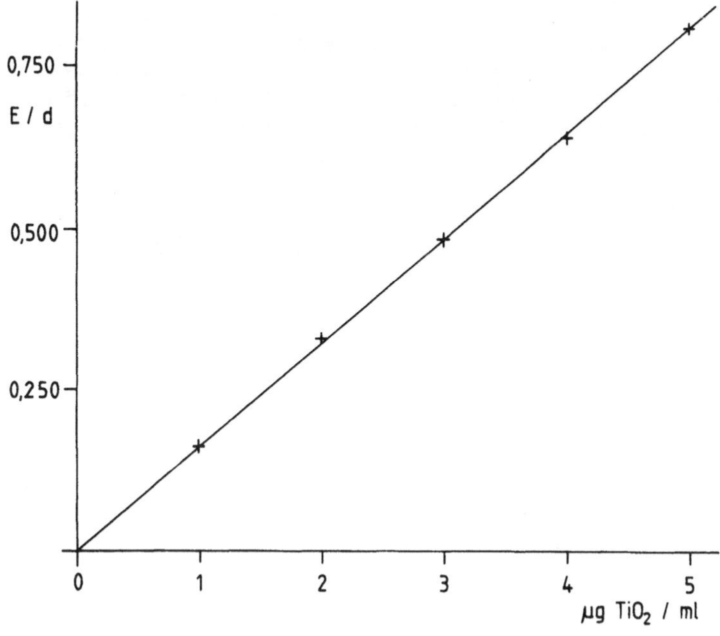

Abb. 3. Extinktionskurve für die Titanbestimmung mit Tiron

Sichtbare hineinreicht. Bei größeren Wellenlängen wird keine Absorption mehr beobachtet. Die wässrige Lösung von Tiron allein absorbiert zwischen 390 und 600 nm kein Licht. Für die Titanbestimmung eignet sich am besten die Messung bei einer Wellenlänge von 410 nm. Bei kürzeren Wellenlängen würde zwar die Empfindlichkeit der Titanbestimmung größer sein, aber es tritt hier eine Störung durch Eisen-Natriumdithionit ein, das im nahen Ultraviolett absorbiert.

Die Intensität der Färbung ist im pH-Bereich zwischen 4,3 und 7 unabhängig vom pH-Wert. Am besten wird in acetatgepufferten Lösungen gearbeitet. Das Lambert-Beer'sche Gesetz ist für Konzentrationen bis mindestens 3,5 µg TiO_2/ml Lösung erfüllt (entspricht 0,8% TiO_2 in der Analysensubstanz).

Der gelbe Ti-Tironkomplex ist länger als einen Tag beständig, wird aber zur Reduktion von Eisen(III) Natriumdithionit zugesetzt, so trübt sich die Lösung oft schon nach einer halben Stunde durch Ausfallen von Schwefel. Fe^{3+} bildet mit Tiron einen violett gefärbten Komplex. Fe^{2+} gibt mit Tiron unter den genannten Analysenbedingungen keinen gefärbten Komplex.

Durch Cr^{3+} und Cr^{6+} werden zu hohe Titanmeßwerte verursacht, wenn der Chromgehalt der Analysensubstanz 0,2% Cr_2O_3 übersteigt (entspricht 0,6 Cr/ml Meßlösung). Die Titananalysen werden besser, wenn erst 20 min nach der Zugabe von Natriumdithionit gemessen wird. Länger darf wegen der Trübung der Lösung nicht gewartet werden. Bei Chromgehalten über 1% Cr_2O_3 in der Analysensubstanz wird die Methode unzuverlässig. Es muß dann mit absoluten Fehlern größer als 0,1% TiO_2 gerechnet werden.

V^{5+} bildet bei pH 4,5 mit Tiron eine schmutziggrau gefärbte Lösung. Nach Zugabe von Natriumdithionit verschwindet diese Farbe und die Lösung wird innerhalb einiger Minuten gelb gefärbt. Dadurch täuschen 2,5 µg V/ml Meßlösung etwa 1,0 µg TiO_2/ml Meßlösung vor; enthält die Analysensubstanz weniger als etwa 0,1% V_2O_5, das entspricht 0,25 µg V/ml Meßlösung, kann diese Störung vernachlässigt werden.

Analysenvorschrift (HF/H_2SO_4-Aufschluß)

Ein aliquoter Teil von 5 ml wird der Aufschlußlösung entnommen und in einen 100-ml-Erlenmeyerkolben gebracht und 100 mg festes Tiron zugefügt. Darauf wird mit 50 ml Pufferlösung versetzt. Unter Umschwenken werden einige Körnchen Natriumdithionit in den Erlenmeyerkolben gegeben bis die violette Eisenverfärbung verschwindet.
Gemessen wird nach 15 min bei einer Wellenlänge von λ = 410 nm in 1-cm, 2-cm oder 5-cm-Küvetten gegen eine Blindlösung.

Optimale Meßbedingungen

1,25 - 3,5 µg TiO_2/ml Meßlösung
(mit 1-cm-Küvetten bei 0,02 mm Spaltbreite)
entsprechen etwa
0,275 - 0,77% TiO_2 (bei 1/20 von 500 mg Einwaage)

0,625 - 1,75 µg TiO_2/ml Meßlösung
(mit 2-cm-Küvetten bei 0,02 mm Spaltbreite)
entsprechen etwa
0,14 - 0,385% TiO_2 (bei 1/20 von 500 mg Einwaage)

0,25 - 0,70 µg TiO_2/ml Meßlösung
(mit 5-cm-Küvetten bei 0,02 mm Spaltbreite)
entsprechen etwa
0,055 - 0,155% TiO_2 (bei 1/20 von 500 mg Einwaage)

Reagenzien

1. Tiron p.a., fest

2. Pufferlösung: 40 g Ammoniumacetat p.a. und 15 ml Eisessig p.a. werden mit Wasser zu 1000 ml aufgefüllt

3. Natriumdithionit p.a., fest

4. Titanstandardlösung: 10 µg TiO_2/ml
100 mg TiO_2 werden im Platintiegel mit 2 g $KHSO_4$ aufgeschlossen. Die Schmelze wird mit 100 ml H_2SO_4 (1:1) gelöst, in einen 500-ml-Meßkolben gebracht und mit H_2O zur Marke aufgefüllt. Davon werden 50 ml entnommen und im Meßkolben zu 1 l verdünnt, diese Lösung enthält 0,01 mg TiO_2/ml

3.1.4.2 Titanbestimmung nach Oxydation mit H_2O_2 in schwefelsaurer Lösung

In sauren Lösungen wird bei Gegenwart von Titan(IV) durch H_2O_2 eine gelbe Färbung hervorgerufen. Die Gelbfärbung beruht auf Komplexbildung. Dem Komplex werden die Formeln $TiO_2(SO_4)_2^{2-}$ beispielsweise in schwefelsaurer Lösung oder auch $Ti(H_2O_2)^{+4}$ zugeschrieben.

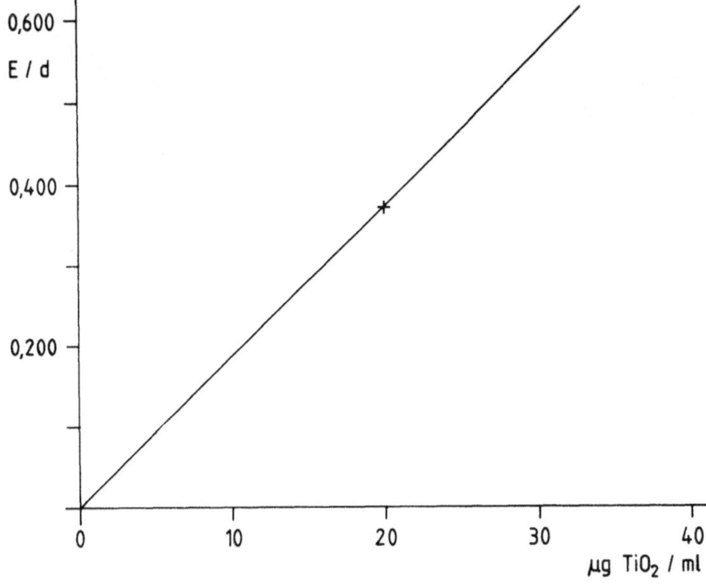

Abb. 4. Extinktionskurve für die Titanbestimmung mit H_2O_2 in schwefelsaurer Lösung

Meistens wird die Titanbestimmung in 1,5 - 3,5 n schwefelsaurer Lösung durchgeführt. In stärker konzentrierter Schwefelsäure (6 n H_2SO_4) ist die Gelbfärbung etwas weniger intensiv (Sandell, 1959). In perchlorsaurer Lösung ist die Farbintensität bis zu 3,5 n $HClO_4$ unabhängig von der Säurekonzentration (Weissler, 1945). In stärker perchlorsauren Lösungen wird die Farbintensität schwächer und das Absorptionsmaximum wandert von 410 nm zu etwas größeren Wellenlängen. Etwas intensiver ist die Gelbfärbung in salzsauren Lösungen. Jedoch stört hier die Färbung des Eisen-(III)-Ions die Titananalyse empfindlich.

Eine Reihe von Substanzen verringern als Lösungsgenossen die Farbintensität des Titan(IV)-Komplexes. Alkalisulfate geben eine leichte Bleichung, die in stärker konzentrierter Schwefelsäure geringer ist (Mervin, 1909). Bei Gegenwart hoher Konzentrationen von Alkalisulfaten in der Lösung sollte die Titananalyse nicht wie gewöhnlich in 5%iger, sondern in 10%iger Schwefelsäure durchgeführt werden. In 10%iger Phosphorsäure wird die Bleichwirkung von Alkalisulfaten aufgehoben, selbst bei Gegenwart von 20 mg K_2SO_4 in ml Lösung konnte vom Verfasser keine Schwächung der Extinktion bei 410 nm mehr festgestellt werden. Phosphat- und Fluorionen bilden Komplexe mit Titan und können so die Titananalyse empfindlich stören. Der Störeffekt durch Phosphorsäure ist abhängig von der Wellenlänge, bei einer Wellenlänge von 410 nm wird der Effekt vernachlässigbar klein.

Durch phosphorsäurehaltige Lösungen kann die Gelbfärbung durch Fe^{3+}-Ionen verhindert werden. Störungen der Titanbestimmung durch Vanadium, Molybdän, Nickel und Chrom(VI) sind bei Silikatanalysen, wegen der geringen Konzentration dieser Elemente, gewöhnlich nicht zu erwarten. Die Störungen durch Fe^{3+}-Ionen und Alkalisulfate können praktisch unterbunden werden, wenn die Analysenlösungen 5 m Phosphorsäure und 0,9 m Schwefelsäure enthalten.

Das Lambert-Beer'sche Gesetz ist erfüllt bis zu Konzentrationen von 50 µg TiO_2/ml Meßlösung. Die Titanbestimmung mit Wasserstoffperoxid ist deshalb der Tironmethode bei relativ hohen Titangehalten vorzuziehen. Die Gelbfärbung durch den Ti-Tironkomplex ist etwa 9mal intensiver als mit H_2O_2.

Analysenvorschrift (HF/H_2SO_4-Aufschluß)

Ein aliquoter Teil von 5 ml wird der Aufschlußlösung entnommen und in einen geeichten 100-ml-Meßkolben gebracht. Dazu werden etwa 50 ml H_2O gegeben. Dann werden 30 ml Reagenzmischung zugefügt und der Meßkolben bis zur Marke aufgefüllt und durchgemischt.

Gemessen wird in 1-cm-, 2-cm- oder 5-cm-Küvetten bei einer Wellenlänge von 410 nm gegen eine Blindlösung.

Optimale Meßbedingungen

10 - 30 µg TiO_2/ml Meßlösung mit 1-cm-Küvetten
entsprechen
4,0 - 12% TiO_2 in der Analysensubstanz

5 - 15 µg TiO_2/ml Meßlösung mit 2-cm-Küvetten
entsprechen
2,0 - 6,0% TiO_2 in der Analysensubstanz

2 - 6 µg TiO_2/ml Meßlösung mit 5-cm-Küvetten
entsprechen
0,8 - 2,5% TiO_2 in der Analysensubstanz

Bemerkungen. Wenn außer Eisen(III) störende Konzentrationen von Chrom(VI), Nickel oder Vanadium in der Meßlösung vorhanden sind, außerdem die Konzentration an Alkalisulfaten gering ist, so ist es zweckmäßig ohne Zusatz von Phosphorsäure, in 10%ig schwefelsaurer Lösung die Extinktionen einer Analysenlösung mit und einer ohne H_2O_2-Zugabe bei 400 nm zu bestimmen. Die Differenz bei der Messung ergibt den durch den Titankomplex verursachten Extinktionsanteil.

Nach dem beschriebenen Flußsäure-Schwefelsäure-Aufschluß (Kap. 2.3) werden die Aufschlußlösungen von Silikatgesteinen nur selten höhere Alkalisulfatkonzentrationen als 1 mg je ml Lösung aufweisen. Die durch den Kaliumdisulfataufschluß erhaltene Titanstammlösung (200 µg TiO_2/ml) enthält zwischen 2,7 und 3,5 mg Kaliumsulfat und Kaliumdisulfat im ml. Im Normalfall ist die Störung durch diese Alkalisulfatgehalte vernachlässigbar klein.

Reagenzien

Reagenzmischung: Es werden gemischt 250 ml Perhydrol (30%ig) p.a. 250 ml H_3PO_4 p.a. und 250 ml H_2SO_4 p.a. Diese Mischung ist im Dunkeln unbegrenzt haltbar! Anstelle der Reagenzmischung können die Reagenzien auch getrennt verwendet werden. Die Reagenzmischung erspart Arbeitsgänge und Zeit.

3.1.5 Literaturverzeichnis zu Kapitel 3.1

Andersson, L.H.: Studies on the determination of silica. I. Spectophotometric determination of silica as silicomolybdate. Acta Chem. Scand. 12, 495-502 (1958)

Andersson, L.H.: Studies in the determination of silica. II. The separation of phosphomolybdate from α-silicomolybdate. Acta Chem. Scand. 13, 1743-1752 (1959)

Andersson, L.H.: Studies in the determination of silica. VII. Some experiments with the gravimetric silica determination. Arch. Kemi 19, 249-256 (1962)

Bandemer, S.L., Schaible, P.J.: Determination of iron. A study of the o-phenanthroline method. Ind. Eng. Chem., Anal. Ed. 16, 317-319 (1944)

Borin, G., Sicurella, N.: Applicazione dei metodi colorimetrici e complessometrici all' analisi quantitativa rapida di un vetro costitutio dagli ossidi di: Si, Ca, Mg, Al, Fe, Na e K. Vetro e Silicati 1, Nr. 2, 13-18 (1956)

Claasen, A., Bastings, L., Vissor, J.: A highly selective procedure for the spectrophotometric determination of aluminium with 8-hydroxyquinoline and its application to the determination of aluminium in iron and steel. Anal. Chim. Acta 10, 373-385 (1954)

Corey, R.B., Jackson, M.L.: Silicate analysis by a rapid semimicrochemical system. Anal. Chem. 25, 624-628 (1953)

Diamond, J.J.: Determination of iron in glass sand. J. Am. Ceram. Soc. 31, 243-245 (1948)

DIN-Norm 51070 Blatt 3: Prüfung keramischer Roh- und Werkstoffe. Chemische Analyse von Stoffen mit den Hauptbestandteilen Aluminiumoxid und/oder Silicium(IV)oxid. Bestimmung von Aluminiumoxid

Fortune, W.B., Mellon, M.G.: Determination of iron with o-phenanthroline. Ind. Eng. Chem. Anal. Ed. 10, 60-64 (1938)

Gentry, C.H.R., Sherrington, L.C.: The direct photometric determination of aluminium with 8-hydroxyquinoline. Analyst 71, 432-438 (1946)

Gottlieb, A.: Zur Eisenbestimmung in Quarz. Mikrochim. Acta 35, 320-328 (1950)

Hedin, R.: Kolorimetriska metoder för snabbanalys av silikat-material. Svenska Forskningsinstitutet för Cement och Betong vid Kungl. Tekniska Högskolan i Stockholm. Handlingar Nr. 8, 1947

Hedin, R.: Kolorimetrische Methoden für Schnellanalysen von Silikaten. Ber. Dtsch. Keram. Ges. 32, 385-390 (1955)

Hegemann, F., Thomann, H.: Spektralphotometrische Verfahren bei der Tonanalyse. Ber. Dtsch. Keram. Ges. 37, 127-134 (1960)

Hsu, P.H.: Effect of initial pH, phosphate and silicate on the determination of aluminium with aluminon. Soil Sci. 96, 230-238 (1963)

Huart, A.: Analyse spectrocolorimétrique des matériaux de construction silicatés (1). Chimie et Industrie 69, 855-860 (1953)

Köster, H.M.: Mineralogische und technologische Untersuchungen an Industriekaolinen. Ber. Dtsch. Keram. Ges. 41, 1-40 (1964)

Mervin, H.E.: Coloration in peroxidized titanium solution with special reference to the colorimetric methods of estimating titanium and fluorine. Am. J. Sci. 28, 119-125 (1909)

Milner, G.W.C., Woodhead, J.L.: The determination of alumina in silicates (rocks and refractories). Anal. Chim. Acta 12, 127-137 (1955)

Morrison, I.R., Wilson, A.L.: The absorptiometric determination of silicon in water. Analyst 88, 88-99, 100-104, 446-455 (1963)

Moss, M.L., Mellon, M.G.: Colorimetric determination of iron with 2,2'-bipyridyl and with 2,2'2"-terpyridyl. Ind. Eng. Chem. Anal. Ed. 14, 862-865 (1942)

Mullin, J.B., Riley, J.P.: The colorimetric determination of silicate with special reference to sea and natural waters. Anal. Chim. Acta 12, 162-176 (1955)

Olsen, A.L., Gee, A.E., McLendon, V.: Precision and accuracy of colorimetric procedures as analytical control methods. Ind. Eng. Chem. Anal. Ed. 16, 169-172 (1944)

Owen, A.G., Price, W.J.: A modified aluminon reagent solution. Analyst 85, 221-222 (1960)

Parker, C.A., Goddard, A.P.: The reaction of aluminium ions with alizarin-3-sulphonate with particular reference to the effect of addition of calcium ions. Anal. Chim. Acta 4, 517-535 (1950)

Poole, P., Segrove, D.D.: The absorptiometric determination of Al_2O_3 in glass sands. J. Soc. Glass Techn. 39, 205-210 (1955)

Riley, J.P.: The rapid analysis of silicate rocks and minerals. Anal. Chim. Acta 19, 413-428 (1958)

Riley, J.P., Williams, H.P.: The microanalysis of silicate and carbonate minerals. Microchim. Acta 804-830 (1959)

Ringbom, A., Ahlers, P.E., Siitonen, S.: The photometric determination of silicon as silicomolybdic acid. Anal. Chim. Acta 20, 78-83 (1959)

Robertson, G.: The colorimetric determination of aluminium in silicate materials. J. Sci. Food Agr. 1, 59-63 (1950)

Sandell, E.B.: Colorimetric determination of traces of metals. 3rd Ed. New York: Interscience Publ., 1959

Saywell, L.G., Cunningham, B.B.: Determination of iron. Ind. Eng. Chem. Anal. Ed. 9, 67-69 (1937)

Shapiro, L., Brannock, W.W.: Rapid analysis of silicate rocks. U.S. Geol. Survey Circ. 165, 178 (1952)

Shapiro, L., Brannock, W.W.: Rapid analysis of silicate rocks. U.S. Geol. Surv. Bull. 1036-C (1956)

Shapiro, L., Brannock, W.W.: Rapid analysis of silicate carbonate and phosphate rocks. U.S. Geol. Surv. Bull. 1144-A, 1-56 (1962)

Shell, H.R.: Determination of total iron in silicates and other nonmetallic materials. Anal. Chem. 22, 326-328 (1950)

Smith, W.H., Sager, E.E., Siewers, I.J.: Preparation and colorimetric properties of aluminon. Anal. Chem. 21, 1334-1338 (1949)

Straub, F.G., Grabowski, H.A.: Photometric determination of silica in condensed steam in presence of phosphates. Ind. Eng. Chem. Anal. Ed. 16, 574-575 (1944)

Strickland, J.D.H.: The preparation and properties of silicomolybdic acid. J. Am. Chem. Soc. 74, 862-867, 868-871, 872-876 (1952)

Thomann, H.: Spektralphotometrische Verfahren bei der Silikatanalyse. Diplomarbeit TH München 1960

Weibel, M.: Die Aluminiumbestimmung in der chemischen Silikatanalyse. Z. Anal. Chemie 184, 322-327 (1961)

Weissler, A.: Simultaneous spectrophotometric determination of titanium, vanadium, and molybdenum. Ind. Eng. Chem. Anal. Ed. 17, 695-698 (1945)

Wiberley, S.E., Basset, L.G.: Colorimetric determination of aluminium in steel. Use of 8-hydroxyquinoline. Anal. Chem. 21, 609-612 (1949)

Wilson, A.D.: The micro-determination of ferrous iron in silicate minerals by a volumetric and a colorimetric method. Analyst 85, 823-827 (1960)

Yoe, J.H., Armstrong, A.R.: Colorimetric determination of titanium with disodium-1,2-dihydroxybenzene-3,5-disulfonate. Anal. Chem. 19, 100-102 (1947)

3.2 Die Spektralphotometrische Analyse von Spurenelementen

Für viele Elemente sind heute spezifische Reagenzien bekannt, die Reaktionen mit großer Nachweisempfindlichkeit geben. Im Prinzip können solche Elemente ohne Abtrennung von den Lösungspartnern in aliquoten Teilen der Aufschlußlösung bestimmt werden. Andere Elemente können leicht durch Extraktion von störenden Begleitelementen getrennt werden.

In den magmatischen Gesteinen, den häufigsten Gesteinen der oberen Erdkruste, liegen die mittleren Gehalte der Elemente P, F, H, Mn, Ba, C, Cl, S, Sr, Zr und Rb zwischen 100 und 1000 ppm und die der Elemente V, Ce, Cr, Zn, Ni, La, Y, Cu, Nd, Li, N, Nb, Ga, Pb, Sc, Co und Th zwischen 10 und 100 ppm (Wedepohl, 1967). In ähnlichen Konzentrationen liegen die meisten dieser Elemente auch in natürlichen silikatischen Rohstoffen, wie Feldspäten, Kaolinen und Tonen vor (Köster, 1969a,b).

Von diesen wichtigsten Neben- und Spurenelementen können neben den Hauptelementen in aliquoten Teilen der Analysenlösungen ohne langwierige Trennungsgänge und ohne Anreicherung spektralphotometrisch Cr, Mn, Ni, Co, Cu, Zn, Pb und P analysiert werden. Wenn jeweils 500 mg Analysensubstanz wie oben beschrieben mit Flußsäure (Kap. 2.2, 2.3, 2.4) aufgeschlossen und die Aufschlußlösungen auf 100 ml gebracht werden, so können in aliquoten Teilen der schwefelsauren Aufschlußlösung zweckmäßig Chrom (20 ml) nach der Diphenylcarbazid-, Mangan (20 ml) nach der Permanganat-, Kupfer (20 ml) nach der Bichinolyl- und Phosphor (5 ml) nach der Molybdänblau-Methode analysiert werden (Kap. 3.2.1, 3.2.2, 3.2.5, 3.2.8.1). Daneben werden die Hauptelemente Eisen (10 ml) mit 1,10-Phenanthrolin oder 2,2'-Bipyridyl, und Titan (5 ml) mit Tiron analysiert (Kap. 3.1.3.1, 3.1.3.2, 3.1.4.1). In aliquoten Teilen der salzsauren Aufschlußlösung werden analysiert Nickel (20 ml) nach der Dimethylglyoxim-Methode, Blei, Zink und Kobalt (insgesamt 25 ml) nach Abtrennung als Dithizonate, und zwar Blei und Zink mit Dithizon, Kobalt mit Nitroso-R-Salz (Kap. 3.2.3., 3.2.5, 3.2.6, 3.2.7). Neben diesen Spurenelementen können in den salzsauren Lösungen die Alkalien und Erdalkalien (20 ml) flammenspektrometrisch, größere Konzentrationen von Calcium und Magnesium (20 ml) auch komplexometrisch analysiert werden (Kap. 3.3, 3.4, 4.3, 4.4).

Die Reproduzierbarkeiten der Analysenergebnisse gehen für die vorher genannten Analysenmethoden und aliquoten Teile der Analysenlösungen aus der Tabelle 7 (S. 70) hervor.

3.2.1 Chrom mit Diphenylcarbazid

1,5-Diphenylcarbazid reagiert mit Chrom(VI) unter Bildung eines roten Farbstoffes, dessen Natur noch unbekannt ist. Die rote Lösung zeigt im sichtbaren Bereich des Spektrums eine Bande mit einem Absorptionsmaximum bei 541 nm. Durch die intensive Rotfärbung können 0,01 µg Cr/ml Lösung visuell erkannt und mit dem Spektralphotometer können noch 0,005 µg Cr/ml Meßlösung nachgewiesen werden. Die größte Farbintensität wird in 0,2 normalen,

Tabelle 7. Reproduzierbarkeit und Meßbedingungen bei der spektralphotometrischen Analyse von Spurenelementen in Silikaten

	Einwaage	Küvettenschichtdicke	Volumen der Meßlösung	Konzentration der Meßlösung bei E=0,1	Menge Metall im Gestein bei E=0,1	Standardabweichung s	Konzentrationsbereich für den s gilt	Analysenmethode
	mg	cm	ml	µg Me/ml	ppm	ppm	ppm	
Cr	100	5	50	0,055	28	1,8	<100	1,5-Diphenylcarbazid
Mn	100	5	50	0,45	225	14	100-600	Permanganat
Ni	100	5	50	0,085	43	2,9	< 50	Dimethylglyoxim
Co	125	5	25	0,08	20	n.b.	n.b.	Nitroso-R-Salz
Pb	50	2	10	0,14	28	4,3	<100	Dithizon
Zn	50	1	10	0,094	19	6,2	<200	Dithizon
Cu	100	2	10	0,52	52	3,0	<200	2,2'-Bichinolyl
P	25	5	100	0,025	100	5,3	<200	Molybdänblau

sauren Lösungen erhalten (Gottlieb und Hecht, 1950). Der Höchst-
wert der Extinktion wird bei dieser Säurekonzentration schon
nach wenigen Minuten erreicht und bleibt mehrere Stunden unverändert. Das Lambert-Beer'sche Gesetz ist bis zu Chromkonzentra-
tionen von 3 µg Cr/ml Meßlösung erfüllt.

Die Chrombestimmung ist nach einem Flußsäureaufschluß nur möglich, wenn das Chrom nicht an oxidische Minerale gebunden ist.
Vor allem Spinellminerale lassen sich mit Flußsäure nicht aufschließen. Bei Flußsäureaufschlüssen kann ein Teil des Chroms
als flüchtiges Fluorid verloren gehen (Maxwell, 1968). Dieser
Effekt wurde von uns beim Flußsäure-Schwefelsäure-Aufschluß und
der unter Kapitel 2.2 beschriebenen Variante bisher nicht beobachtet.

Das beim Flußsäureaufschluß gelöste Chrom muß zu Chromat oxidiert
werden. Am besten geschieht das mit Bromwasser (Zimmermann, 1954),
weil das Brom leicht aus der Lösung entfernt werden kann und bei
der Einstellung der richtigen Säurekonzentration nicht stört.

1,5-Diphenylcarbazid ist ein nahezu spezifisches Reagenz für
Chrom(VI). Nur Molybdän(VI) gibt eine ähnliche aber viel weniger
intensive Färbung in mineralsaurer Lösung. Als störende Lösungs-
genossen sind außerdem Silber, Blei, Gold, Wolfram, Quecksilber,
Kupfer, Vanadium, Eisen und Mangan bekannt (Gottlieb und Hecht,
1950; Murakami, 1950; Hegemann und Thomann, 1960; Easton, 1964).
Bei der Silikatanalyse ist mit Störungen durch die drei letzten
Elemente zu rechnen.

Vanadium stört nur, wenn es in größerer Konzentration als das
Chrom vorliegt. Vanadium gibt mit 1,5-Diphenylcarbazid in der
Lösung eine Braunfärbung, die schon nach zehn Minuten stark aus-
bleicht. Wenn das Molverhältnis V:Cr kleiner ist als 2:1, wird
nach einer halben Stunde Standzeit nur noch eine geringe Erhöhung
der Extinktion beobachtet (Hegemann und Thomann, 1960). Bei den
geringen Vanadiumgehalten der meisten Silikatgesteine wird sich
die Extraktion des Vanadiums vor der Chromanalyse (Sandell, 1936)
erübrigen; zumal Vanadium bei Flußsäureaufschlüssen flüchtig ist.

Eisen gibt mit 1,5-Diphenylcarbazid eine Braunfärbung der Lösung
ähnlich dem Vanadium. Nach Gottlieb und Hecht (1950) kann das
Eisen(III) mit Phosphorsäure maskiert werden. Bis 300 µg Fe_2O_3/
ml Meßlösung stören so nicht mehr die Chromanalyse, bis 500 µg
Fe_2O_3/ml Meßlösung ist der Analysenfehler vernachlässigbar klein.

Mangan geht bei der Oxidation mit Bromwasser in den vierwertigen
Zustand über und fällt als Braunstein aus. Dieser Niederschlag
löst sich beim Kochen mit Säure zum Teil wieder auf. Mit 1,5-
Diphenlycarbazid erscheint die Lösung schwach rötlich gefärbt.
Dabei täuschen 0,75 µg Mn/ml Meßlösung etwa 0,007 µg Cr/ml Meßlösung vor. Bei Silikatanalyse kann dieser Fehler wegen des geringen Mangangehaltes fast immer vernachlässigt werden (Hegemann
und Thomann, 1960). Nach Easton (1964) kann die Störung durch
Reduktion des Permanganats mit EDTA völlig beseitigt werden.

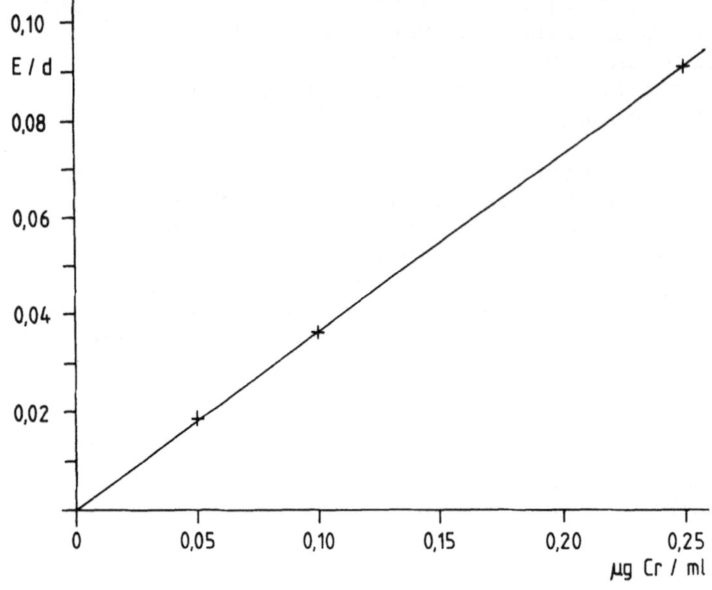

Abb. 5. Extinktionskurve für die Chrombestimmung mit Diphenylcarbacid

Analysenvorschrift (HF/H$_2$SO$_4$-Aufschluß)

Ein aliquoter Teil von 20 ml (= 100 mg) wird der Aufschlußlösung entnommen und in einen 200-ml-Erlenmeyerkolben gebracht. Nach Zugabe von 5 ml Bromwasser wird tropfenweise soviel Natronlauge (15%ig) zugesetzt, bis die Farbe des Br$_2$ auszubleichen beginnt oder bis eine Fällung von Eisenhydroxid zu erkennen ist; dann wird nochmals 1 ml Natronlauge zugegeben. Man erhitzt 1 min zum Sieden, läßt abkühlen, gibt 5 ml Säuremischung zu und bringt nochmals zum Sieden bis alles Br$_2$ vertrieben ist. Wenn die braune Farbe verschwunden ist, läßt man noch etwa 1 min weitersieden.

Nach dem Abkühlen wird die Lösung in einen 50-ml-Meßkolben gebracht und dieser fast bis zu Marke mit H$_2$O aufgefüllt. Dann wird 1 ml 1,5-Diphenylcarbazidlösung zugegeben, bis zur Marke aufgefüllt und gut durchgemischt. Nach einer halben Stunde wird bei einer Wellenlänge von λ = 541 nm in 5-cm-Küvetten gegen eine Blindlösung gemessen.

Ist die Lösung zunächst rot oder rotbraun gefärbt, übersteigt der Vanadium- den Chromgehalt. Nach 10 bis 15 min ist die Vanadiumfärbung stark verblaßt und stört die Messung nur wenig.

Optimale Meßbedingungen

O,11 - O,39 µg Cr/ml Meßlösung mit 5-cm-Küvetten
= 56 - 196 ppm Cr in der Analysensubstanz

Reagenzien

1. Bromwasser, gesättigt

2. Natronlauge, 15%ig

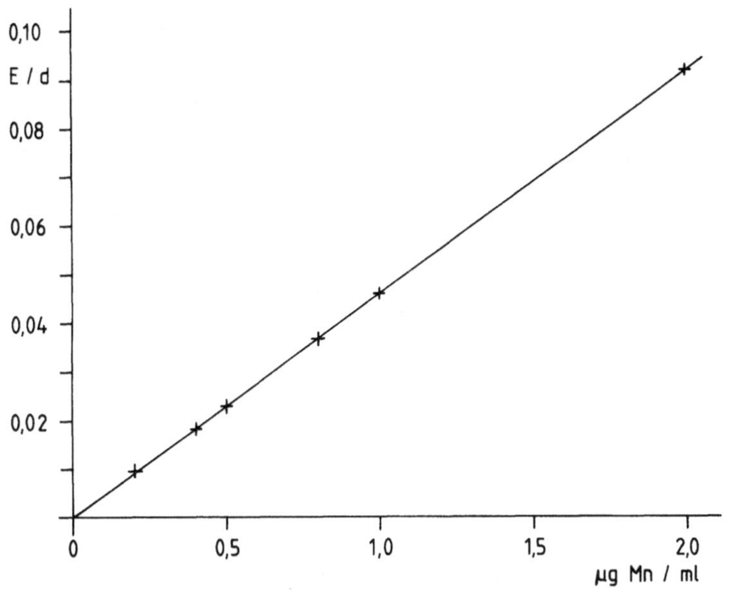

Abb. 6. Extinktions-
kurve für die Man-
ganbestimmung als
Permanganat

3. Säuremischung: 100 ml H_3PO_4 (85%ig p.a.) und 40 ml konz.
H_2SO_4 werden mit H_2O zu 500 ml aufgefüllt

4. Diphenylcarbazidlösung: 1 g 1,5-Diphenylcarbazid wird in
100 ml Aceton p.a. gelöst. (Die Lösung soll nicht länger als
eine Woche aufbewahrt werden)

5. Standardlösung
a) 100 μg Cr/ml = 373,4 mg K_2CrO_4/1000 ml
             = 282,8 mg $K_2Cr_2O_7$/1000 ml
b) 10 μg Cr/ml
c)   1 μg Cr/ml

3.2.2 Mangan als Permanganat

Die Manganbestimmung durch Oxydation zu Permanganat ist anderen
kolorimetrischen Verfahren durch die Selektivität und Stabilität
der Permanganatfärbung überlegen. Eigene Erfahrungen bestätigen
die Untersuchungen von Nydahl (1949), daß die Permanganatfärbung
nach Oxydation mit Persulfat in Gegenwart von $AgNO_3$, $HgSO_4$, HNO_3
und H_3PO_4 beständiger ist als nach Oxydation mit Perjodat. Queck-
silbersulfat verhindert die Analysenstörung durch Chloridionen.
Die Phosphorsäure beseitigt durch Komplexbildung mit dem Fe^{3+}-
Ion die Eisenfärbung und verhindert einen Niederschlag von MnO_2.
In Gegenwart von viel Titan wird die vollständige Oxydation zu
Permanganat allerdings verhindert. Bei geringen Mangangehalten
<0,2 μg Mn/ml Meßlösung (hier entsprechend < 100 ppm in der Ana-
lysensubstanz) verblaßt die Permanganatfärbung deshalb oft sehr
rasch, so daß einwandfreie Messungen nicht durchzuführen sind.
Dann sollte Perjodat zur Oxydation verwendet werden. Bei kleinen
Mn-Gehalten versagt die Perjodatoxydation jedoch ebenfalls häufig.
Eine merkliche Analysenstörung durch Chrom ist erst bei Chromgehalten > 2 μg Cr/ml in der Meßlösung (d.s. > 1000 ppm Cr in
der Analysensubstanz) zu beobachten.

Die Permanganatfärbung wird bei einer Wellenlänge von λ = 525 nm
gemessen. Bei Gegenwart von viel Cr muß bei λ = 575 nm gemessen
werden. Die Extinktionskurve ist bis 2 µg Mn/ml linear und gut
reproduzierbar. Die $MnSO_4$-Eichlösungen müssen mit Schwefelsäure
angesäuert werden (0,01 n H_2SO_4). Aus nicht angesäuerten $MnSO_4$-
Lösungen scheidet sich schon nach wenigen Tagen in merklichen
Mengen Braunstein ab. Wenn manganhaltige Lösungen in Polyäthylen-
gefäßen aufbewahrt werden, ist nach der Oxydation zu Permanganat
ein rasches Verblassen der Permanganatfärbung zu beobachten. Deshalb sollten die Analysenlösungen gleich nach dem Aufschluß auf
Mn analysiert werden.

Analysenvorschrift (HF/H_2SO_4-Aufschluß)

Ein aliquoter Teil von 20 ml (= 100 mg) wird der Aufschlußlösung
entnommen und in einen 100-ml-Erlenmeyerkolben gebracht. Zugegeben werden 2 ml Reaktionslösung und 500 mg festes Ammoniumpersulfat.

Die Lösung wird 1 min (nicht länger) aufgekocht. Nach dem Abkühlen wird die Lösung in einen 50-ml-Meßkolben gebracht und
dieser bis zur Marke aufgefüllt. Gemessen wird bei einer Wellenlänge von λ = 525 nm in 5-cm-Küvetten gegen eine Blindlösung.
(Bei Gegenwart von viel Chrom wird bei λ = 575 nm gemessen.)

Optimale Meßbedingungen

  0,90 - 3,15 µg Mn/ml Meßlösung mit 5-cm-Küvetten
= 450 - 1575 ppm Mn in der Analysensubstanz

Reagenzien

1. Reaktionslösung: 35,5 g $HgSO_4$ p.a. in 200 ml konz. HNO_3 und
100 ml H_2O lösen. 100 ml einer 85%igen H_3PO_4 p.a. und 17 mg $AgNO_3$
p.a. zugeben. Die abgekühlte Lösung auf 500 ml verdünnen.

2. Ammoniumpersulfat p.a.

3. Standardlösungen (in 0,01 n H_2SO_4):
a) 100 µg Mn/ml = 274,9 mg $MnSO_4$/1000 ml
                = 307,7 mg $MnSO_4 \cdot H_2O$/1000 ml
b) 10 µg Mn/ml

3.2.3 Nickel mit Dimethylglyoxim

Nickel wird aus schwach basischer Chloridlösung als Dimethylgly-
oximkomplex [Butandion-(2,3)-dioxim] mit Chloroform extrahiert.
Drei- und vierwertige Elemente werden dabei durch Citratzusatz
gebunden, um Störungen durch die Hydrolyse dieser Elemente zu
verhindern. Bis zu 100 µg Ni können so aus 75 ml citrathaltiger
Lösung im pH-Bereich von 7,2 - 12,0 mit 5 ml Chloroform quantitativ extrahiert werden (Claasen und Bastings, 1954). Störungen
der Extraktion durch Mangan und Kupfer sind bei Silikatanalysen
nicht zu erwarten.

Durch Schütteln mit 0,5 bis 1 n Salzsäure wird das Nickel quantitativ von der Chloroformphase in die wäßrige Phase überführt.
Die Bestimmung erfolgt nach Oxidation mit Bromwasser in wäßriger

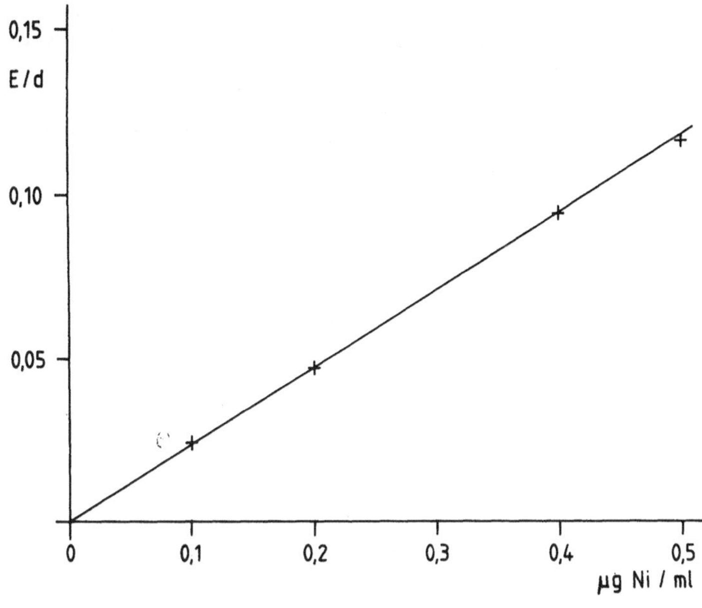

Abb. 7. Extinktionskurve für die Nickelbestimmung mit Dimethylglyoxim

ammoniakalischer Lösung (Sandell und Perlich, 1939). Die Messung wird bei einer Wellenlänge von 445 nm durchgeführt. Die Extinktionskurve ist bis 5 µg Ni/ml Meßlösung linear.

Kupfer(II) und Kobalt geben ähnlich dem Nickel sehr schwach gefärbte Komplexe mit Dimethylglyoxim und stören bei den Konzentrationen dieser Elemente in Silikatgesteinen die Nickelanalyse gewöhnlich nicht. Bei größeren Gehalten von mehr als 100 µg Cu oder Co im aliquoten Teil der Analysenlösung müssen beide Elemente entfernt werden, indem der Chloroformextrakt mehrmals mit verdünnter Ammoniaklösung geschüttelt wird.

Am besten wird die Nickelanalyse an einem aliquoten Teil der Aufschlußlösung von HF/HClO$_4$-Aufschluß durchgeführt. Sie kann aber auch an schwefelsauren Lösungen erfolgen (Sandell, 1959).

Analysenvorschrift (HF/HClO$_4$-Aufschluß)

Ein aliquoter Teil von 20 ml (= 100 mg) wird der Aufschlußlösung entnommen und in einen 250-ml-Scheidetrichter gebracht. Nach Zugabe von 5 ml Natriumcitratlösung (10%ig) wird mit konz. NH$_3$-Lösung (25%ig, p.a.) neutralisiert (pH 7,5). Dann werden 2 ml Dimethylglyoximlösung zugegeben.

Dreimal wird darauf mit Portionen von 3 bis 4 ml Chloroform extrahiert, wobei jeweils 30 s zu schütteln ist. Die vereinigten Chloroformauszüge werden mit 5 ml 0,5 n NH$_3$-Lösung (d = 0,91 etwa 1:25 verdünnen) 15 s geschüttelt.

Der Chloroformauszug wird in einen zweiten Schütteltrichter überführt, ohne daß von der wäßrigen Phase Tröpfchen mitgenommen werden dürfen. Die wäßrige Phase wird darauf mit 2 ml Chloroform gewaschen und diese mit dem Chloroformauszug vereinigt.

Das Nickel wird wieder in die wäßrige Phase überführt, indem der
Chloroformauszug jeweils eine min lang zweimal mit 5 ml 0,5 n HCl
heftig geschüttelt wird.

Die salzsaure Lösung wird in einen 50-ml-Meßkolben überführt und
auf etwa 40 ml gebracht. Zugegeben werden nun 2 ml Bromwasser,
4 ml konz. NH_3-Lösung und zuletzt 2 ml Dimethylglyoximlösung.

Der Meßkolben wird bis zur Marke aufgefüllt und umgeschüttelt.
Nach 5 min wird bei einer Wellenlänge von 445 nm in 5-cm-Küvetten
gegen eine Blindlösung gemessen.

Optimale Meßbedingungen

   0,17 - 0,60 µg Ni/ml Meßlösung mit 5-cm-Küvetten
= 86 - 300 ppm Ni in der Analysensubstanz

Reagenzien

1. Dimethylglyoximlösung, 1%ig in Methanol

2. Natriumcitratlösung, 10%ig

3. Bromwasser, gesättigt

4. Chloroform p.a.

5. Standardlösungen:
100 µg Ni/ml (in 0,1 n HCl) = 100 mg Ni mit 10 ml konz. HCl
(32%ig) lösen und auf 1000 ml mit destilliertem Wasser auffüllen
10 µg Ni/ml (in 0,1 n HCl)

3.2.4 Kupfer mit 2,2'-Bichinolyl (Cuproin)

2,2'-Bichinolyl ist ein nahezu spezifisches Reagenz auf Spuren
von einwertigem Kupfer (Hoste et al., 1953; Guest, 1953). Unter
den Bedingungen der Silikatanalyse wird die Kupferbestimmung
durch Lösungsgenossen nicht gestört.

Nach Reduktion mit Hydroxylaminhydrochlorid wird Kupfer am besten
bei pH 5,5 mit einer 0,01%igen 2,2'-Bichinolyl-Lösung in 3-Methyl-
1-butanol (Isoamylalkohol) extrahiert. Der violette Cu(I)-Komplex
ist mehrere Tage in reinem 3-Methyl-1-butanol beständig. Seine
Extinktion wird bei einer Wellenlänge von 546 nm gemessen. Die
Extinktionskurve ist bis 1,5 µg Cu/ml Meßlösung linear und gut
reproduzierbar. Bei höheren Kupferkonzentrationen steigt die Extinktion nicht mehr linear mit dem Cu-Gehalt an.

Anmerkung. Selektiver und geringfügig empfindlicher als mit Cuproin
(2,2'-Bichinolyl) ist die Kupferanalyse mit Neo-Cuproin (2,9-Di-
methyl-1,10-phenanthrolin) möglich. Es stören hier nur Sulfationen und größere Mengen Cyanidionen. Bei der Silikatanalyse
ist die Störung durch Sulfationen ein Nachteil, weil mit der
Gegenwart von Sulfationen häufig zu rechnen ist.

Analysenvorschrift (HF/H_2SO_4-Aufschluß oder HF/$HClO_4$-Aufschluß)

Ein aliquoter Teil von 20 ml (= 100 mg) wird der Aufschlußlösung
entnommen und in einen 250 ml-Scheidetrichter gebracht. Zugegeben

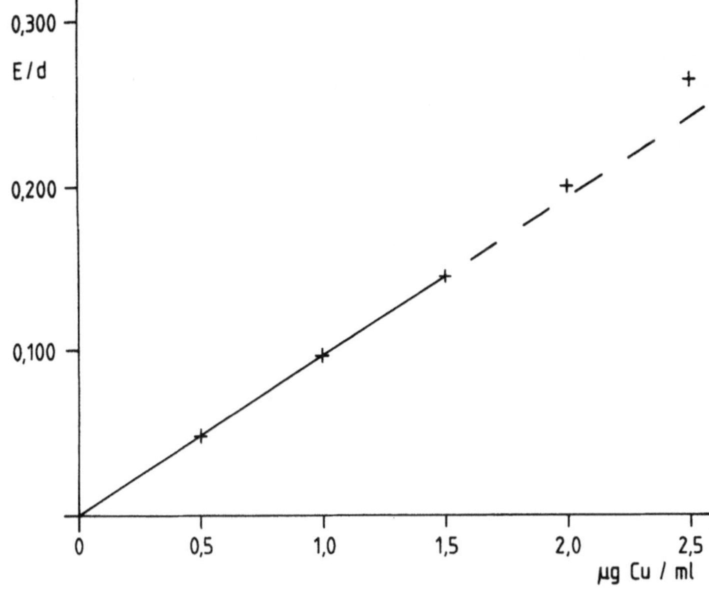

Abb. 8. Extinktionskurve für die Kupferbestimmung mit 2,2'-Bichinolyl

werden 2 ml Weinsäurelösung und 2 ml Hydroxylaminhydrochlorid-Lösung. Durch Zutropfen von NH_3-Lösung (1:1) wird pH 5,5 (es genügt pH 4 bis 7 gegen pH-Papier) eingestellt.

Mit 10 ml einer 0,01%igen 2,2'-Bichinolyl-Lösung in 2-Methyl-1-butanol wird etwa 1 min kräftig ausgeschüttelt.

Der violett-rote Cu(I)-Komplex wird in 2-cm-Küvetten bei einer Wellenlänge von λ = 546 nm gegen eine Blindlösung gemessen.

Optimale Meßbedingungen

   1,00 - 1,50 µg Cu/ml Meßlösung in 2-cm-Küvetten
= 100 - 150 ppm Cu in der Analysensubstanz

Reagenzien

1. Weinsäure p.a., 25 g/100 ml destilliertes Wasser

2. Hydroxylaminhydrochlorid p.a., 25 g/100 ml destilliertes Wasser

3. konz. NH_3-Lösung (25%ig) p.a., mit destilliertem Wasser 1:1 verdünnt

4. 2,2'-Bichinolyl, 0,01%ige Lösung in 2-Methyl-1-butanol

5. Standardlösungen:
a) 100 µg Cu/ml = 393,0 mg $CuSO_4 \cdot 5\ H_2O$/1000 ml
                = 251,2 mg $CuSO_4$/1000 ml

b) 10 µg Cu/ml
c)   1 µg Cu/ml

3.2.5 Kobalt mit Nitroso-R-Salz

Blei, Zink, Kupfer und Kobalt können aus ammoniakalischer, natriumcitrathaltiger Lösung mit einer Lösung von Dithizon (1,5-Diphenylthiocarbazon) in Tetrachlorkohlenstoff quantitativ extrahiert und dabei von anderen störenden Metallen getrennt werden. Beim Schütteln der CCl_4-Lösung mit verdünnter Salzsäure (1:500) gehen Blei und Zink in die salzsaure wäßrige Phase und Kupfer und Kobalt verbleiben in der CCl_4-Phase.

Blei und Zink lassen sich am besten aus aliquoten Teilen der wäßrigen Phase mit Dithizon nach einem bereits 1937 von Sandell beschriebenen Verfahren analysieren (Kap. 3.2.6 und 3.2.7). Zweckmäßig wird die gesamte CCl_4-Phase zur Kobaltanalyse verwendet. Das Kupfer wird besser direkt aus einem aliquoten Teil der HF/H_2SO_4-Aufschlußlösung mit 2,2'-Bichinolyl analysiert (Kap. 3.2.4).

3.2.5.1 Trennung von Blei und Zink, sowie Kupfer und Kobalt als Dithizonate von anderen Elementen

Ein aliquoter Teil von 25 ml wird der Aufschlußlösung ($HF/HClO_4$-Aufschluß) entnommen und in einen 250-ml-Scheidetrichter gebracht. Zugegeben werden 2 ml Hydroxylaminhydrochlorid-Lösung und nach 5 min 5 ml Natriumcitratlösung. Darauf wird bis zum Umschlag von Lackmuspapier oder besser bis pH 7 - 7,5 konz. NH_3-Lösung zugegeben. (Bei Trübung der Lösung 15 min absitzen lassen und abfiltrieren und das Filter 3- bis 4mal mit 1 ml H_2O waschen, dem ein Tropfen konz. NH_3-Lösung und Natriumcitratlösung zugegeben wurde.)

Darauf werden 5 ml der 0,01%igen Dithizonlösung zugegeben und 1/2 bis 1 min lang kräftig ausgeschüttelt. Der Vorgang wird noch zweimal wiederholt. Die Portionen werden in einem zweiten Schütteltrichter vereinigt. Ist die Dithizonlösung nach dem dritten Ausschütteln noch nicht entfärbt, muß portionsweise mit weiterer Dithizonlösung ausgeschüttelt werden bis die letzte Lösung grün gefärbt bleibt.

Die vereinigten Extrakte werden mit 3 ml destilliertem Wasser gewaschen. Nach Trennen der beiden Phasen wird das Waschwasser mit 1 ml Dithizonlösung gewaschen und diese Dithizonlösung mit den übrigen Extrakten vereinigt. So wird verhindert, daß das Extrakt mit Tröpfchen wäßriger eisenhaltiger Lösung in Berührung bleibt.

Die vereinigten Extrakte werden 1 min lang mit 10 ml HCl (1:500) geschüttelt. Bleibt der Dithizonextrakt rot gefärbt, werden 1 - 2 ml 0,01%iger Dithizonlösung zugesetzt und weiter geschüttelt. Nach Trennung der Phasen wird der Vorgang nochmals wiederholt.

Die vereinigten wäßrigen Phasen enthalten nun alles <u>Blei und Zink</u> und werden in einen 50-ml-Meßkolben überführt. Der Meßkolben wird mit HCl (1:500) bis zur Marke aufgefüllt.

<u>Kupfer und Kobalt</u> befinden sich quantitativ in der CCl_4-Phase. Diese wird in eine kleine Quarzschale von 30 bis 40 ml Inhalt übergeführt und das CCl_4 mittels Oberflächenverdampfer unter dem

Abzug verdampft. Die Quarzschale soll mit der CCl_4- Phase nur
etwa zur Hälfte gefüllt sein. Bevor das gesamte CCl_4 vertrieben
ist, werden zweckmäßig die Schalenwandungen mit einigen ml CCl_4
abgespült, und dann erst der Schaleninhalt zur Trockene eingedampft. Der Verdampfungsrückstand wird so auf dem Schalenboden
konzentriert.

Zum Rückstand werden unter Abspülen der Schalenwandungen 0,5 bis
1 ml konzentrierte Schwefelsäure p.a. gegeben und dann etwa 20
bis 50 mg Kaliumperoxodisulfat hinzugefügt. Beim Erwärmen unter
dem Oberflächenverdampfer wird die organische Substanz größtenteils innerhalb weniger Sekunden von der gebildeten Peroxoschwe-
felsäure oxydiert.[1] Nach einigen Minuten werden nochmals einige
mg $K_2S_2O_8$ zugegeben und geprüft, ob die entstandene Schmelze
farblos geworden ist. Öfters zeigt die Schmelze in der Hitze
einge gelbliche Eigenfarbe, die erst beim Erkalten verschwindet.
Ist auch nach dem Erkalten des Schmelzkuchens noch eine Gelbfärbung wahrzunehmen, so muß das Aufschmelzen unter $K_2S_2O_8$-Zugabe
bis zur vollständigen Entfärbung fortgesetzt werden. Anschließend
wird der Schaleninhalt unter dem Oberflächenverdampfer abgeraucht
bis keine Schwefelsäurenebel mehr auftreten. Der Rückstand ist
in heißem Wasser leicht löslich.

Reagenzien

1. Hydroxylaminhydrochlorid-Lösung, 10%ig

2. Natriumcitratlösung, 10%ig
schwach ammoniakalisch (1:200) machen und alle Schwermetallspuren
mit 0,01%iger Dithizonlösung ausschütteln

3. Ammoniak, konz., p.a.

4. 0,01%ige Dithizonlösung (1,5-Diphenylthiocarbazon) in CCl_4

5. Salzsäure p.a., 1:500 verdünnt (ca. 0,02 n)

6. Schwefelsäure, konz., p.a.

7. Kaliumperoxodisulfat $K_2S_2O_8$, p.a.

3.2.5.2 Die Kobaltanalyse mit Nitroso-R-Salz in citrat-phosphat-
borat-gepufferter Lösung

Der rote Kobaltkomplex von Nitroso-R-Salz (2-Hydroxy-1-nitroso-
napththalin-3,6-disulfonsäure Dinatriumsalz) ist in saurer Lösung
beständig und wird in acetatgepufferter Lösung (McNaught, 1942)
oder in citrat-phosphat-borat-gepufferter Lösung (Marston und
Dewey, 1940) erhalten. Durch die vorangehende Dithizonattrennung
werden bis auf Kupfer und Nickel alle störenden Elemente (hier
vor allem Fe^{3+}, Mn, Zn, Pb) quantitativ abgetrennt. Bei den Kup-
fer- und Nickelkonzentrationen in Silikatgesteinsaufschlüssen sind
keine Störungen der Kobaltanalyse durch diese Elemente zu erwarten.

---

[1]Anmerkung: Die Zerstörung der Dithizonate durch Oxidation mit Peroxoschwefel-
säure ist gefahrlos im Gegensatz zur Oxidation mit Perchlorsäure. Die Oxidation der Dithizonate mit Perchlorsäure, wie sie z.B. von Sandell (1959) empfohlen wird, verläuft nach unseren Erfahrungen öfters nicht vollständig.

Unter den Bedingungen der Silikatanalyse erhielten wir in acetatgepufferten Lösungen nur ungenügend reproduzierbare Kobaltwerte. Dagegen wurden in citrat-phosphat-borat-gepufferten Lösungen mit dem Verfahren nach Olsen (1948, referiert in Sandell, 1959) gut reproduzierbare und richtige Analysenergebnisse erhalten.

Die Extinktion der Lösungen wird zweckmäßig bei einer Wellenlänge von 500 nm gegen eine Blindlösung gemessen (Ovenston und Parker, 1950). Die Extinktionskurve ist mindestens bis zur Konzentration von 1 μg Co/ml Meßlösung linear.

Analysenvorschrift

Der Rückstand der CCl_4-Phase wird nach der Zerstörung der Dithizonate (Kap. 3.2.5.1) mit etwa 10 ml kochenden destillierten Wassers aufgenommen und quantitativ in einen 50-ml-Enghals-Erlenmeyerkolben übergeführt. Die Lösung reagiert sauer infolge Hydrolyse von Kaliumdisulfat. Sie wird nach Zugabe von 1 bis 2 Tropfen einer 0,1%igen alkoholischen Phenolphthaleinlösung mit 1 n NaOH bis zur schwachen Rotfärbung neutralisiert.

Dann werden zugegeben, 2,5 ml Citronensäure (0,2 n, p.a.) und 2,5 ml Phosphat-Borat-Pufferlösung. Der pH-Wert der Lösung muß dann nahe 8,0 sein. Darauf werden 2,0 ml Nitroso-R-Salzlösung unter Umschwenken zugefügt, 1 min lang wird die Lösung in dem Erlenmeyerkolben aufgekocht, dann 2,5 ml konz. HNO_3 p.a. zugegeben und wieder 1 min lang aufgekocht. Die Lösung muß im Dunkeln abkühlen und wird dann in einen 25-ml-Meßkolben übergeführt und dieser mit destilliertem Wasser bis zur Marke aufgefüllt und gut umgeschüttelt. Die Messung der Extinktion wird bei einer Wellenlänge von 500 nm in 5-cm-Küvetten gegen eine Blindlösung durchgeführt.

Optimale Meßbedingungen

   0,16 - 0,57 μg Co/ml Meßlösung mit 5-cm-Küvetten
= 32 - 114 ppm Co in der Analysensubstanz

Reagenzien

1. Nitroso-R-Salzlösung, 0,2%ig in Wasser. Die Lösung muß immer frisch angesetzt werden. Sie zersetzt sich bei Tageslicht. Die in der Literatur angegebene Haltbarkeit im Dunkeln über mehrere Monate ist nicht gewährleistet

2. 0,2 n Citronensäure, p.a.: 1,4 g Citronensäure-monohydrat werden in 100 ml destillierten Wassers gelöst

3. Pufferlösung: 6,2 g Borsäure p.a. und 35,6 g Na_2H (Na_2HPO_4) · $2H_2O$ werden in 500 ml 1 n NaOH gelöst und das Volumen auf 1000 ml gebracht

4. Salpetersäure, konz., p.a.

5. Phenolphthaleinlösung, 0,1%ig in Alkohol

6. 1 n Natriumhydroxidlösung

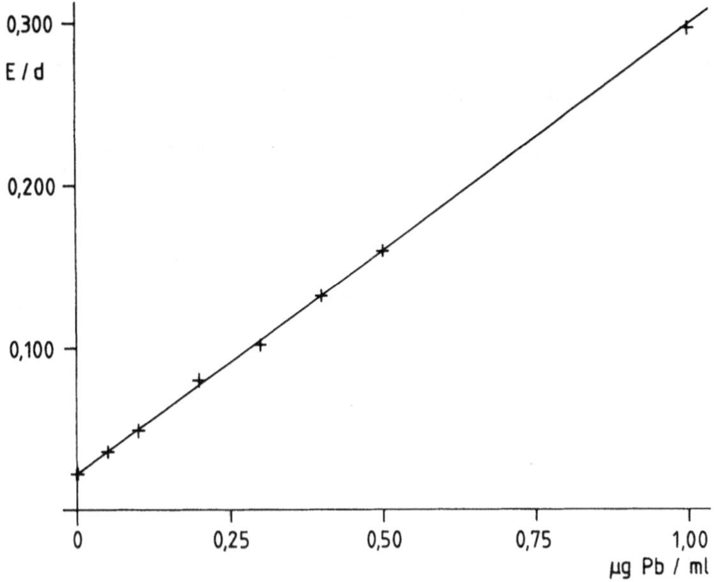

Abb. 9. Extinktions-
kurve für die Blei-
bestimmung mit Di-
thizon

7. Standardlösungen:

100 µg Co/ml = 403,7 mg $CoCl_2$ · $6H_2O$ auf 1000 ml H_2O lösen
 = 476,96 mg $CoSO_4$ · $7H_2O$ auf 1000 ml H_2O lösen
10 µg Co/ml
1 µg Co/ml

3.2.6 Blei mit Dithizon

Nach der Trennung von Blei, Zink, Kupfer und Kobalt (Kap. 3.2.5.1)
wird ein aliquoter Teil (20 ml) der wäßrigen Phase stark ammoniakalisch gemacht. Daraus wird das Pb mit Dithizon in CCl_4-Lösung
wiederum extrahiert und die Extinktion bei einer Wellenlänge von
520 nm gemessen (Sandell, 1937).

Die Extinktionskurve für Blei ist bis 1,2 µg Pb/ml Meßlösung linear. Der Anstieg der Kurve hängt aber merklich von der gerade
verwendeten Lösung Dithizon in CCl_4 ab. Das Dithizon zersetzt
sich in CCl_4 relativ schnell. Deshalb kann zur Bleibestimmung
keine einmal aufgestellte Eichkurve benutzt werden, sondern es
muß jedesmal gegen gleichbehandelte Standardlösungen gemessen
werden. Wegen einer geringen Eigenextinktion des überschüssigen
Dithizons in den Meßlösungen geht die Extinktionsgerade nicht
genau durch den Koordinatenanfangspunkt.

In CCl_4 sind nur 1,2 µg Pb/ml als Pb-Dithizonat löslich (Sandell,
1959). Mäßig übersättigte Lösungen bis 3,5 µg Pb/ml können für
die Analyse verwendet werden. Nach eigenen Erfahrungen treten
jedoch bei Überschreiten der Sättigungskonzentration sehr häufig
empfindliche Störungen durch ausfallendes Pb-Dithizonat auf. Es
müssen dann geringere Anteile der wäßrigen Phase zur Bleibestimmung verwendet werden. Bei Konzentrationen über 1 µg Pb/ml in der

wäßrigen Phase (= 200 ppm Pb in der Analysensubstanz) erhält man zuverlässigere Ergebnisse, durch die flammenspektrometrische Bleianalyse, wobei die salzsaure, wäßrige Phase der Dithizonattrennung direkt als Analysenlösung verwendet wird.

Anmerkung. Die Extraktion von Blei zur Trennung von anderen mit Dithizon reagierenden Metallen kann aus sulfathaltiger oder chloridhaltiger Lösung erfolgen. Die Pb-Bestimmung nach FlußsäureSchwefelsäure-Aufschlüssen ist jedoch nur möglich bei kleinen Pb-Gehalten der Analysensubstanz und wenn nach dem Aufschluß keine schwer löslichen anderen Sulfate als Rückstand bleiben. Nach Flußsäure-Perchlorsäure-Aufschlüssen muß die überschüssige Perchlorsäure durch mehrmaliges Abrauchen des Aufschlusses mit konzentrierter Salzsäure vertrieben werden. Andernfalls sind die Meßergebnisse der Pb-Bestimmung schlecht reproduzierbar und unzuverlässig.

Analysenvorschrift (HF/HCl$_4$-Aufschluß)

Ein aliquoter Teil von 20 ml (= 50 mg) der wäßrigen Phase der vorangegangenen Dithizontrennung wird in einen 250-ml-Scheidetrichter gebracht. Zugegeben werden je 0,1 ml Natriumcitratlösung und 0,1 ml konz. NH_3-Lösung, sowie 1 ml KCN-Lösung auf je 5 ml Analysenlösung.

Mit 10 ml 0,001%iger Dithizonlösung wird darauf 1 min lang ausgeschüttelt. Die Extinktion wird bei einer Wellenlänge von 520 nm in 2-cm-Küvetten gegen CCl$_4$ gemessen. Es ist zweckmäßig den Dithizonextrakt beim Einfüllen in die Küvetten durch ein Schwarzbandfilter zu geben.

Optimale Meßbedingungen

0,28 - 0,98 µg Pb/ml Meßlösung mit 2-cm-Küvetten
= 56 - 196 ppm Pb in der Analysensubstanz

Reagenzien

1. 0,001%ige Dithizonlösung (1,5-Diphenylthiocarbazon) in CCl$_4$

2. Ammoniak, konz., p.a.

3. Natriumcitratlösung, 10%ig
schwach ammoniakalisch (1:200) machen und alle Schwermetallspuren mit 0,01%iger Dithizonlösung ausschütteln

4. Kaliumcyanidlösung: 5%ig
1 ml KCN-Lösung + 2 ml H_2O sollen 1 - 2 ml 0,001%ige Dithizonlösung nicht färben!

5. Standardlösungen:
100 µg Pb/ml = 159,9 mg $Pb(NO_3)_2$/1000 ml
 1 µg Pb/ml
0,1 µg Pb/ml

3.2.7 Zink mit Dithizon

Nach der Trennung der Dithizonate von Blei, Zink, Kupfer und Kobalt (Kap. 3.2.5.1) wird ein aliquoter Teil (20 ml) der wäßrigen

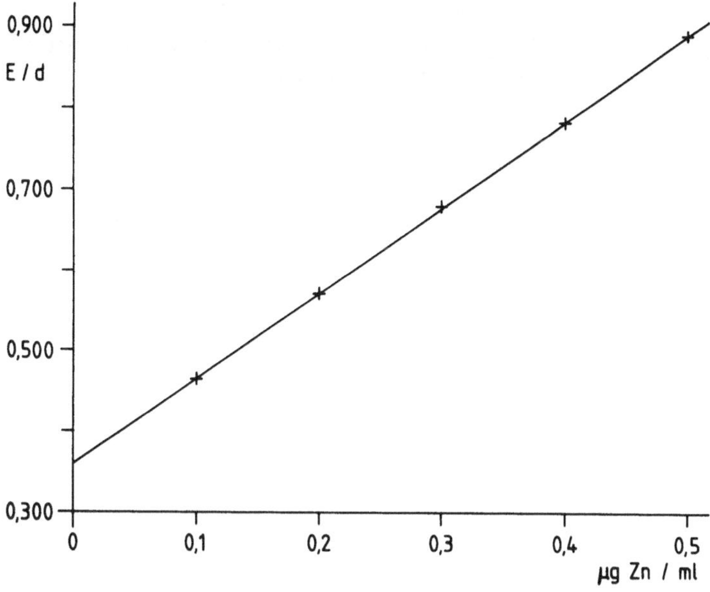

Abb. 10. Extinktionskurve für die Zinkbestimmung mit Dithizon

Phase mit Acetat gepuffert und in Gegenwart von Natriumthiosulfat das Zink mit Dithizon in CCl_4-Lösung extrahiert (Sandell, 1937). Die Extinktion des Zn-Dithizonats wird bei einer Wellenlänge von 530 oder 620 nm gegen eine Blindlösung gemessen.

Die Extinktionskurve für Zink ist mindestens bis 0,5 µg Zn/ml Meßlösung linear. Der Anstieg der Kurve hängt aber erheblich von der gerade verwendeten Lösung Dithizon in CCl_4 ab. Das Dithizon zersetzt sich in CCl_4 relativ schnell. Deshalb kann bei der Zinkbestimmung keine einmal aufgestellte Eichkurve benutzt werden, sondern es muß jedesmal gegen gleichbehandelte Standardlösungen gemessen werden. Die zinkfreie Blindlösung zeigt bereits eine erhebliche Eigenextinktion, so daß nur mit geringen Schichtdicken (1-cm-Küvetten) die zusätzliche Extinktion des Zn-Dithizonates bestimmt werden kann. Trotz der großen Nachweisempfindlichkeit ist die Reproduzierbarkeit für Zink nur mäßig gut (Tabelle 7). Die flammenspektrometrische Zinkanalyse ist hier vorzuziehen. Sie kann an der salzsauren, wäßrigen Phase der Dithizonattrennung durchgeführt werden.

Für die spektralphotometrische Zinkbestimmung mit Dithizon ist vor allem wichtig, daß nach Flußsäure-Perchlorsäure-Aufschlüssen die überschüssige Perchlorsäure durch mehrmaliges Abrauchen mit konzentrierter Salzsäure vertrieben wird. Andernfalls sind die Meßergebnisse der Zinkbestimmung schlecht reproduzierbar und unzuverlässig.

Analysenvorschrift (HF/$HClO_4$-Aufschluß)

Ein aliquoter Teil von 20 ml (= 50 mg) der wäßrigen Phase der vorangegangenen Dithizontrennung wird in einen 250-ml-Scheidetrichter gebracht. Zugegeben werden 2 ml Acetatpuffer und 0,5 ml Natriumthiosulfatlösung auf je 5 ml Lösung.

Mit 10 ml der 0,001%igen Dithizonlösung wird 2 min lang ausgeschüttelt. Die Extinktion wird bei einer Wellenlänge von 530 nm
(oder 620 nm) in 1-cm-Küvetten gegen CCl_4 gemessen.

Optimale Meßbedingungen

   0,1 - 0,3 µg Zn/ml Meßlösung mit 1-cm-Küvetten
= 20 - 60 ppm Zn in der Analysensubstanz

Reagenzien

1. 0,001%ige Dithizonlösung (1,5-Diphenylthiocarbazon) in CCl_4

2. Acetatpuffer: pH 4,75. Durch Mischen gleicher Volumina von
2 n Natriumacetatlösung (68 g Natriumacetat auf 250 ml destillierten Wassers) und 2 n Essigsäure (30 ml Eisessig auf 250 ml
mit destilliertem Wasser verdünnen), alle Schwermetallspuren
werden durch Schütteln mit 0,01%iger Dithizonlösung entfernt

3. Natriumthiosulfatlösung: 25 g $Na_2S_2O_3 \cdot 5H_2O$ werden in 100 ml
destillierten Wassers gelöst

4. Standardlösungen:
100 µg Zn/ml = 208,5 mg $ZnCl_2$/1000 ml
             = 439,8 mg $ZnSO_4 \cdot 7H_2O$/1000 ml
   1 µg Zn/ml
0,2 µg Zn/ml

3.2.8 Phosphorbestimmung

3.2.8.1 Phosphor nach der Molybdänblau-Methode

Die Bestimmung des Phosphors ist nach der Molybdänblau-Methode
in stark schwefelsaurer ammoniummolybdathaltiger Lösung mit sehr
großer Nachweisempfindlichkeit möglich (Riley, 1958). Die Gegenwart von Chloridionen stört nicht. Deshalb können statt schwefelsaurer auch salzsaure Aufschlußlösungen verwendet werden. Als
Reduktionsmittel dient Ascorbinsäure. Die sehr intensive blaue
Färbung wird bei einer Wellenlänge von 827 nm gemessen. Die Extinktionskurve ist bis über 1 µg P/ml Meßlösung linear. Die Methode eignet sich am besten bei kleinen Phosphatgehalten unter
0,75 µg P/ml Meßlösung, das entspricht hier unter 3000 ppm P in
der Analysensubstanz. Solche niedrigen Phosphatgehalte liegen
in den meisten Silikatgesteinen vor.

Analysenvorschrift (HF/H_2SO_4- oder $HF/HClO_4$-Aufschluß)

Ein aliquoter Teil von 5 ml (= 25 mg) wird der Aufschlußlösung
entnommen und in einen 100-ml-Meßkolben gebracht. Zugegeben werden 20 ml Reduktionslösung. Darauf wird der Meßkolben bis zur
Marke mit H_2O aufgefüllt und umgeschüttelt.

Nach dem Stehenlassen über Nacht wird bei einer Wellenlänge von
$\lambda = 827$ nm in 5-cm-Küvetten gegen eine Blindlösung gemessen.

Optimale Meßbedingungen

   0,050 - 0,175 µg P/ml Meßlösung mit 5-cm-Küvetten
= 200 - 700 ppm P in der Analysensubstanz

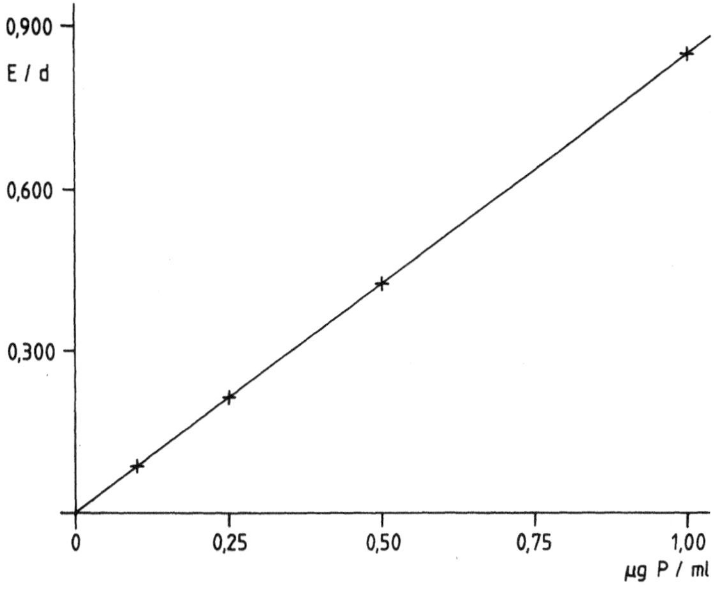

Abb. 11. Extinktionskurve für die Phosphorbestimmung nach der Molybdänblau-Methode

Reagenzien

1. 3 n Schwefelsäure (84 ml konz. H_2SO_4/1000 ml)

2. Ammoniummolybdatlösung: 5 g Ammoniummolybdat p.a. auf 250 ml H_2O

3. 0,1 m Ascorbinsäure: 4,4 g Ascorbinsäure p.a./250 ml H_2O
(Die Lösung sollte im Kühlschrank aufbewahrt werden; bei Gelbwerden, frisch ansetzen)

4. Reduktionslösung: 125 ml 3 n Schwefelsäure, 38 ml Ammoniummolybdatlösung und 60 ml 0,1 m Ascorbinsäure werden zu 250 ml verdünnt. (Die Reduktionslösung (blaß grün) erst unmittelbar vor Gebrauch ansetzen)

5. Standardlösungen:
a) 100 µg P/ml = 675,0 mg $Na(NH_4)HPO_4 \cdot 4H_2O$/1000 ml
             = 439,36 mg KH_2PO_4/1000 ml
b) 10 µg P/ml
c)   1 µg P/ml

Anmerkung. Die Meßkolben sollen vor Gebrach mehrere Stunden lang mit konzentrierter Schwefelsäure gefüllt stehen und dann mit destilliertem Wasser gespült werden. Es ist zweckmäßig zur Phosphorbestimmung immer den gleichen Satz Meßkolben zu verwenden. Die Meßkolben brauchen dann nur gelegentlich mit Schwefelsäure gereinigt zu werden und sind mit destilliertem Wasser gefüllt für den Gebrauch bereitzustellen.

3.2.8.2 Phosphor nach der Molybdängelb-Methode

Zur Phosphorbestimmung bei der Silikatanalyse läßt sich die Reaktion der Phosphorsäure mit Vanadinsäure und Molybdänsäure in stark saurer Lösung heranziehen (Baadsgaard und Sandell, 1954;

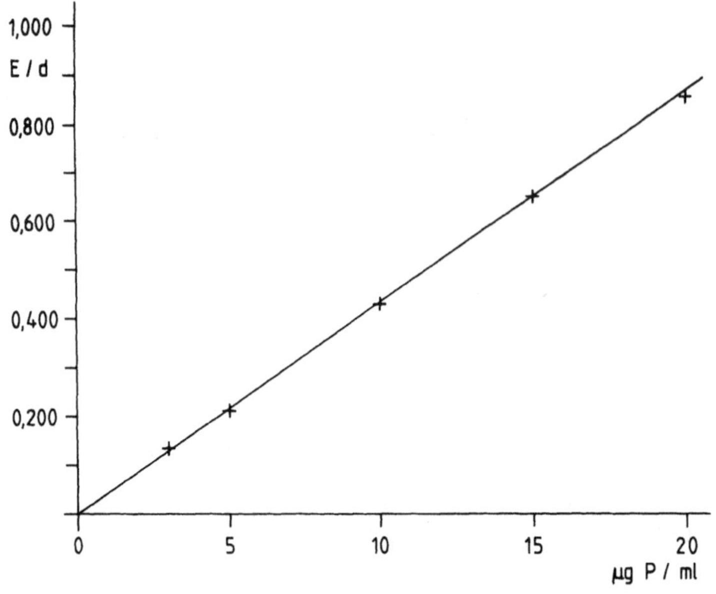

Abb. 12. Extink-
tionskurve für die
Phosphorbestimmung
nach der Molybdän-
gelb-Methode

Shapiro und Brannock, 1962). Die Zusammensetzung der gelben Heteropolysäure ist nicht genau bekannt. Die Reaktion wird meistens
in salpetersaurer Lösung durchgeführt. HCl, $HClO_4$ und H_2SO_4 stören dabei nicht, so daß Phosphor aus HF/H_2SO_4- und $HF/HClO_4$-Auf-
schlußlösungen bestimmt werden kann.

Sowohl die phosphorfreie Reagenzlösung als auch die Phosphorsäure-
lösung absorbieren im violetten und nahem ultravioletten Spektralbereich. Vergleicht man beide Lösungen miteinander, so erhält
man ein scheinbares Absorptionsspektrum der phosphorhaltigen Heteropolysäure mit einem Maximum bei 370 nm. Bei dieser Wellenlänge ist jedoch das Lambert-Beer'sche Gesetz nicht erfüllt und
die Reproduzierbarkeit der Meßwerte ungenügend (Hegemann und
Thomann, 1960).

Zweckmäßig wird bei einer Wellenlänge von 430 nm gemessen (Shapiro
und Brannock, 1962). Hier ist das Lambert-Beer'sche Gesetz bis zu
Phosphorkonzentrationen von mindestens 25 µg P/ml Meßlösung erfüllt und die Störungen durch Kupfer, Nickel und Eisen werden
auf ein geringes Maß herabgesetzt. Bei Anwesenheit von 10% Fe_2O_3
in der Analysensubstanz ist dann der absolute Fehler der Phosphor-
analyse + 0,02% P_2O_5 (Hegemann und Thomann, 1960).

Die Molybdängelb-Methode wird zweckmäßig bei relativ hohen Phosphorgehalten von 0,2 bis 15% P_2O_5 in der Analysensubstanz angewendet. Sie ist 20mal weniger empfindlich als die unter Kapitel
3.2.8.1 beschriebene Molybdänblau-Methode. Nach Hegemann und
Thomann (1960) liegt die Standardabweichung bei der hier beschriebenen Variante der Molybdängelb-Methode und Phosphorgehalten von
2 bis 3% P_2O_5 unter ± 0,02% P_2O_5.

Analysenvorschrift (HF/H_2SO_4- oder HF/$HClO_4$-Aufschluß)

Ein aliquoter Teil von 5, 10 oder 20 ml (= 25, 50 oder 100 mg) der Aufschlußlösung wird in einen 100-ml-Meßkolben gebracht. Unter Umschwenken werden 30 ml Molybdändivanadatlösung zugegeben und der Meßkolben bis zur Marke mit H_2O aufgefüllt.

Nach 10 min werden die Extinktionen bei einer Wellenlänge von λ = 430 nm in 1-, 2- oder 5-cm-Küvetten gegen eine Blindlösung gemessen.

Optimale Meßbedingungen

  4,7 - 16,2 µg P/ml Meßlösung mit 1-cm-Küvetten
= 18.800 - 65.000 ppm P bzw. 4,3 - 14,9% P_2O_5 in der Analysensubstanz, wenn ein aliquoter Teil von 25 mg der Analyseneinwaage = 5 ml Aufschlußlösung verwendet wird

oder

  0,23 - 0,81 µg P/ml Meßlösung mit 5-cm-Küvetten
= 940 - 3250 ppm P bzw. 0,215 - 0,75% P_2O_5 in der Analysensubstanz, wenn ein aliquoter Teil von 100 mg der Analyseneinwaage = 20 ml Aufschlußlösung verwendet wird.

Durch Verwendung von 2-cm-Küvetten oder 10 ml Aufschlußlösung werden optimale Meßbedingungen für den Konzentrationsbereich zwischen 0,8 und 5,0 µg P/ml Meßlösung erhalten.

Reagenzien

1. Molybdändivanatlösung: 1,25 g Ammoniumetavanadat NH_4VO_3 p.a. werden in 400 ml HNO_3 (1:1) gelöst. 50 g Ammoniummolybdat $(NH_4)_6Mo_7O_{24} \cdot 4H_2O$ werden in 400 ml H_2O gelöst; beide Lösungen werden gemischt und mit H_2O zu 1000 ml aufgefüllt

2. Standardlösungen:
100 µg P/ml = wie unter Kapitel 3.2.8.2
  10 µg P/ml

3.2.9 Literatur zu Kapitel 3.2

Baadsgard, H., Sandell, E.B.: Photometric determination of phosphorus in silicate rocks. Anal. Chim. Acta 11, 183-187 (1954)
Claasen, A., Bastings, L.: Notes on the extraction of nickel-dimethylglyoxime by chloroform and on the photometric determination of nickel by the glyoxime method. Rec. Trav. Chim. 73, 783-788 (1954)
Corbett, J.A.: The colorimetric determination of impurities in titanium metal. Iron and Manganese. Analyst 75, 475-480 (1950)
Easton, J.A.: The determination of chromium in the presence of Mn in rocks and minerals. Anal. Chim. Acta 31, 189-191 (1964)
Gottlieb, A., Hecht, F.: Kolorimetrische Bestimmung von Chrom in Gläsern. Mikrochem. u. Mikrochim. Acta 35, 523-541 (1950)
Guest, R.J.: Determination of copper in metallurgical analysis. Use of 2,2'-biquinoline. Anal. Chem. 25, 1484-1486 (1953)
Hegemann, F., Thomann, H.: Spektralphotometrische Verfahren bei der Tonanalyse. Ber. Dtsch. Keram. Ges. 37, 127-134 (1960)

Hoste, J., Eeckhout, J., Gillis, J.: Spectrophotometric determination of copper with cuproine. Anal. Chim. Acta 9, 263-274 (1953)

Köster, H.M.: Beitrag zur Geochemie der Kaoline. Proc. Int. Clay Conf. I, 273-280, Tokyo (1969a)

Köster, H.M.: Die spektralphotometrische Bestimmung der Spurenelemente Cr, Mn, Ni, Cu, Zn, Ga, Pb und P neben den Hauptelementen bei der Silikatanalyse. Ber. Dtsch. Keram. Ges. 46, 247-253 (1969b)

Marston, H.R., Dewey, D.W.: The estimation of cobalt in plant and animal tissues. Australian J. Expl. Biol. Med. Sci. 18, 343-352 (1940)

Maxwell, J.A.: Rock and Mineral Analysis. New York: Interscience Publishers, 1968

McNaught, K.J.: The determination of cobalt in animal tissues. Analyst 67, 97-98 (1942)

Murakami, Y.: An improved method of the colorimetric determination of chromium with diphenylcarbazide. Bull. Chem. Soc. Japan 23, 157-161 (1950)

Nydahl, F.: The determination of manganese by the peroxidisulphate method. Anal. Chim. Acta 3, 144-157 (1949)

Olson, P.B.: University of Minnesota, 1948. referiert In: Sandell, E.B.: Colorimetric Determination of Traces of Metals. New York: Interscience Publishers, 1959

Ovenston, T.C.J., Parker, C.A.: Notes on the spectrophotometric determination of cobalt and nickel in the microgram range. Anal. Chim. Acta 4, 142-152 (1950)

Riley, J.P.: The rapid analysis of silicate rocks and minerals. Anal. Chim. Acta 19, 413-428 (1958)

Sandell, E.B.: Determination of chromium, vanadium, and molybdenum in silicate rocks. Ind. Eng. Chem. Anal. Ed. 8, 336-341 (1936)

Sandell, E.B.: Determination of copper, zinc, and lead in silicate rocks. Ind. Eng. Chem. Anal. Ed. 9, 464-469 (1937)

Sandell, E.B., Perlich, R.W.: Determination of nickel and cobalt in silicate rocks. Ind. Eng. Chem. Anal. Ed. 11, 309-311 (1939)

Sandell, E.B.: Colorimetric Determination of Traces of Metals. 3rd Ed. New York: Interscience Publishers, 1959

Shapiro, L., Brannock, W.W.: Rapid analysis of silicate, carbonate, and phosphate rocks. U.S. Geol. Surv. Bull. 1144-A, A 31 (1962)

Wedepohl, K.H.: Geochemie. Sammlung Göschen. Bde. 1224/1224a/1224b. Berlin: Walter de Gruyter, 1967

Zimmermann, M.: Photometrische Metall- und Wasseranalysen mit Zeiss-S-Filtern und mit Spektralphotometern. Stuttgart: Wissenschaftliche Verlagsgesellschaft GmbH, 1954

3.3 Komplexometrische Analysen mit photometrischer Anzeige des Endpunktes

Die komplexometrische Titration wird bei der Silikatanalyse vor allem zur Bestimmung von Calcium und Magnesium angewendet. Der wichtigste Komplexbildner für beide Erdalkalien ist die Ethylendiamin-N,N,N',N'-tetraessigsäure (EDTA). Die Säure selbst ist in Wasser nur wenig löslich und deshalb wird ihr Dinatriumsalz verwendet:

$$\text{HOOC - CH}_2 \diagdown \qquad \qquad \diagup \text{CH}_2 \text{ - COONa}$$
$$\text{N - CH}_2 \text{ - CH}_2 \text{ - N}$$
$$\text{NaOOC - CH}_2 \diagup \qquad \qquad \diagdown \text{CH}_2 \text{ - COOH}$$

Die Komplexbildung eines Metallkations M^{2+} mit dem Anion der
Ethylendiamin-N,N,N',N'-tetraessigsäure H_2Y^{2-} geschieht nach der
Reaktionsgleichung $M^{2+} + H_2Y^{2-} \rightarrow M_2Y^{2-} + 2H^+$. Bei der komplexometrischen Titration geht diese Reaktion stets in gepufferten
Lösungen, d.h. bei konstanter Wasserstoffionenkonzentration vor
sich. Protonen und Ionenladungen können deshalb bei der Formu-
lierung entfallen. Die Reaktionsgleichung lautet dann einfach
$M + Y \rightarrow MY$.

Eine solche Reaktion kann zu komplexometrischen Titrationen nur
herangezogen werden, wenn ihre Komplexbildungskonstante hinreichend groß ist. Bei den Erdalkalien ist das in stark alkalischen
Lösungen der Fall (Schwarzenbach und Flaschka, 1965). Alle an
der Reaktion beteiligten Ionen sind aber farblos. Um den Endpunkt einer komplexometrischen Titration sichtbar zu machen, muß
ein Metallindikator in die Lösung gegeben werden. Metallindikatoren sind Komplexbildner, die mit Metallionen ähnlich wie das
Dinatriumsalz der EDTA reagieren und dabei eine Farbänderung
zeigen. Die Reaktion zwischen Metallionen und Metallindikator
kann einfach beschrieben werden als $M + F \rightarrow MF$.

Die Komplexbildungskonstante $K_{MF} = [MF]/[M] \cdot [F]$ dieser Farbreaktion soll größer sein als 10^4. Sie muß aber um den Faktor 10^4
kleiner sein als die Komplexbildungskonstante $K_{MY} = [MY]/[M] \cdot [Y]$
der Reaktion des Metallions mit der EDTA (Fortuin et al., 1954).
Andernfalls wird die Endpunktsbestimmung der Titration schwierig
oder auch unmöglich, weil die Reaktion zu langsam oder unvollständig in der gewünschten Richtung abläuft.

Bilden verschiedene Lösungspartner mit der EDTA Komplexe, so werden zuerst diejenigen mit der größeren Komplexbildungskonstante
reagieren. In alkalischer Lösung verläuft die Reaktion von Cal-
ciumionen quantitativ, bevor Magnesiumionen mit Komplexon zu reagieren beginnen. Deshalb kann Calcium in Gegenwart von Magnesium
titriert werden. Dagegen kann der Magnesiumgehalt bei Gegenwart
von Calcium nur aus der Differenz einer Summentitration beider
Erdalkalien und der zugehörigen Calciumtitration bestimmt werden.

Gewöhnlich wird die Farbänderung des Metallindikators am Äquivalenzpunkt mit dem Auge beobachtet. Bei geringer Übung oder geringer Farbtüchtigkeit des Analytikers wird meistens übertitriert,
weil die Metallindikatoren beim Äquivalenzpunkt meist keinen
scharfen Farbwechsel zeigen, sondern der Farbwechsel nuanciert
verläuft. Außerdem verlangsamen sich die Reaktionsgeschwindig-
keiten vor dem Erreichen des Äquivalenzpunktes. Das gilt besonders bei geringen Metallionenkonzentrationen in den Analysenlösungen, wenn dazu mit stärker verdünnten Komplexonlösungen als
m/100 titriert wird.

Durch photometrische Anzeige kann der Äquivalenzpunkt — von den
individuellen Fähigkeiten des Analytikers unabhängig — erheblich
zuverlässiger bestimmt werden als durch visuelle Beobachtung des
Indikatorumschlages. Dazu nötig ist ein Spektralphotometer oder
Filterphotometer (mit Linienfiltern) in dessen Strahlengang die
Titrationslösung mit einem geeigneten Gefäß eingeführt werden
kann. Zweitens ist eine Rührvorrichtung notwendig. Die Titrationslösung wird mit monochromatischem Licht durchstrahlt. Die Wellen-

länge des Lichtes wird so gewählt, daß zwischen den Absorptionsspektren des Metallindikators und des Metallkomplexes mit dem
Indikator eine maximale Differenz auftritt (Hegemann und Thomann,
1961). Besonders gut geeignet ist hier das Zeiss-Spektralphotometer PMQ 3, weil bei Verwendung des Wellenlängenantriebes und
eines Kompensographen die Absorptionsspektren leicht aufgezeich-
net und die optimale Wellenlänge für die Titration leicht ausge-
wählt und eingestellt werden kann. Zusatzeinrichtungen zum Einbringen eines Glasgefäßes mit der Analysenlösung in den Strahlengang dem PMQ 3 können nach dem Beispiel von Johannes und Althaus
(1968) selbst angefertigt werden.

Bei der Titration muß die Komplexonlösung relativ langsam zugegeben werden, weil die Komplexbildung nicht spontan erfolgt. Das
letzte ml Komplexonlösung vor und das erste ml nach Erreichen des
Äquivalenzpunktes werden in gleichen Portionen von 0,10, 0,05
oder 0,01 ml zugegeben. Nach jeder Zugabe der Komplexonlösung
muß abgewartet werden, bis die Lösung schlierenfrei ist und sich
ein konstanter, schwankungsfreier Meßwert am Photometer eingestellt hat.

Der Äquivalenzpunkt fällt praktisch mit dem Wendepunkt der Titra-
tionskurve zusammen (Thomann, 1961). Der Wendepunkt liegt zwischen den beiden Reagenzzusätzen, zwischen denen der größte Sprung
der Meßwerte verzeichnet wird.

Statt visueller Ablesung am Anzeigegerät und Aufzeichnung der
Meßwerte kann die Größe der Ausschläge nach jedem Reagenzzusatz
auch mit einem Kompensographen registriert werden. Eine Teil-
automatisierung der Titration wird nach dem Vorbild von Johannes
und Althaus (1968) durch Verwendung einer automatischen Bürette
und Kopplung der Bürettenentleerung mit dem Papiervorschub des
Kompensographen erreicht.

Apparaturen

Die photometrische Registrierung des Äquivalenzpunktes wird am
besten mit einem Spektralphotometer vorgenommen. Beim Zeiss-
Spektralphotometer PMQ 3 kann der Abstand zwischen Monochromator
und Lampengehäuse leicht vergrößert und in diesen Zwischenraum
das Reaktionsgefäß mit Magnetrührer eingefügt werden. Als Reaktionsgefäß kann ein als Kollimator wirkendes Becherglas verwendet
werden, wenn das durchfallende Licht auf den Monochromatorspalt
fokussiert wird. Zum Anschluß eines Kompensographen sind am Anzeigegerät des PMQ 3 Buchsen angebracht. Kompensographen mit
5 mV oder 10 mV Vollausschlag können ohne zusätzliche Hilfsmittel
angeschlossen werden.

Für komplexometrische Titrationen mit photometrischer Endpunkt-
anzeige ist auch das Zeiss-Spektralphotometer PM 4 gut geeignet,
wenn die Magnetrührvorrichtung eingebaut wird und die Titrier-
küvetten durch ein 100-ml-Becherglas ersetzt werden. Auch am PM 4
kann ein Kompensograph mit 5 mV oder 10 mV Vollausschlag ohne
zusätzliche Hilfsmittel angeschlossen werden.

Eine einfache Apparatur für die photometrisch-komplexometrische
Titration kann leicht zusammengestellt werden. Als Lichtquelle

läßt sich beispielsweise eine Zeiss-Hochleistungs-Niedervolt-
Mikroskopierleuchte verwenden, deren Lampenstrom durch eine vor-
geschaltete Autobatterie (12 Volt) stabilisiert ist. Ferner sind
dazu notwendig ein Magnetrührer, eine Photozelle mit vorgesetzter
Aperturirisblende (oder Photometerspalt) und ein empfindliches
Spiegelgalvanometer. Interferenzlinienfilter der erforderlichen
Wellenlänge können von der Firma Schott und Gen., Mainz, bezogeı.
werden. Die Filter werden auf Wunsch passend für den Filterhalter
der Mikroskopierleuchte geliefert. Für die Calciumtitration mit
Calcein als Metallindikator muß die maximale Durchlässigkeit des
Linienfilters zwischen 503 und 515 nm liegen. Für die Summentitration der Erdalkalien mit Erio T als Metallindikator und Eisen-
maskierung mit BAL soll die maximale Durchlässigkeit des Linienfilters zwischen 620 und 630 nm liegen.

Je nach dem Gehalt eines Gesteins an CaO und MgO, sowie dem vorgelegten aliquoten Teil der Analysenlösung muß sich die Konzentration der verwendeten Komplexonlösung und die Größe der Titra-
tionsschritte richten. Für die Titration mit 0,01 m Komplexonlösung ist bei 0,05-ml-Schritten eine 25-ml-Bürette mit 1/20-ml-
Graduierung am besten geeignet, bei 0,01-ml-Schritten eine 10-ml-
Halbmikrobürette mit 1/100-ml-Graduierung. Die Titration mit
0,001 m Komplexonlösung muß in 0,1-ml-Schritten zweckmäßig unter
Verwendung einer automatischen Bürette vorgenommen werden.

3.3.1   Calcium mit Calcein

Als spezifischer Metallindikator für Calcium wird meistens Murexid
(Purpursäure Ammoniumsalz) verwendet. Dieser Indikator gibt einen
visuell gut erkennbaren Farbumschlag. Bei Anwesenheit größerer
Mengen Aluminium und Eisen wird aber der Titrationsendpunkt immer
undeutlicher, weil der Indikator durch diese Metalle fortwährend
zersetzt wird (Hofmann, 1960). In Gegenwart von Magnesium ist
der Endpunkt ebenfalls schlechter erkennbar (Chalmers, 1954).

Der häufig für die Calciumtitration empfohlene Indikator Calcon
oder Eriochromblauschwarz R [2-Hydroxy-1-(2-hydroxynaphthyl-1-
azo)-naphthalin-4-sulfonsäure Natriumsalz] (Hildebrand und Reilly,
1957) zeigt ähnlich ungünstige Eigenschaften wie Murexid. Calcon
gehört zur Gruppe der o,o'-Dihydroxyazofarbstoffe, die sämtlich
bei hohen pH-Werten, wie sie zur Calciumtitration notwendig sind,
in Gegenwart geringer Eisenmengen ziemlich rasch zersetzt werden
(Hegemann und Thomann, 1961).

Günstige Eigenschaften gegenüber solchen Lösungspartnern zeigt
dagegen der von Diehl und Ellingboe (1956) gefundene Indikator
Calcein (2,7-Bis[bis(carboxylmethyl)-aminomethyl]-fluorescein).
Durch Aluminium wird hier die Calciumtitration nicht beeinflußt.
Eisen und Titan können durch Triethanolamin maskiert werden und
stören dann ebenfalls nicht mehr. Bei pH-Werten über 12 hydro-
lysiert das Magnesium und reagiert nicht mit dem Indikator. Nur
bei großen Magnesiumgehalten (über 1 mg in 100 ml) kann ausfallendes Magnesiumhydroxid etwas Calcium mitreißen und so der Titration entziehen.

Bei der Calciumtitration zeigt Calcein einen Farbumschlag von
Gelbgrün nach grünstichigem Braun, der mit bloßem Auge nur schlecht

zu erkennen ist. Auch das Verschwinden der tiefgrünen Fluoreszenz, die in Gegenwart von Calciumsalzen beobachtet wird, kann visuell nicht gut festgestellt werden. Dagegen liegen die Verhältnisse für Calcein bei Titrationen mit photometrischer Anzeige sehr günstig. Der freie Farbstoff Calcein zeigt in stark alkalischen Lösungen eine sehr schmale und sehr intensive Absorptionsbande mit einem Maximum bei 500 nm. Ähnlich hat der Calciumkomplex ein sehr steiles Maximum bei 490 nm. Die nur geringe Bandenverschiebung des freien Calceins gegenüber seinem Calciumkomplex ist als geringfügige Farbänderung mit dem Auge deshalb nur schlecht wahrzunehmen. Das "Differenzspektrum" des Calceins und seiner Calciumverbindung zeigt ein steiles Maximum bei 510 nm. Diese Wellenlänge ist für die photometrische Titration geeignet und muß ziemlich genau eingehalten werden. In diesem Zusammenhang ist die genaue Dosierung des Indikators wichtig. Zweckmäßig wird er in gelöster Form eingesetzt. Die 0,1%ige, braune Lösung des Calceins in 0,15%iger Natronlauge ist über mehrere Monate haltbar.

Analysenvorschrift (Aufschluß Kap. 2.3)

In ein 400-ml-Becherglas gibt man mit einer geeichten Vollpipette 10 ml Aufschlußlösung. Dann werden 10 ml Triethanolamin-Lösung, und 25 ml alkalische Kaliumcyanidlösung zupipettiert und aus einem Meßzylinder etwa 250 ml destilliertes Wasser zugefügt. Mit einer Vollpipette werden 2 ml Indikatorlösung zugegeben.

Nach Einbringen des Titriergefäßes in das Spektralphotometer wird bei einer Wellenlänge von 510 nm durch Wahl einer geeigneten Spaltbreite am Monochromator und geeigneten Verstärkung am Anzeigegerät der Durchlaßgrad auf etwa 90 Skalenteile eingestellt. Titriert wird darauf mit 0,1 m (oder 0,001 m) Komplexonlösung. Der Faktor der Komplexonlösung wird zuvor durch Titration einer Calciumtitrisol-Lösung bestimmt.

Anmerkung. Strontium und Barium geben dem Calcium ähnlich Calceinkomplexe und werden mittitriert. Sie reagieren erst nach dem Calcium mit Komplexon; dadurch wird in Gegenwart kleiner Mengen dieser beiden Elemente der Titrationsendpunkt weniger scharf fixierbar. Bei größeren Strontium- und Bariumgehalten müssen beide Elemente flammenspektrometrisch analysiert und bei der Calciumanalyse berücksichtigt werden.

Berechnung des Ergebnisses

Das gesuchte Gewicht an CaO ergibt sich als Produkt aus dem Verbrauch an Komplexonlösung (x ml), deren Faktor F, ihrer Molarität, dem Molekulargewicht von CaO und dem Faktor 10, wenn 1/10 der Aufschlußlösung zur Titration verwendet wird.

$$g_{CaO} = x \cdot F \cdot 0{,}01 \cdot 56{,}08 \cdot 10 \quad [mg]$$

Reagenzien

1. Triethanolamin-Lösung: 50 ml Triethanolamin (purum) werden mit destilliertem Wasser auf 500 ml verdünnt

2. Alkalische Kaliumcyanid-Lösung: 50 g NaOH (reinst) werden in
500 ml destillierten Wassers gelöst. Nach dem Abkühlen der Lösung
werden 10 g KCN p.a. zugegeben und mit destilliertem Wasser zu
1000 ml aufgefüllt

3. Indikator-Lösung: 100 mg Calcein werden in 100 ml 0,15%iger
Natronlauge gelöst

4. 0,01 m Komplexon-Lösung: 3,72 g Komplexon-III p.a. werden zu
einem Liter in destilliertem Wasser gelöst. Der Titer wird gegen
Calciumtitrisol-Lösung eingestellt .

5. Standardvergleichslösung: $CaCl_2$-Lösung aus Titrisol (1 mg
CaO/ml)
oder
1,0009 g gefälltes $CaCO_3$ p.a. werden in der äquivalenten Menge
Salzsäure (ca. 10 ml 32%ige HCl p.a.) gelöst und die Lösung auf
1000 ml aufgefüllt

3.3.2 Summentitration von Magnesium und Calcium mit Erio T

Das Magnesium wird indirekt bestimmt, indem von der Summentitration der Erdalkalien der ml-Verbrauch an Komplexonlösung für die
Calciumtitration (Ca + Sr + Ba) abgezogen wird. Als Metallindikator für die Summentitration wird Eriochromschwarz T kurz Erio T
[2-Hydroxy-6-nitro-1(1-hydroxy-2-naphthylazo)-4-sulfonsäure Na-
triumsalz] benutzt. Bei pH 10 reagieren Calcium und Magnesium
quantitativ mit dem Dinatriumsalz der EDTA. Auch Aluminium und
Eisen bilden bei pH 10 mit Erio T rote Komplexe, deren Absorptionsspektren denen der Erdalkalikomplexe ähnlich sind. Der Indikator wird durch anwesendes Aluminium und Eisen blockiert. Die
genannten Störelemente müssen deshalb maskiert werden.

Durch Triethanolamin wird Aluminium ausreichend maskiert und die
Fällung von Aluminiumhydroxid verhindert. Eine Fällung von Magnesiumhydroxid unterbleibt bei einer ausreichenden Konzentration
von Ammoniumionen in der Lösung. Titan wird mit Triethanolamin
ebenfalls in Lösung gehalten und reagiert nicht mit dem Indikator.

Die Maskierung von Eisen(III) mit Triethanolamin ist nicht ausreichend, um die Reaktion mit Erio T zu unterbinden. Der Eisen-
komplex zerstört den Farbstoff. Eine wirksame Maskierung des Eisens wird mit 2,3-Dimercapto-1-propanol (Pribil und Roubal, 1954)
erreicht. 2,3-Dimercapto-1-propanol (BAL) bildet bei pH 10 mit
Eisen einen roten Komplex von intensiver Färbung. Mehr als 10 mg
Fe_2O_3 in der Meßlösung (= 20% Fe_2O_3 in der Analysensubstanz bei
50 mg Einwaage) können mit BAL ausreichend getarnt werden, so
daß keine Reaktion des Eisens mit dem Indikator mehr beobachtet
wird.

Die tief dunkle Färbung des Eisenkomplexes von BAL macht die visuelle Beobachtung des Indikatorumschlages von Erio T bei der
Summentitration von Calcium und Magnesium unmöglich. Der Indi-
katorumschlag muß photometrisch bestimmt werden. Das Differenzspektrum von Erio T und seinem Magnesiumkomplex zeigt die größten
Unterschiede bei den Wellenlängen 600, 520 und 440 nm. Optimale
Bedingungen für die Titration ergeben sich bei der Wellenlänge
von 620 – 630 nm (vgl. auch Johannes und Althaus, 1968).

Analysenvorschrift

In ein 400 ml Becherglas gibt man mit einer geeichten Vollpipette
10 ml Aufschlußlösung. Dann werden 0,5 ml BAL-Lösung, sowie 10 ml
Triethanolamin-Lösung zugegeben. Die Lösung wird nun mit 1 n Natronlauge neutralisiert. Anschließend werden 10 ml ammoniakalischer Ammoniumchloridlösung, 1 Tropfen Indikatorlösung und aus
einem Meßzylinder etwa 250 ml destilliertes Wasser zugefügt.

Nach Einbringen des Titriergefäßes in den Strahlengang des Spektralphotometers wird bei einer Wellenlänge von 630 nm durch Wahl
einer geeigneten Spaltbreite am Monochromator und geeigneten
Verstärkung am Anzeigegerät der Durchlaßgrad auf etwa 90 Skalenteile eingestellt. Titriert wird darauf mit 0,01 m (oder 0,001 m)
Komplexonlösung.

Berechnung des Ergebnisses

Das gesuchte Gewicht an MgO in der Gesamteinwaage ergibt sich
als Produkt aus der Differenz des Verbrauches an Komplexonlösung
(y-x ml) von Summen- und Calciumtitration, dem Faktor F der Komplexonlösung, ihrer Molarität, dem Molekulargewicht von MgO und
dem Faktor 10, wenn 1/10 der Aufschlußlösung zur Titration verwendet wird.

$$g_{MgO} = (y-x) \cdot F \cdot 0,01 \cdot 40,32 \cdot 10 \qquad [mg]$$

Reagenzien

1. BAL-Lösung: 10 ml 2,3-Dimercapto-1-propanol werden in 50 ml
Ethanol oder Methanol gelöst und zu 100 ml mit destilliertem
Wasser aufgefüllt. 2,3-Dimercapto-1-propanol muß bei Temperaturen
unter + 5°C aufbewahrt werden!

2. Triethanolamin-Lösung: wie bei der Calciumtitration

3. 1-n-NaOH-Lösung: 20 g Ätznatronplätzchen, reinst, werden in
500 ml destillierten Wassers gelöst. Die Lösung muß in einer
Kautexflasche aufbewahrt werden!

4. Ammoniakalische Ammoniumchlorid-Lösung: 70 g Ammoniumchlorid
p.a. und 0,5 g Magnesium-Titriplex werden mit 570 ml konz. Ammoniak p.a. (Dichte 0,90 = 25%ig) zu einem Liter gelöst

5. Indikator-Lösung: 200 mg Eriochromschwarz T werden in 15 ml
Triethanolamin und 5 ml abs. Alkohol gelöst

6. 0,01 m Komplexon-Lösung: wie bei der Calciumtitration

3.3.3 Reproduzierbarkeit der Meßergebnisse

Bei Verwendung von 0,01 m Komplexonlösung, Titrationsschritten
von 0,05 ml aus einer 25-ml-Bürette mit 1/20-ml-Graduierung ist
der Verbrauch an Komplexonlösung bei Mehrfachtitrationen auf
± 0,05 ml reproduzierbar. Der Calciumgehalt der Lösung kann dem-
entsprechend mit einer Standardabweichung von 0,03 mg CaO bestimmt werden. Mit einer Halbmikrobürette und Titrationsschritten
von 0,01 ml mit 0,01 m Komplexonlösung wird der Calciumgehalt der
Lösung mit einer Standardabweichung von 0,006 mg CaO bestimmt.

<u>Tabelle 8.</u> Relative Standardabweichungen bei der komplexometrischen Titration von CaO oder MgO

Gehalt der Analysensubstanz an CaO oder MgO	Gehalt der Meßlösung an CaO oder MgO	Relative Standardabweichung bei Titrationsschritten von 0,05 ml mit 0,01 m EDTA	Relative Standardabweichung bei Titrationsschritten von 0,01 ml mit 0,01 m EDTA
Gewichts-(%)	in (mg)	(%)	(%)
10,1	5,00	0,6	0,12
1,0	0,50	6,0	1,2
0,1	0,05	–	12

Statt mit Halbmikrobürette wird mit normaler Bürette, Titrationsschritten von 0,1 ml und 0,001 m Komplexonlösung die gleiche Standardabweichung von 0,006 mg CaO erhalten.

Die Magnesiumgehalte werden aus der Differenz zweier Titrationen bestimmt und sind mit den gleichgroßen Fehlern beider Titrationen behaftet. Bei Verwendung von 0,01 m Komplexonlösung in Titrationsschritten von 0,05 ml ist der Differenzverbrauch an Komplexonlösung auf Grund der Fehlerfortpflanzung auf ± 0,07 ml reproduzierbar. Dem entspricht eine Standardabweichung von 0,03 mg MgO. Mit einer Halbmikrobürette und Titrationsschritten von 0,01 ml mit 0,01 m Komplexonlösung oder Titrationsschritten von 0,1 m bei 0,001 m Komplexonlösung ergibt sich eine Standardabweichung von 0,006 mg MgO.

Quantitative Analysenangaben sind sinnvoll, wenn die Analysenwerte zehnmal größer sind als die zugehörige Standardabweichung. Komplexometrische Analysen unter den beschriebenen Bedingungen sind ab 0,6% CaO bzw. 0,6% MgO in der Analysensubstanz hinreichend zuverlässig.

Die Erdalkaligehalte der meisten natürlichen Silikatgesteine lassen sich daher komplexometrisch schnell und richtig analysieren. Bei CaO- bzw. MgO-Gehalten unter 1% ist die flammenspektrometrische Analyse (Kap. 4.4.3 und 4.4.4) wegen ihrer größeren Empfindlichkeit der Komplexometrie vorzuziehen.

3.3.4 Literatur zu Kapitel 3.3

Chalmers, R.A.: A spectrophotometric micro-titration of calcium. Analyst <u>79</u>, 519-521 (1954)
Diehl, H., Ellingboe, J.L.: Indicator for titration of calcium in presence of magnesium using disodium dihydrogen ethylenediamine tetracetate. Anal. Chem. <u>28</u>, 882-884 (1956)
Fortuin, J.M., Karsten, P., Kies, H.L.: Theoretical treatment of the spectrophotometer titration of bivalent cations with complexon-III and metalspecific indicators. Anal. Chim. Acta <u>10</u>, 356-372 (1954)

Hegemann, F., Thomann, H.: Die Bestimmung von Kalzium und Magnesium in Silikaten mittels der photometrisch-komplexometrischen Titration. Ber. Dtsch. Keram. Ges. 38, 345-350 (1961)

Hildebrand, C.P., Reilly, C.N.: New indicator for complexometric titration of calcium in presence of magnesium. Anal. Chem. 29, 258-263 (1957)

Hofmann, R.: Komplexometrische Titration von Calcium und Magnesium in Silikaten. Diplomarbeit TH München 1960, unveröffentlicht.

Johannes, W., Althaus, E.: Ca- und Mg-Bestimmung durch halbautomatische komplexometrische Titration. N. Jb. Miner. Mh. 377-384 (1968)

Přibil, R., Roubal, Z.: Komplexometrische Titrationen (Chelatometrie) VIII. Maskierung von Kationen mit 2,3-Dimercapto-propanol. Coll. Czech. Comm. 19, 1162 (1954). Chem. Listy 48, 818 (1954)

Schwarzenbach, G., Flaschka, H.: Die komplexometrische Titration. (Die chemische Analyse. Bd. 45) 5. Aufl. Stuttgart: Ferdinand Enke Verlag, 1965

Thomann, H.: Ein neues photometrisches Auswertungsverfahren bei komplexometrischen Titrationen kleiner Metallmengen. Z. Anal. Chem. 184, 241-247 (1961)

3.4 Flammenspektrometrische Analyse von Kalium und Natrium

mit Zugabe der störenden Lösungspartner zu den Eich- und Eingabelungsstörungen (Nachahmmethode)

3.4.1 Allgemeines

Die hohe Nachweisempfindlichkeit der Alkalien in der Flamme gestattet es, Kalium und Natrium mit Flammenspektrometern der verschiedensten Konstruktionen zuverlässig zu analysieren. Bei der quantitativen Alkalianalyse müssen dabei zur Erzielung richtiger Analysenergebnisse störende Emissionsbeeinflussungen durch Lösungspartner ausgeschaltet werden.

Die Alkaliemissionen werden am empfindlichsten durch die gegenseitige Ionisationsbeeinflussung der Alkalimetalle selber gestört. Spezifische Emissionsbeeinflussungen durch andere Lösungspartner, die die Verdampfung der festen Partikel, die molekulare Dissoziation, die Ionisation oder die Anregung der Alkalien verändern können, treten dagegen an Bedeutung zurück. Indirekte, nicht spezifische Störungen der Alkaliemission können durch Lösungspartner hervorgerufen werden, die durch ihre Menge und Art die Verdampfung der Flüssigkeit in der Flamme oder die Eigenschaft der Flamme selber ändern. Vor allem Änderungen der Flammentemperatur können hier zu Störungen der Alkalianalyse führen. Weiteres hierüber und spezielle Literaturangaben enthält die Monographie Flammenphotometrie von Herrmann und Alkemade (1960).

Die Maßnahmen zur Ausschaltung störender Emissionsbeeinflussungen sind zum großen Teil abhängig von der Konstruktion des verwendeten Flammenspektrometers. Im folgenden Text beziehen sich alle speziellen Angaben auf das Zeiss-Spektralphotometer FMD 3.

Störungen der Alkaliemissionen lassen sich mit den folgenden Maßnahmen wirksam verringern:

1. Durch starkes Verdünnen der Analysenlösungen werden direkte und indirekte Ionisationsbeeinflussungen zurückgedrängt und die

Ionisation der Alkalien normalisiert, sofern genügend Flammen-
elektronen vorhanden sind (Alkemade, 1954; Scott et al., 1951).
Bei starker Verdünnung der Lösungen müssen entsprechend empfindliche Meßanordnungen verwendet werden. Bei Verwendung des Gitter-
monochromators MB 3 und des Photoelektronenvervielfachers R 446
als Meßzelle liegen die optimalen Konzentrationen der Alkalien
in den Meßlösungen zwischen 0,1 und 10 µg Me$^+$/ml.

2. Durch Verwendung der optimalen Flamme können die Ionisationsbeeinflussungen sehr stark eingeschränkt werden. Bei den Alkalien
bedeutet dies die Verwendung einer relativ kalten Flamme und Messung in optimaler Flammenhöhe. Bekanntlich ist die Flamme in den
verschiedenen Zonen unterschiedlich heiß und entsprechend herr-
schen in den Flammenzonen unterschiedliche physikalische Bedingungen. Die optimale Flammenhöhe kann durch die Höhenverstellung
des Brenners am FMD 3 eingestellt werden. Für die Alkalianalyse
eignet sich am besten die kalte H_2/Luft-Flamme.

Die genannten Maßnahmen — Verdünnung der Lösungen und Messen bei
optimaler Flamme — genügen bei Silikatgesteinsaufschlüssen nicht,
die komplexen Störmöglichkeiten bei der großen Zahl und in der
Konzentration variabler Lösungspartner auszuschalten. Im wesentlichen werden drei Methoden zur Beseitigung der verbleibenden
Störungen angewendet:

a) Zugabe von Ionisationspuffern. Die am häufigsten angewendete
Variante nach Schuhknecht und Schinkel (1963) versucht durch Zugabe von CsCl und $Al(NO_3)_3$ zu den Eingabelungs- und den Analysenlösungen die Ionisation der Alkalien und gleichzeitig die Störungen der Flamme durch Calcium und Aluminium, die wenig disso-
ziierte Aluminate in der Flamme bilden, zu normalisieren.
Die Anwendung dieses Verfahrens ergiebt mit dem FMD 3 zwar gut
reproduzierbare Analysenergebnisse, deren Richtigkeit aber unbefriedigend ist. Nachteilig ist außerdem die hohe Konzentration
der zugegebenen Ionisationspuffer, wodurch eine Verringerung der
Nachweisempfindlichkeit für die Alkalien eintritt.

b) Eine weitere Möglichkeit ist die Entfernung der störenden
Lösungspartner aus der Meßlösung. Bei Silikatgesteinsaufschlüssen
geschieht das am besten durch Ionenaustauscher. Über ein einfaches Verfahren zur Abtrennung mehrwertiger Kationen und uner-
wünschter Anionen wird im Kapitel 4.2 ausführlich berichtet.

c) Eine dritte häufig bei der Silikatanalyse angewendete Methode
ist die Nachahmung der störenden Lösungspartner in den Eich- und
Eingabelungslösungen. Voraussetzung ist hier die Analyse aller
anderen chemischen Hauptbestandteile vor der flammenspektrometrischen Alkalianalyse. Je genauer dann die Konzentrationen der
Störelemente in den Eich- und Eingabelungslösungen mit denen in
den Analysenlösungen übereinstimmen, desto zuverlässiger wird
die Richtigkeit der Analysenergebnisse. Auf diese Methode der
Nachahmung soll im folgenden näher eingegangen werden.

3.4.2 Aufschlußlösungen und ihre Verdünnung

Zur flammenspektrometrischen Alkalianalyse an Silikaten werden
am besten Aufschlußlösungen von Flußsäure-Perchlorsäure-Aufschlüssen verwendet (Kap. 2.3). Durch abweichende ClO_4^- und Cl^--

Ionenkonzentrationen in den Eich-, Eingabelungs- und Aufschlußlösungen bzw. Meßlösungen werden keine meßbaren Störeffekte verursacht.

Aufschlußlösungen von Flußsäure-Schwefelsäure-Aufschlüssen sind
ebenfalls zur flammenspektrometrischen Alkalianalyse verwendbar
(Hegemann et al., 1960), jedoch muß mit merklichen Emissionsstö-
rungen gerechnet werden, wenn Unterschiede in der H_2SO_4-Konzen-
tration von Eich- bzw. Eingabelungs- und Analysenlösungen bestehen. Vor allem bei hohen Calciumgehalten in der Analysensubstanz
kann die Schwefelsäurekonzentration in den Aufschlußlösungen
nicht genau dosiert werden (Kap. 2.2). Durch H_2SO_4 wird nicht
nur eine spezifische Depression der Erdalkaliemission verursacht,
sondern damit im Zusammenhang können nicht spezifische Störungen
der Alkaliemission auftreten.

Die nach Kapitel 2.3 oder 2.2 erhaltenen Aufschlußlösungen enthalten 100 mg Analyseneinwaage auf 20 ml Lösung. Für die Alkalianalyse müssen diese Aufschlußlösungen 50- oder 100fach verdünnt
werden. Der Grad der Verdünnung richtet sich nach der Empfindlichkeit der Meßanordnung und nach dem Alkaligehalt der Analysenlösungen.

Das Spektralphotometer FMD 3 bildet mit dem Gittermonochromator
MB 3 und dem Photoelektronenvervielfacher R 446 eine sehr empfind-
liche Meßanordnung. Bei Alkaligehalten von 0,1 bis 10% Me_2O müs-
sen die Aufschlußlösungen 50fach verdünnt werden. Bei höheren
Alkaligehalten, wie sie bei Feldspäten vorkommen, müssen die
Aufschlußlösungen sogar 100fach verdünnt werden.

3.4.3 Stammlösungen

Die verdünnten Aufschlußlösungen — kurz Meßlösungen genannt —
müssen zur Alkalianalyse mit Eichlösungen bzw. Eingabelungslösungen verglichen werden, die alle störenden Lösungspartner in
angenähert gleichen bzw. genau gleichen Konzentrationen enthalten.
Die zur Aufstellung von Eichkurven benutzten Eichlösungen und
die zur Eingabelung benutzten Eingabelungslösungen werden durch
Mischen und Verdünnen aus Stammlösungen hergestellt. Die Stammlösungen haben zweckmäßig folgende Konzentrationen:

*a) Stammlösungen zur Herstellung von Eich- und Eingabelungslösungen bei
Gesteinsaufschlüssen mit Flußsäure-Perchlorsäure*

1,0 mg K_2O/ml   =   1583,0 mg KCl/1000 ml H_2O

1,0 mg Na_2O/ml   =   1886,0 mg NaCl/1000 ml H_2O

1,0 mg CaO/ml   =   Titrisol Merck

1,0 mg MgO/ml   =   1000,0 mg MgO werden in 25 ml 10 n HCl
                        (32%ige HCl p.a.) gelöst und auf 1000 ml
                        aufgefüllt
                        oder
                        5042,7 mg $MgCl_2 \cdot 6H_2O$ werden zu 1000 ml mit
                        H_2O gelöst.
                        Der Faktor dieser MgO-Stammlösung muß durch

komplexometrische Titration nach Kapitel 3.3.2 bestimmt werden.

1,0 mg Fe_2O_3/ml = 1000,0 mg Fe_2O_3 p.a. (Urtitersubstanz) werden mit 10 ml 32%iger HCl p.a. in der Wärme gelöst und auf 1000 ml mit H_2O aufgefüllt. Falls notwendig kann der Faktor der Fe_2O_3-Stammlösung leicht durch komplexometrische Titration mit Variaminblau als Redoxindikator bestimmt werden (Schwarzenbach und Flaschka, 1965).

5,0 mg Al_2O_3/ml = 2645,5 mg Al werden mit 20 ml 32%iger HCl p.a. unter Zugabe eines Quecksilbertröpfchens gelöst und auf 1000 ml mit H_2O aufgefüllt.

b) Stammlösungen zur Herstellung von Eich- und Eingabelungslösungen bei Gesteinsaufschlüssen mit Flußsäure-Schwefelsäure

1,0 mg K_2SO_4/ml = 1850,1 mg K_2SO_4/1000 ml H_2O

1,0 mg Na_2SO_4/ml = 2291,4 mg Na_2SO_4/1000 ml H_2O

1,0 mg CaO/ml = Titrisol Merck

1,0 mg MgO/ml = 1000 mg MgO werden in 25 ml 1 n HCl p.a. gelöst und auf 1000 ml mit H_2O aufgefüllt.

1,0 mg Fe_2O_3/ml = 1000 mg Fe_2O_3 p.a. (Urtitersubstanz) werden mit 10 ml 32%iger HCl p.a. in der Wärme gelöst, durch die äquivalente Menge H_2SO_4 (1,5 ml konz. H_2SO_4 p.a.) in $Fe_2(SO_4)_3$ übergeführt und die HCl abgedampft, dann auf einen Liter mit H_2O aufgefüllt.

5,0 mg Al_2O_3/ml = 2645,5 mg Al werden mit 60 ml H_2SO_4 p.a. (1:10) unter Zugabe eines Quecksilbertröpfchens gelöst und mit H_2O auf 1000 ml aufgefüllt.

3.4.4 Eichlösungen und Eichkurven

Die Alkalianalyse an Gesteinsaufschlüssen wird zweckmäßig in zwei Stufen durchgeführt. Zuerst werden mit Hilfe von Eichlösungen und Eichkurven angenäherte Alkaligehalte ermittelt. Dann werden durch Eingabelung die genauen Alkaligehalte bestimmt.

Zur Aufstellung von Eichkurven werden Eichlösungen hergestellt, deren Zusammensetzung vom zu analysierenden Gesteinstyp abhängig ist. Beispielsweise werden bei der Analyse granitischer Gesteine die Eichlösungen die Hauptelemente entsprechend der mittleren chemischen Zusammensetzung der Granite (nach Wedepohl, 1967) enthalten (Tab. 9, S. 100).

Die Aufschlußlösung bzw. aliquote Teile davon müssen wie oben erwähnt zur Alkalianalyse 50- oder 100fach verdünnt werden. Die Konzentrationen der Hauptelemente des "Durchschnittsgranites" in solch verdünnten Meßlösungen zeigt Tabelle 10 (S. 100).

Tabelle 9. Mittlere chemische Zusammensetzung der Granite und Konzentration einer dementsprechenden Aufschlußlösung (nach Kap. 2.3)

Durchschnittsgranit	Konzentration der entsprechenden Aufschlußlösung
13,9% Al_2O_3	695 µg Al_2O_3/ml
2,5% Fe_2O_3	125 µg Fe_2O_3/ml
0,42% MgO	21 µg MgO/ml
1,1% CaO	55 µg CaO/ml
5,3% K_2O	265 µg K_2O/Ml
3,2% Na_2O	160 µg Na_2O/ml

Tabelle 10. Konzentration der Hauptelemente des "Durchschnittsgranites" in den verdünnten Meßlösungen

	bei 50facher Verdünnung µg/ml	bei 100facher Verdünnung µg/ml
Al_2O_3	13,9	6,95
Fe_2O_3	2,5	1,25
MgO	0,42	0,21
CaO	1,1	0,55
K_2O	5,3	2,65
Na_2O	3,2	1,60

Tabelle 11. Zwischenlösungen durch Verdünnen der Stammlösungen für den "Durchschnittsgranit"

140 ml Al_2O_3-StLsg zu 1000 ml verdünnt	=	700 µg Al_2O_3/ml
125 ml Fe_2O_3-StLsg zu 1000 ml verdünnt	=	125 µg Fe_2O_3/ml
20 ml MgO -StLsg zu 1000 ml verdünnt	=	20 µg MgO/ml
55 ml CaO -StLsg zu 1000 ml verdünnt	=	55 µg CaO/ml
265 ml K_2O -StLsg zu 1000 ml verdünnt	=	265 µg K_2O/ml
160 ml Na_2O -StLsg zu 1000 ml verdünnt	=	160 µg Na_2O/ml

In entsprechender, angenäherter Zusammensetzung und Konzentration müssen aus den Stammlösungen Eichlösungen hergestellt werden. Das erfolgt am besten in zwei Stufen. Zuerst werden unter Verwendung geeichter Vollpipetten aus den Stammlösungen "Zwischenlösungen" hergestellt, die die Störelemente im gewünschten Verhältnis wie der Durchschnittsgranit gegenüber den Eichlösungen, aber 10- bis 100mal konzentrierter enthalten. Die Zwischenlösung für die Kaliumanalyse darf kein Kalium und die für die Natriumanalyse kein Natrium enthalten (Tabelle 11, S. 100).

Durch Verdünnen der Zwischenstammlösungen unter gleichzeitigem Zumischen von Kalium- bzw. Natriumstammlösung können jetzt Eichlösungen hergestellt werden, die zwischen 0,1 μg und 10 μg Na_2O bzw. K_2O/ml neben den erforderlichen Störelementkonzentrationen enthalten.

Die Alkaligehalte granitischer Gesteine liegen zwischen 1 und 10% K_2O bzw. Na_2O. Bei 50facher Verdünnung der Aufschlußlösungen liegen die Alkalikonzentrationen in den Meßlösungen entsprechend zwischen 1 und 10 μg Me_2O/ml. Aus den Alkalistammlösungen und den Zwischenlösungen werden deshalb Eichlösungen hergestellt mit 1 μg, 2 μg, 5 μg und 10 μg Na_2O bzw. K_2O/ml. Diese vier Lösungen genügen schon zur Aufstellung einer Eichkurve.

Bei anderen Gesteinstypen wie Tonen, Kaolinen u.a. werden häufig Alkaligehalte unter 1% Na_2O oder auch K_2O vorliegen. Zweckmäßig werden auch in diesem Falle die Aufschlußlösungen 50fach verdünnt, um Störeffekte möglichst zu vermindern. Natrium- und Kaliumgehalte zwischen 0,1 μg und 1,0 μg Me_2O/ml Meßlösung sind sehr gut reproduzierbar und die Eichkurven sind in diesem Konzentrationsbereich fast linear.

Bei der Aufstellung von Eichkurven wird so verfahren, daß zunächst die höchstkonzentrierte Eichlösung der Eichreihe zerstäubt wird. Dabei wird durch geeignete Wahl der Monochromatorspaltbreite und Verstärkung der Anzeige der Skalenausschlag auf genau 100 Skalenteile gebracht. Anschließend werden bei gleicher Einstellung des Gerätes die übrigen Eichlösungen zerstäubt. Bei Integrationszeiten von 5 Sekunden sollten die Messungen mehrfach wiederholt und aus mindestens fünf Messungen jeweils Mittelwerte gebildet werden.

Zuverlässiger ist statt visueller Ablesung die Registrierung mittels Kompensographen. Es genügt dabei eine Minute lang auf der Linie messend den Ausschlag für jede Eichlösung zu registrieren. Stattdessen kann man auch unter Verwendung des Wellenlängenantriebes die Analysenlinie mehrfach pendelnd überfahren und den Mittelwert der Amplituden als Wert für die Eichkurve verwenden.

In die Eichkurve wird nur der Nutzausschlag eingetragen, wobei der Nutzausschlag der höchstkonzentrierten Eichlösung in 100 Skalenteile umgerechnet wird, entsprechend die Nutzausschläge der niedriger konzentrierten Eichlösungen in Prozenten davon. Jede Serie von Analysenlösungen muß jeweils gegen die höchstkonzentrierte Eichlösung gemessen werden. Erst mit den Relativwerten der Nutzausschläge kann in die Eichkurve eingegangen werden.

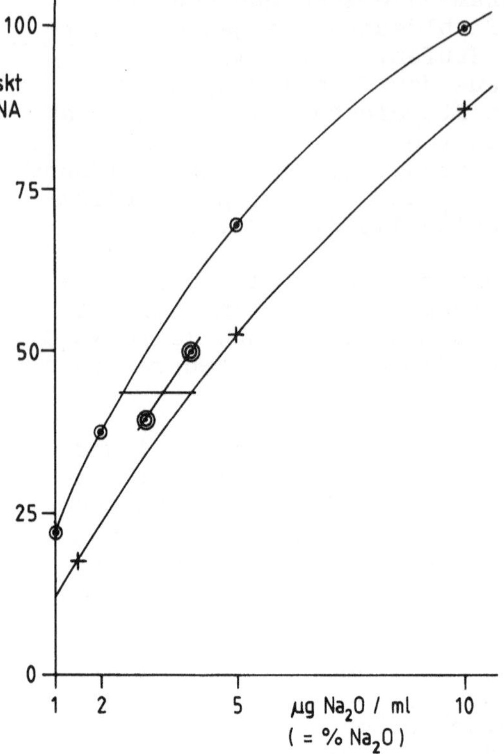

Abb. 13. Eich- und Eingabelungskurve bei der Natriumanalyse des
Granites von Liebenstein. ⊙——⊙
Eichkurve für den Durchschnittsgranit; ◉——◉ Eingabelung für
den Granit von Liebenstein;
+——+ Kurve für Lösungen von
reinem Natriumchlorid

Es ist hier zweckmäßig die Nutzausschläge und nicht die Gesamt-
ausschläge als Vergleichsmaß zu verwenden, weil der Untergrundausschlag von Eich- und Analysenlösungen deutlich unterschiedliche Größen aufweisen kann.

3.4.5 Eingabelung

Mit Hilfe von Eichkurven werden im allgemeinen die Alkaligehalte
von Gesteinen nur angenähert ermittelt. Die genauen Alkaligehalte
ergeben sich durch Eingabelung. Dazu werden Eingabelungslösungen
hergestellt, die nach der Gesteinsanalyse genau dosierte Störelementkonzentrationen und nach der Eichkurvenmethode angenähert
dosierte Alkalikonzentrationen enthalten. Die Eingabelungslösungen
müssen mit den Konzentrationen des zu bestimmenden Alkalimetalls
möglichst dicht oberhalb und unterhalb der erwarteten richtigen
Konzentrationen der Analysenlösungen liegen, um zuverlässiger
interpolieren zu können. Das ist vor allem wichtig für Konzentrationsbereiche, in denen kein linearer Zusammenhang zwischen
der Alkalikonzentration in der Lösung und dem Nutzausschlag besteht.

Die Eingabelungslösungen werden aus den Stammlösungen hergestellt,
zweckmäßig über zwischenverdünnte Lösungen. Die genaue Dosierung
der Lösungspartner in den Eingabelungslösungen geschieht mittels
Büretten.

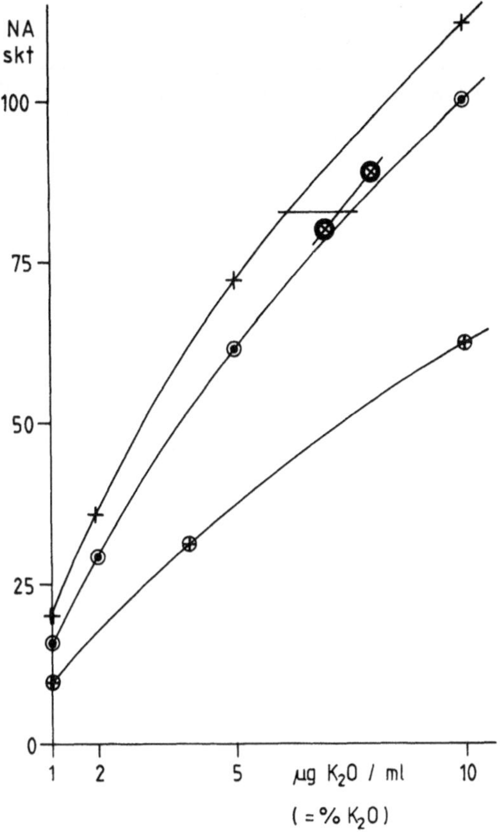

Abb. 14. Eich- und Eingabelungskurve bei der Kaliumanalyse des Granites von Liebenstein. ⊚——⊚ Eichkurve für den Durchschnittsgranit; ⊗——⊗ Eingabelung für den Granit von Liebenstein; ⊕——⊕ Kurve für Lösungen von reinem Kaliumchlorid; +——+ Kurve für Lösungen von Kaliumchlorid mit 200 µg Cs/ml

In gewissen Fällen kann auf die Eingabelung bei der Alkalianalyse verzichtet werden. Wenn z.B. die Störelementkonzentrationen in den Analysenlösungen nur in einem engen Bereich variieren und durch zusätzliche Maßnahmen — wie starke Verdünnung der Lösungen — die Störeffekte stark reduziert werden können. Die Eingabelung bringt in einem solchen Falle keine Veränderung der Analysenergebnisse mehr, die aus dem statistischen Streubereich der Werte herausfallen würde. Beispielsweise können bei der Analyse von Kaolinen und Kalifeldspäten allein mit Eichkurven schon hinreichend zuverlässige Analysenergebnisse erhalten werden.

Die Abbildungen 13 und 14 zeigen als Beispiel Alkalianalysen an einem Zweiglimmergranit (Liebenstein, Opf.). Zur Aufstellung der Eichkurven wurden die Lösungspartner des Durchschnittsgranites (Tab. 12, S. 104) nachgeahmt. Die Aufschlußlösung des Granites wurde zur Analyse 50fach verdünnt. Die Einstellungen des FMD 3 für die Natrium- und Kaliumanalyse entsprechen denen in den Tabellen 16 und 18 in Kapitel 4.3.

Von den Eichkurven des Durchschnittsgranites und den Kurvenstükken der Eingabelungslösungen des Granites von Liebenstein weichen die Kurven der Alkalichloride erheblich ab.

Aus den Abbildungen 13 und 14 ist deutlich zu erkennen, daß eine Alkalianalyse von Gesteinen durch Vergleich verdünnter Analysen-

Tabelle 12. Vergleich von Analysenwerten für K_2O und Na_2O, die mit verschiedenen Analysenverfahren am Zweiglimmergranit von Liebenstein erhalten wurden

	Vergleich gegen Alkalichloridlösungen nur mit Zusatz von 200 µg Cs/ml	Nachahmung der störenden Lösungspartner Annäherung mittels Eichkurve des Durchschnittsgranites	genaue Nachahmung bei Eingabelung	Abtrennung störender Lösungspartner (Methode nach Kap. 4.2 und 4.3
	%	%	%	%
K_2O	6,15	7,62	7,32	7,31
Na_2O	2,40	2,45	3,39	3,44

lösungen mit Lösungen reiner Alkalichloride als Eichlösungen nicht möglich ist.

Der Chemismus des Zweiglimmergranites unterscheidet sich stark von dem des Durchschnittsgranites. Deshalb weicht auch der mit den Eingabelungslösungen erhaltene Kurvenzug merklich von der Eichkurve des Durchschnittsgranites ab. Erst bei der Eingabelung werden die richtigen Werte für Kalium und Natrium erhalten. Diese stimmen mit denen anderer flammenspektrometrischer Methoden überein (Köster, 1969). Einen Vergleich der Meßergebnisse enthält die Tabelle 12.

3.4.6 Kurzdarstellung des Analysenganges und Vergleich mit anderen Analysenverfahren

Die flammenspektrometrische Analyse der Alkalien unter Nachahmung der Störelementkonzentrationen in Eich- und Eingabelungslösungen hat folgenden Arbeitsgang:

1. Herstellung von Stammlösungen

2. Herstellung von Zwischenlösungen aus den Stammlösungen. Die Zwischenlösungen enthalten die Störelemente entsprechend der mittleren chemischen Zusammensetzung des zu untersuchenden Gesteinstyps

3. Herstellung von Eichlösungen mit steigenden Gehalten des Analysenelementes Na_2O oder K_2O durch Verdünnen aus den Zwischenlösungen und Stammlösungen

4. Aufstellung von Eichkurven mittels der Eichlösungen, wobei die Nutzausschläge als Vergleichsmaß dienen

5. Messung der verdünnten Analysenlösungen gegen die Eichlösungen Ergebnis: angenäherte Alkaligehalte

6. Herstellung von Eingabelungslösungen durch Verdünnen aus den Stammlösungen

7. Messung der verdünnten Analysenlösungen gegen die ihnen angeglichenen Eingabelungslösungen Ergebnis: genaue Alkaligehalte

Das hier beschriebene Verfahren der flammenspektrometrischen Alkalianalyse ist zeitaufwendig, wenn die Alkalibestimmung mittels
Eichkurven unzureichend ist und zur Gewinnung richtiger Analysenergebnisse eingegabelt werden muß. Der Vorteil des Verfahrens
ist, daß mit Flammenspektrometern jeder Konstruktion auch unter
ungünstigen physikalischen Vorbedingungen zuverlässige Alkalianalysen durchgeführt werden können.

Ein anderes Verfahren der flammenspektrometrischen Alkalianalyse
mit Abtrennung der störenden Lösungspartner ist in Kapitel 4.3
beschrieben.

3.4.7 Literatur zu Kapitel 3.4

Alkemade, C.Th.J.: A contribution to the development and understanding of
   flame photometry. Diss. Utrecht (1954)
Hegemann, F., Köster, H.M., Neubauer, G.: Die flammenspektrometrische Analyse
   von Kalium und Natrium in Tonen. Ber. Dtsch. Keram. Ges. $\underline{37}$, 483-488 (1960)
Herrmann, R., Alkemade, C.Th.J.: Flammenphotometrie. 2. Aufl. Berlin-Göttingen-
   Heidelberg: Springer, 1960
Köster, H.M.: Die flammenspektrometrische Bestimmung der Alkalien Li, Na, K
   Rb bei der Silikatanalyse nach Abtrennung der störenden mehrwertigen Kationen und der Anionen durch einen mit Ammoniumcitrat beladenen Anionen-
   austauscher DOWEX 1. N. Jb. Miner. Abh. $\underline{111}$, 206-226 (1969)
Schuhknecht, W., Schinkel, H.: Beitrag zur Beseitigung der Anregunsbeeinflus-
   sung bei flammenspektralanalytischen Untersuchungen. Eine Universalvorschrift
   zur Bestimmung von Kalium, Natrium und Lithium in Proben jeder Zusammen-
   setzung. Z. Anal. Chem. $\underline{194}$, 161-183 (1963)
Schwarzenbach, G., Flaschka, H.: Die komplexometrische Titration. Stuttgart:
   Ferdinand Enke Verlag, 1965
Scott, R.K., Marcey, V.W., Hronas, J.J.: The flame photometer in the analysis
   of water and water-formed deposits. Symposion on Flame Photometry. Am. Soc.
   Testing Materials, Techn. Publ. No. $\underline{116}$, 105 (1951)
Wedepohl, K.H.: Geochemie. Sammlung Göschen. Bd. 1224/1224a/1224b. Berlin:
   Walter de Gruyter Verlag, 1967

4 Die Analyse von Kationen nach der Abtrennung durch Ionenaustauscher

Im Jahre 1957 haben als erste Yoshimura und Waki einen Trennungsgang mittels Ionenaustauschern für die Haupt- und Nebenbestandteile von Silikatanalysen beschrieben. Zur gesamten Aufschlüsselung der Analysenbestandteile sind mehrere Trennstufen mit Kationen- und Anionenaustauschern notwendig. Das Verfahren ist dadurch schwerfällig und zeitraubend und hat wohl deshalb keinen breiten Eingang in die Silikatanalyse gefunden.

Mit geringem Aufwand lassen sich dagegen einzelne Elemente oder ganze Elementgruppen mittels Ionenaustauschern von störenden Lösungspartnern abtrennen und dadurch die Meßbedingungen besonders für flammenspektrometrische Analysen erheblich verbessern. Vorteilhaft werden Anionenaustauscher zur Trennung von solchen Kationen verwendet, die unterschiedlich starke Chlorokomplexe oder unterschiedlich starke Komplexe mit organischen Anionen bilden.

Die Chlorokomplexe von Kupfer(II), Eisen(III) und Zink(II) werden aus stark salzsauren Lösungen von starken Anionenaustauschern in der Chloridform fest adsorbiert und so von den schwächeren Chlorokomplexen anderer Metalle getrennt (Kap. 4.1). Durch sehr verdünnte Salzsäure können die drei genannten Metalle vom Austauscher desorbiert und die verdünnten salzsauren Eluate direkt zur flammenspektrometrischen Analyse verwendet werden (Kap. 4.6).

Die Alkalien bilden keine, die Erdalkalien, sowie Mangan und Blei nur im alkalischen Bereich so schwache Citratkomplexe, daß sie eine mit dem Anionenaustauscher DOWEX-1 in der Citratform gefüllte Chromatographiesäule fast ungehindert passieren. Die starken oder mittelstarken Citratkomplexe der übrigen zwei- und höherwertigen Kationen werden dagegen beim Eluieren mit destilliertem Wasser oder besser mit 0,01 m Ammoniumcitratlösung von pH 3,5 - 4 vom Austauscher adsorbiert. Durch Nachschalten einer zweiten Chromatographiesäule mit dem gleichen Austauscher in der Chloridform werden die Citrationen gegen Chloridionen umgetauscht, so daß im Eluat der Säulenkombination die Alkalien, Erdalkalien, Mangan und Blei als Chloride vorliegen (Kap. 4.2). Nach Verdünnung des Eluats können diese Elemente nebeneinander flammenspektrometrisch präzise analysiert werden. Schon durch geringe Zusätze von Cäsiumchlorid werden dabei alle gegenseitigen Ionisationsstörungen unterdrückt (Kap. 4.3 und 4.4). Mangan kann hier statt flammenspektrometrisch auch spektralphotometrisch mittels Formaldoxim sehr empfindlich analysiert werden (Kap. 4.7.1).

Die Abtrennung des Aluminiums von den störenden Lösungspartnern erfolgt in zwei Trennschritten mittels einem citratbeladenen Anionenaustauscher und einem Kationenaustauscher in der H-Form. Darauf ist eine zuverlässige flammenspektrometrische Aluminiumanalyse möglich (Kap. 4.5).

Im Prinzip können Kationentrennungen direkt oder mit Hilfe komplexbildender Anionen über Kationenaustauscher durchgeführt werden. Komplex gebundene Kationen gehen dabei in den Durchlauf, die nicht komplexierten Kationen werden vom Austauscher adsorbiert. Die Nachteile bei Trennungen mit Kationenaustauschern sind aber:

1. Die flammenspektrometrische Analyse von Kationen, die in der Meßlösung mit organischen Anionen Komplexe bilden, wird stark gestört und ist unzuverlässig. Bei der Emissionsanalyse und der Atomabsorptionsanalyse treten dabei Depressionen der Signale auf. Dieser Effekt läßt sich meistens nicht normalisieren.

2. Die vom Kationenaustauscher adsorbierten Kationen können im allgemeinen nur durch ein- oder höhernormale Säuren oder entsprechend konzentrierte Salzlösungen desorbiert werden. Stark saure oder an Salzen konzentrierte Lösungen bieten aber erhebliche analytische Schwierigkeiten.

Deshalb sind in den folgenden Kapiteln Kationentrennungen mittels Anionenaustauschern beschrieben. Die Eluate dieser Trennungsgänge sind verdünnte Lösungen, die keine analytischen Probleme liefern. Auf diese Weise können Ionenaustauscher mit großen Vorteilen bei der Analyse von Haupt- und Spurenbestandteilen in Silikaten angewendet werden.

4.1 Abtrennung der Kationen mittels Anionenaustauscher DOWEX 1x8 oder AMBERLITE CG 400-1 in der Cl-Form

Einleitung

Wie Kraus und Moore (1953) zeigten, lassen sich eine ganze Reihe von Kationen über ihre Chlorokomplexe an Cl-beladenen Anionenaustauschern trennen. Besonders leicht durchführbar ist so die quantitative Trennung von Ni(II), Mn(II), Co(II), Cu(II), Fe(III) und Zn(II) mit Salzsäure verschiedener Normalitäten, wenn kleine Mengen Analysenlösung (1 ml) auf die Austauschersäule gegeben werden.

In salzsauren Lösungen bilden Cu(II), Fe(III), Zn(II) und Cd(II) starke Chlorokomplexe. Daraus ergibt sich die Möglichkeit, diese Kationen auch aus relativ großen ungepufferten Lösungsmengen (35 ml) mit einem Cl-beladenen Anionenaustauscher aufzufangen und dabei von allen anderen Anionen und den übrigen Kationen zu trennen. Mit kleinen Mengen stark verdünnter Salzsäure (0,2 bzw. 0,005 n HCl) lassen sich Cu, Fe und Zn eluieren. Die schwach sauren Eluate können ohne Verdünnung für die flammenspektrometrische Analyse verwendet werden (Köster, 1973).

In den meisten Silikatgesteinen ist die Konzentration von Cu und Zn groß genug, um beide Elemente nach Abtrennung ihre Chlorokomplexe flammenspektrometrisch analysieren zu können. Die Konzentration von Cd in den Gesteinen reicht hierzu nicht aus. Die flammenspektrometrische Analyse von Eisen ist nur zweckmäßig bei kleinen Gehalten von 0,01 bis 1,00% Fe_2O_3 im Gestein.

Im Durchlauf der Austauschersäule können die übrigen Elemente
nach anderen Verfahren analysiert werden (Kap. 3.2). Vorteile
ergeben sich hier durch die Abtrennung von Cu, Fe und Zn beispielsweise bei der spektralphotometrischen Analyse von Pb und
Co mittels Dithizon.

Beschreibung des Trennungsganges

Optimale Trennbedingungen ergibt eine Chromatographiesäule von
9 mm Innendurchmesser, die auf etwa 170 mm Länge mit dem Austauscher Dowex 1x8 (100 - 200 mesh) oder mit dem Austauscher Amberlite CG 400-I beschickt wird. Dazu werden 10 g Dowex 1x8 bzw.
4 g Amberlite CG 400-I eingewogen und über Nacht in destilliertem
Wasser quellen gelassen. Nach dem Einfüllen des Austauschers in
die Säule wird diese mit 25 ml einer 4 n HCl (suprapur) durchge-
spült und gefüllt. Die Säule ist dann betriebsfertig.

Für den Trennungsgang werden Aufschlußlösungen von Flußsäure-
Perchlorsäure-Aufschlüssen verwendet (Kap. 2.3). Der Aufschlußlösung (100 ml Volumen, pH ca. 1,5) wird ein aliquoter Teil von
20 ml (= 100 mg aufgeschlossenes Gestein) entnommen und mit 15 ml
konz. HCl suprapur (30%ige) gemischt. Die Lösung von 35 ml Volumen ist 4 n salzsauer und wird durch die Austauschersäule gegeben.

Darauf wird mit 15 ml 4 n HCl (suprapur) die Säule nachgewaschen.
Außer Cl werden dabei alle Anionen des Aufschlusses und an Kat-
ionen alle Alkalien, Erdalkalien, sowie alles Ti, Al, Cr, Pb,
Ni, Mn, Co, Fe^{2+} u.a. aus der Säule verdrängt. Das 4 n salzsaure
Eluat (50 ml) kann aufgefangen, zur Trockene abgeraucht und zur
Analyse von oben genannten Elementen verwendet werden.

Die Wanderungsgeschwindigkeit von Cu(II), Fe(III) und Zn(II) mit
4 n HCl in der Säule ist gering. Zweckmäßig werden in einem zweiten Elutionsschritt Cu(II) und Fe(III) mit 25 ml 0,2 n HCl gemeinsam aus der Säule verdrängt. Dieses zweite Eluat (25 ml) enthält das Kupfer quantitativ, wenn weniger als 500 µg Cu mit den
35 ml der 4 n salzsauren Aufschlußlösung auf die Säule gegeben
werden. Es enthält quantitativ alles Eisen, wenn weniger als
1000 µg Fe_2O_3 aufgegeben werden, und mindestens 96% des Eisens,
wenn 10.000 µg Fe_2O_3 auf die Säule gegeben werden.

Zuletzt wird das Zink mit zweimal 25 ml 0,005 n HCl eluiert. Das
Eluat III/1 enthält bei Aufgabe von mehr als 50 µg Zn auf die
Säule nicht alles Zink. Bis zu einer Aufgabenmenge von 500 µg
Zn wird das Zink mit zweimal 25 ml 0,005 n HCl quantitativ elu-
iert. Bei Zinkmengen ab 25 µg ist es zweckmäßig, die Eluate III/1
und III/2 vor der flammenspektrometrischen Analyse zu verei-
nigen. Bei Zinkmengen unter 25 µg Zn ist die Verdünnung von
Eluat III/1 mit III/2 zu unterlassen. Das Zink wird dann nur in
Eluat III/1 analysiert.

Die optimale Durchflußmenge während des gesamten Trennungsganges
liegt bei 0,8 ml/Minute. Die Durchflußgeschwindigkeit muß mit
einer Pumpe geregelt und konstant gehalten werden. Der Trennungsgang mit anschließendem Regenerieren des Austauschers (mittels
25 ml 4 n HCl) dauert rund 200 min.

Tabelle 13. Die Verunreinigungen von konzentrierten Salzsäuren verschiedener Qualitäten mit Eisen, Kupfer und Zink

	37%ige HCl p.a.		32%ige HCl p.a.		30%ige HCl suprapur	
	Soll max.	analysiert[a]	Soll max.	analysiert[a]	Soll max.	analysiert[a]
	%	%	%	%	%	%
Fe	5.10^{-5}	$0,76.10^{-5}$	5.10^{-5}	$0,52.10^{-5}$	2.10^{-6}	41.10^{-6}
Cu	1.10^{-5}	$1,14.10^{-6}$	1.10^{-5}	$0,52.10^{-5}$	5.10^{-7}	25.10^{-7}
Zn	5.10^{-6}	$4,2.\ 10^{-6}$	5.10^{-6}	$3,4.\ 10^{-6}$	5.10^{-7}	16.10^{-7}

[a] Es wurden keine besonderen Vorsichtsmaßnahmen getroffen, um Verunreinigung durch Kontamination im Labor ganz zu unterbinden. Bei Verwendung speziell gereinigter und gesondert aufbewahrter Vollpipetten und Meßkolben gehen die Analysenwerte der suprapuren Salzsäure etwa auf die genannten maximalen Sollgehalte zurück.

Anwendungsgrenzen des Trennungsganges

Wegen der geringen Kupfer- und Zinkgehalte der meisten Silikatgesteine (Turekian und Wedepohl, 1961) ist das Ziel des Trennungsganges, die Elemente in möglichst kleinen Volumina anzureichern. Für die flammenspektrometrische Analyse dürfen diese Lösungen nur schwach sauer sein. Verunreinigungen durch verwendete Chemikalien müssen weitgehend unterbunden werden.

Unter diesen Forderungen ist die quantitative Anreicherung von Kupfer und Zink in einem Eluat nur angenähert zu erreichen. Ein geringer Durchlauf in die vorangehenden Eluate muß beim Trennungsgang in Kauf genommen werden. Bei Verwendung des Amberlite CG 400-I geht ein geringer Anteil Kupfer in das Eluat 1 (4 n HCl) über. Nur mit Dowex 1x8 wird das Kupfer quantitativ in Eluat II (0,2 n HCl) angereichert. Dagegen kommt bei Dowex 1x8 gegenüber Amberlite CH 400-I ein merklicher Anteil des Eisens erst mit dem Eluat III/1 (0,005 n HCl) aus der Säule und das Zink zeigt ein schwächeres Optimum in Eluat III/1. Bei mehr als 50 µg aufgegebenes Zink gehen kleinere Anteile bereits in das Eluat II.

Kupfer, Eisen und Zink stören sich bei der absorptionsflammmenspektrometrischen Analyse gegenseitig nicht. Sie können deshalb mit 0,005 n HCl gemeinsam eluiert werden. Dabei verteilt sich aber das Zink in Anteilen gleicher Größenordnung über die ersten 75 ml Eluat.

Bei den geringen Kupfer- und Zinkgehalten von Silikatgesteinen machen sich die Verunreinigungen von benutzten Chemikalien der p.a.-Qualität schon sehr störend bemerkbar. Viele in der Literatur beschriebene Möglichkeiten der Anreicherung von Kupfer und Zink mit Ionenaustauschern (z.B. Biechler, 1965) entfallen für die Silikatanalyse.

Die kleinsten im Gefolge des beschriebenen Trennungsganges noch ananlysierbaren Kupfer-, Eisen- und Zinkmengen werden einerseits

bestimmt durch die Nachweisempfindlichkeit der dem Trennungsgang
folgenden flammenspektrometrischen Analysenverfahren, andererseits durch die eingeschleppten Verunreinigungen, die teils den
Chemikalien und teils der Kontamination mit Laborgeräten und Gefäßen entstammen. Verunreinigungen durch Kontamination mit Labor-
gefäßen lassen sich stark verringern, wenn für den bestimmten
Zweck nur bestimmte Gefäße (Meßkolben, Pipetten, Kautexflaschen
etc.) verwendet werden und diese Gefäße nach Gebrauch sorgfältig
gereinigt und gefüllt mit bidestilliertem Wasser oder verdünnter
Salzsäure aufbewahrt werden. Bei Chemikalien ist man gewöhnlich
auf die Verwendung der handelsüblichen Qualitäten wie p.a. und
suprapur angewiesen. Die kostspielige und zeitraubende Reinigung
von Chemikalien übersteigt meistens die Möglichkeiten eines ge-
steinsanalytischen Labors.

In der Tabelle 13 (S. 109) sind die maximalen Sollgehalte an Eisen, Kupfer und Zink für Salzsäure verschiedener Konzentrationen
und Reinheitsgrade zusammengestellt. Daneben sind analysierte
Gehalte aufgeführt, die nach Abtrennung der Chlorokomplexe von
$Cu(II)$, $Fe(III)$ und $Zn(II)$ am Anionenaustauscher gefunden wurden.
Besondere Maßnahmen zur Verhinderung von Verunreinigungen durch
Kontamination waren dabei nicht getroffen worden.

Bei Verwendung konzentrierter Säuren der p.a.-Qualität zur Herstellung von 4 n HCl ist der überwiegende Anteil der analysierten
Verunreinigungen bereits in den konzentrierten Säuren enthalten.
Zusätzliche Verunreinigungen durch Kontamination sind demgegenüber gering. Die Blindwerte für den Ansatz der 4 n HCl aus konzentrierter 37%iger oder 32%iger Säure sind gut reproduzierbar,
jedoch erreichen und übertreffen die eingebrachten Kupfer- und
Zinkmengen die in den Silikatgesteinen vorhandenen Mengen.

Bei Verwendung suprapurer Salzsäure (30%ige) können ohne die
oben genannten Vorsichtsmaßnahmen merkliche Verunreinigungen
durch Kontamination beim Verdünnen der Säure eingeschleppt werden. Wird die Verdünnung der suprapuren Säure mit hinreichender
Vorsicht ausgeführt, unterschreiten die nachweisbaren Verunreinigungen die vom Hersteller angegebenen Höchstwerte. Durch 15 ml
konz. HCl suprapur und 40 ml 4 n HCl, wie sie beim Trennungsgang
und Regenerieren des Austauschers verwendet werden, sollten
höchstens in die Analyse eingeschleppt werden: 0,183 µg Zn,
0,183 µg Cu und 0,732 µg Fe.

Bei einer Analyseneinwaage von 100 mg entsprechen dem 1,8 ppm
Zn, 1,8 ppm Cu und 7,3 ppm Fe bezogen auf das analysierte Gestein.

Bei jedem Ansatz von 4 n HCl aus suprapurer Säure müssen in einem blinden Trennungs- und Analysengang die Verunreinigungen an
Eisen, Kupfer und Zink analysiert werden. Diese Verunreinigungen
sind bei der Analyse von Silikatgesteinen zu berücksichtigen.

Wenn bei der flammenspektrometrischen Analyse der jeweilige Meßwert mindestens zehnmal größer sein soll als die zugehörige Standardabweichung, so ist die quantitative Analyse mit dem Spektralphotometer FMD 3 möglich ab

0,22 µg Fe$_2$O$_3$/ml Meßlösung   =   55,0 ppm Fe$_2$O$_3$ im Gestein
0,08 µg Cu/ml Meßlösung   =   22,5 ppm Cu   im Gestein
0,024 µg Zn/ml Meßlösung   =   6,0 ppm Zn   im Gestein

Analysenwerte von 16,5 - 55,0 ppm Fe$_2$O$_3$, 7 - 22,5 ppm Cu und
1,8 - 6,0 ppm Zn haben den Charakter halbquantitativer Angaben.
Diese ppm-Angaben gelten für Analyseneinwaagen von 100 mg Gestein.

Der Anwendungsbereich des beschriebenen Trennungsganges für die
Analyse der Spurenelemente Kupfer und Zink bei der Silikatanalyse wird im wesentlichen durch die Empfindlichkeit der flammenspektrometrischen Analysenverfahren begrenzt.

4.1.1   Literatur zu Kapitel 4.1

Biechler, D.G.: Determination of trace copper, lead, zinc, cadmium, nickel
    and iron in industrial waste waters by atomic spectrophotometry after ion
    exchange concentration on Dowex-A-1. Anal. Chem. 37, 1054-1055 (1965)
Köster, H.M.: Die Bestimmung von Kupfer(II), Eisen(III) und Zink(II) mittels
    Atomabsorption bei der chemischen Gesteinsanalyse nach Abtrennung der Lö-
    sungspartner am Cl-beladenen Anionenaustauscher Dowex 1x8 oder Amberlite
    CG 400-I. N. Jb. Miner. Abh. 119, 145-154 (1973)
Kraus, K.A., Moore, G.E.: Anion exchange studies. VI. The divalent transition
    elements manganese to zinc in hydrochlorid acid. J. Am. Chem. Soc. 75,
    1460-1462 (1953)
Turekian, K.K., Wedepohl, K.H.: Distribution of the elements in some major
    units of the earth's crust. Geol. Soc. Am. Bull. 72, 175-192 (1961)
Yoshima, J., Waki, H.: Systematic analysis of silicates by the use of ion-
    exchange resin. Japn. Analyst 6, 362-369 (1957)

4.2   Abtrennung der Alkalien, Erdalkalien und verwandter Elemente
mittels citratbeladenem Anionenaustauscher DOWEX 1x8

Einleitung

Alkali- und die meisten Erdalkaliverbindungen dissoziieren leicht
in der Flamme. Deshalb sind die Alkalien und Erdalkalien für die
flammenspektrometrische Analyse besonders gut geeignet.

Mit der Vielzahl von Lösungspartnern in Silikatgesteinsaufschlüssen stellen sich mannigfaltige Störmöglichkeiten bei der flammenspektrometrischen Analyse ein. Besonders empfindliche Störungen
sind: die gegenseitige Emissionsbeeinflussung bzw. Ionisationsbeeinflussung der Alkalien, die Ionisationsbeeinflussung der Erdalkalien durch Alkalien, die gegenseitige Störung von Erdalkalien
und Aluminium durch Bildung schwer dissoziierbarer Aluminate in
der Flamme, die Depression der Erdalkaliemissionen durch bestimmte Anionen, wie Sulfat- und Phosphationen. Daneben können von
Art und Konzentration der Lösungspartner bedingte Störungen des
Stofftransportes in der Flamme und Störungen durch Veränderungen
der Flammeneigenschaften, z.B. der Temperatur auftreten. Für die
Flammenspektrometrie bei der Silikatanalyse ergibt sich die For-
derung, unerwünschte Anionen abzutrennen und Alkalien, Erdalkalien und höherwertige Kationen voneinander zu trennen.

Zur Trennung der störenden Lösungspartner bieten sich Ionenaustauscherverfahren an. Die einfachste Möglichkeit ist hier, die verschieden starken Komplexe der zwei- und höherwertigen Kationen mit organischen komplexbildenden Anionen an Anionenaustauschern zu adsorbieren und aufzuschlüsseln. Als Komplexbildner ist hierzu die Citronensäure besonders gut geeignet. Nur wenige Autoren — wie Samuelson et al. (1953); Samuelson und Schramm (1953); Nelson und Kraus (1955); Smith (1959); Köster (1969) — haben sich bisher mit der Trennung von Kationengemischen über deren Citratkomplexe an Anionenaustauschern befaßt.

Wie Samuelson und Schramm (1953) berichten, bilden die Alkalien keine Citratkomplexe. Degegen bilden die drei- und höherwertigen Kationen, sowie die meisten zweiwertigen Übergangselemente vor allem im sauren pH-Bereich starke Citratkomplexe. Die Erdalkalien bilden im basischen pH-Bereich schwache bis mittelstarke Komplexe. Im sauren pH-Bereich findet keine Komplexbildung der Erdalkalien mit dem Citration statt. Den Erdalkalien ähnlich verhalten sich Mangan und Blei. Deshalb lassen sich die Alkalien, Erdalkalien, Mangan und Blei durch einen citratbeladenen starken Anionenaustauscher von den übrigen zweiwertigen und den höherwertigen Kationen und den Anionen einer Aufschlußlösung ($HCl/HClO_4$-Aufschluß) trennen. Aus einer Austauschersäule, die mit Dowex 1 in der Citratform beschickt ist, lassen sich die Alkalien, Erdalkalien, Mangan und Blei mit destilliertem Wasser eluieren, während die übrigen Kationen zurückgehalten und alle aufgegebenen Anionen gegen Citrationen umgetauscht werden. Zweckmäßig wird der Säule mit dem Austauscher in der Citratform eine zweite Säule mit dem gleichen Anionenaustauscher in der Chloroform nachgeschaltet. In der zweiten Säule werden die Citrationen gegen Chloridionen umgetauscht, so daß die Alkalien und Erdalkalien im Eluat beider Säulen als Chloride vorliegen. Organische Anionen stören die flammenspektrometrische Analyse der Erdalkalien wahrscheinlich durch Bildung von Erdalkalicarbiden in der Flamme. Außer den Alkali- und Erdalkalichloriden enthält das Eluat der Säulenkombination nur Salzsäure (und Ammoniumchlorid), deren Menge der mit der Aufschlußlösung aufgegebenen Säuremenge und der in der Austauschersäulenkombination zurückgehaltenen Menge der Kationen äquivalent ist.

Die leicht dissoziierenden Alkali- und Erdalkalichloride sind jetzt der flammenspektrometrischen Analyse besonders gut zugänglich. Die gegenseitigen Ionisationsstörungen können schon durch geringe Zusätze von Cäsiumchlorid zu den Meßlösungen ausgepuffert werden. Optimale Bedingungen ergeben H_2/Luft-Flammen für die Emissionsanalyse von Li, Na, K und C_2H_2/Luft-Flammen für die Emissionsanalyse von Rb, Ca, Sr, Mn, sowie für die Absorptionsanalyse von Mg, Ca und Mn. Barium muß wegen der Gegenwart von Ca in den Meßlösungen mittels Absorption in der C_2/H_2/Lachgas-Flamme analysiert werden. Die geringen Bleikonzentrationen in Silikatgesteinsaufschlüssen können hier nicht flammenspektrometrisch mit hinreichender Zuverlässigkeit analysiert werden. Optimale Konzentrationen der einzelnen Elemente in den Meßlösungen werden durch Verdünnen aliquoter Teile des Eluats unter Zusatz von abgestuften Mengen CsCl erhalten.

Bei größeren Gehalten der Analysensubstanz an Ca und Mg können
beide Elemente in Aliquots des Eluats komplexometrisch titriert
werden (Kap. 3.3). Hierbei entfallen die sonst bei der Silikatanalyse auftretenden Störungen der Titration durch drei- und
vierwertige Kationen und durch bestimmte Anionen.

Mangan kann besonders bei kleineren Konzentrationen statt mit
Atomabsorption auch spektralphotometrisch mit Formaldoxim in einem Aliquot des salzsauren Eluats analysiert werden (Kap. 4.7.1).

Die Abtrennung der störenden Lösungsgenossen ermöglicht die Analyse der Alkalien und Erdalkalien in optimal verdünnten Lösungen
mit einer Reproduzierbarkeit und Richtigkeit der Meßergebnisse
wie sie durch andere Verfahren kaum erreichbar sind.

Für den Trennungsgang werden relativ kleine Substanzmengen (im
allgemeinen 100 mg der Analyseneinwaage) benötigt. Dadurch ist
das Verfahren auch anwendbar, wenn nur kleine Substanzmengen —
etwa Mineralfraktionen eines Gesteines — für eine Analyse ver-
fügbar sind.

Aufschluß

Für den Trennungsgang werden Aufschlußlösungen von Flußsäure-
Perchlorsäure-Aufschlüssen eingesetzt. Wie in Kapitel 2.2 genau
beschrieben, muß die aufgeschlossene Probeneinwaage von 500 mg
in der Platinschale zur Trockene abgeraucht und mit nur 5 ml
1 n Salzsäure aufgenommen werden. Die Aufschlußlösung wird mit
destilliertem Wasser auf genau 100 ml Volumen gebracht. Sie ist
dann 0,05 n salzsauer und zeigt einen pH-Wert von 1,5. Ein aliquoter Teil der Aufschlußlösung von 20 ml, dem eine Probeneinwaage von 100 mg Analysensubstanz entspricht, wird zur Trennung
auf die Säulenkombination gegeben.

Apparate, Austauscher und Chemikalien

Für den weiter unten beschriebenen Trennungsgang werden Austauschersäulen von 9 mm Innendurchmesser (= 0,2 cm^2) und 300 mm
Länge verwendet (z.B. Serva "Multichromsäulen" 9 mm x 300 mm).

Zum Konstanthalten und Regulieren des Säulendurchflusses sind
peristaltische Pumpen erforderlich. Statt käuflicher Fabrikate
können solche Pumpen nach Beschaffung geeigneter Getriebemotoren
unter geringem Aufwand selbst gebaut werden.

Leitfähigkeitsmesser und pH-Meßgerät werden als Kontrollgeräte
beim Regenerieren des Austauschers benötigt.

Als Austauscher wird Dowex 1x8, 200 - 400 mesh (=0,04 - 0,08 mm
Ø) für die obere Säule mit dem Austauscherharz in der Citratform
und Dowex 1x8, 100 - 200 mesh (= 0,08 - 0,15 mm Ø) für die untere
Säule mit dem Austauscherharz in der Chloridform verwendet. Der
Austauscher ist in beiden Korngrößen in der Chloridform und der
Qualität "p.a." im Handel erhältlich.

Als Elutionslösungen und zum Regenerieren werden benötigt:
0,01 m Ammoniumcitrat-Lösung von pH 3,5 - 4

(0,01 m Citronensäure und 0,01 m di-Ammoniumhydrogencitratlösung
1:1 mischen)
0,5 m Citronensäure (105,2 g Citronensäure p.a. zu 1000 ml mit
destilliertem Wasser lösen)
5 n HCl und 0,001 n HCl
3 n NH_4NO_3-Lösung (240,15 g NH_4NO_3 p.a. mit destilliertem Wasser
zu 1000 ml lösen)

Zum Prüfen auf Chloridionen beim Regenerieren des Austauschers
werden außerdem 0,2 n $AgNO_3$-Lösung (3,5 g $AgNO_3$ in 100 ml H_2O)
und 1 n HNO_3 benötigt.

Alle Lösungen müssen in Kautexflaschen, nicht in Glasgefäßen
aufbewahrt werden.

Umladen des Anionenaustauschers Dowex 1 in die Citratform

Neuer Dowex 1 Austauscher muß zuerst von der Chloridform in die
Citratform überführt werden. Dazu wird Dowex 1x8, 200 - 400 mesh,
bei 100°C getrocknet und nach dem Abkühlen im Exsikkator werden
7,5 g Austauscherharz in einen Teflonbecher eingewogen. Darauf
wird der eingewogene Austauscher mit 50 ml 0,5 Citronensäure über
24 h quellen gelassen. Durch Schütteln in einer Schüttelmaschine
kann die Quelldauer etwa auf die halbe Zeit verkürzt werden. Jedoch vergrößert sich dabei das Unterkorn des Harzes durch den
Abrieb.

Nach beendeter Quellung muß das Unterkorn des Austauschers durch
mehrmaliges Aufwirbeln und Dekantieren der überstehenden Trübe
abgeschlämmt werden.

Das weitere Umladen des Austauschers in die Citratform erfolgt
in der Säule. Das in die Säule gefüllte und darin sedimentierte
Harz wird bei einer Durchflußgeschwindigkeit von 1 bis 2 $ml \cdot cm^{-2} \cdot$
s^{-1} weiter mit 0,5 m Citronensäure durchspült. Für die Belegung
von Dowex 1x8 mit Citrationen genügen 40 ml 0,5 m Citronensäure
für je 1 g trockenen Austauscherharzes, bei 7,5 g Harz also 300
ml 0,5 m Citronensäure. Die überschüssige Citronensäure wird mit
möglichst wenig H_2O (etwa 10 ml H_2O je 1 g trockenen Harzes) aus
der Säule gewaschen.

Es ist zu beachten, daß der in der beschriebenen Weise umgeladene
Anionenaustauscher nicht ganz chloridfrei ist. Chloridfreiheit
ist nur erforderlich für die Abtrennung von Metallionen, die
schon bei sehr geringen Chloridkonzentrationen starke Chlorokomplexe bilden wie Silber, Quecksilber, Thallium oder Wismut.

Regenerieren des gebrauchten Austauschers

Nach einem Trennungsgang befinden sich auf der oberen Austauschersäule Citrationen mit den komplex gebundenen mehrwertigen Kationen und alle mit der Aufschlußlösung aufgegebenen Anionen —
das sind vor allem Chlorid- und Perchlorationen, aber auch Phos-
phat- und gelegentlich Sulfationen. Auf der unteren Austauschersäule finden sich neben Chloridionen die von der oberen Säule
übergespülten Citrationen.

Zum Regenerieren der Austauscherharze beider Säulen genügen je
1 g trockenen Harzes 8 - 10 ml 5 n HCl und 8 - 10 ml 0,001 n HCl,
sowie je 20 ml H_2O zum Nachspülen der Säulen. Das Regenerieren
erfolgt auf der Säule bei einer Durchflußgeschwindigkeit von 1
bis 2 $ml \cdot cm^{-2} \cdot s^{-1}$.

Nach Kraus und Nelson (1956) werden bei diesem Verfahren die
starken Chlorokomplexbildner wie Hg, Th, Bi oder Sn nicht oder
nur teilweise eluiert. Auch schwer eluierbare Anionen wie Perchlorationen bleiben zum Teil auf dem Austauscher haften.
Samuelson (1963) schlägt deshalb die Verwendung von 3 n Ammoniumnitratlösung als weiteres Regenerierungsmittel vor, weil
Nitrationen den Austausch beschleunigen und selber durch Chloridionen leicht ersetzt werden. Auch Erwärmen auf 40 - 50°C beschleunigt den Regeneriervorgang sehr. Wegen der geringen Mengen
an aufgegebenem Perchlorat ist nach Gesteinsaufschlüssen eine
Regenerierung mit Ammoniumnitratlösung wenn überhaupt erst nach
vielfachem Einsatz des oberen Austauschers notwendig.

Trennungsgang

Die beiden betriebsfertigen Austauschersäulen — die obere mit
Dowex 1x8, 200 - 400 mesh, in der Citratform und die untere mit
Dowex 1x8, 100 - 200 mesh, in der Chloridform — werden durch ein
kurzes Stück Siliconschlauch gekoppelt.

Ein aliquoter Teil von genau 20 ml wird mit einer geeichten Vollpipette der Aufschlußlösung entnommen und in einen 50-ml-Teflon-
becher gegeben. Aus dem Teflonbecher wird die Aufschlußlösung
durch den Zufuhrschlauch zur Säulenkombination mit der einge-
schalteten peristaltischen Pumpe angesaugt und auf die obere Säule gebracht. Wegen der geringen Benetzung der Teflonoberfläche
durch die wäßrigen Lösungen läßt sich die Aufschlußlösung leicht
quantitativ absaugen. Zweckmäßig wird der Teflonbecher mit wenigen ml 0,01 m di-Ammoniumhydrogencitrat-Lösung nachgespült.

Nach Aufgabe der Analysenlösung beginnt die Elution der Säulenkombination mit 0,01 m di-Ammoniumhydrogencitrat-Lösung. Eine
optimale Trennwirkung wird erzielt bei einer Durchflußgeschwindigkeit von 1 bis 1,3 $ml \cdot cm^{-2} \cdot min^{-1}$. Das entspricht bei einem
Säulenquerschnitt von 0,2 cm^2 einer Durchflußmenge von 0,2 -
0,26 $ml \cdot min^{-1}$. Zweckmäßig wird diese Durchflußmenge schon beim
Regenerieren des Austauschers eingeregelt. Sie muß während des
ganzen Trennungsganges konstant gehalten werden.

Das Eluat wird in zwei Fraktionen aufgefangen. Die erste Fraktion
von 100 ml enthält die Alkalien quantitativ und daneben alles
Barium und Strontium, sowie die Masse von Calcium und Magnesium.
Die zweite Fraktion von ebenfalls 100 ml enthält den Rest des
Calciums und Magnesiums. Mangan und Blei verhalten sich wie das
Calcium und verteilen sich über beide Fraktionen.

Als Zeitbedarf für den gesamten Trennungsgang ergeben sich 12 bis
15 h. Ebenso lange dauert das Regenerieren der Austauscher.

Anmerkung. Die Alkalien und Erdalkalien lassen sich quantitativ
allein mit destilliertem Wasser aus dem citratbeladenen Anionen-

austauscher eluieren. Dabei müssen zwei Fraktionen von 100 ml
und 250 ml aufgefangen werden. Ein großer Anteil von Calcium und
Magnesium ist hier erst in der zweiten, der 250-ml-Fraktion enthalten.

Beim Eluieren mit destilliertem Wasser tritt bei Eisen(III) und
Titan(IV) Hydrolyse und inerte Komplexbildung ein (Krahl, 1975).
Im oberen Teil der Austauschersäule bildet sich ein gelb bis
bräunlich gefärbter Ring aus. Die Art dieser Eisen- und Titan-
verbindungen ist ungeklärt. Sie lassen sich bei Zimmertemperatur
nur unvollständig mit HCl, H_2SO_4 oder H_2SO_4 in Lösung bringen.
Bei Elution mit 2 - 3 n HNO_3 werden sie zwar quantitativ ausge-
waschen, das Austauscherharz aber rasch oxidativ zerstört.

Nach Krahl (1975) wird die Hydrolyse von Eisen und Titan vermieden, wenn die aufgegebene Aufschlußlösung Citronensäure oder di-
Ammoniumhydrogencitrat enthält und die Säule anstelle von H_2O
mit 0,01 m di-Ammoniumhydrogencitrat-Lösung von pH 3,5 bis 4
eluiert wird.

200 ml der 0,01 m di-Ammoniumhydrogencitrat-Lösung enthalten etwa
0,002 mol NH_4-Citrat (= 20 m val). Zur Abtrennung der Citrationen
in einer zweiten Austauschsäule sind mindestens 10 g Dowex 1 in
der Chloridform mit einer Kapazität von 35 m val erforderlich.

4.2.1 Literatur zu Kapitel 4.2

Köster, H.M.: Die flammenphotometrische Bestimmung der Alkalien Li, Na, K,
    Rb bei der Silikatanalyse nach Abtrennung der störenden mehrwertigen Kat-
    ionen und Anionen durch einen mit Ammoniumcitrat beladenen Anionenaus-
    tauscher Dowex 1. N. Jb. Miner. Abh. 111, 206-226 (1969)
Krahl, J.: Säulenchromatographische Ionenaustauschverfahren in der Silikat-
    gesteinsanalyse zur selektiven Abtrennung von Erdalkalien, Aluminium und
    Gallium unter Berücksichtigung der Alkalien, des Eisens, des Titans und
    einiger Nebengruppenelemente. Diss. Techn. Univ. München (1975)
Kraus, K.A., Nelson, F.: Anion exchange studies of the fission products.
    Proc. Int. Conf. Peaceful Uses of At. Energy 7, 113-125 (1956)
Nelson, F., Kraus, K.A.: Anion exchange studies. XIII. The alkaline earths
    in citrate solutions. J. Am. Chem. Soc. 77, 801-804 (1955)
Samuelson, O.: Ion Exchange Separations in Analytical Chemistry. Stockholm-
    Göteborg-Uppsala: Almqvist & Wiksell, 1963. New York-London: John Wiley,
    1963
Samuelson, O., Schramm, K.: Über die Verwendung von Ionenaustauschern in der
    analytischen Chemie. XXV. Z. Elektrochem. 57, 207-213 (1953)
Samuelson, O., Lunden, L., Schramm, K.: Über die Verwendung von Ionenaus-
    tauschern in der analytischen Chemie. XXVII. Metalltrennungen mit Anionen-
    austauschern in der Citratform. Z. Anal. Chemie 140, 330-335 (1953)
Smith, J.E.: Microfilms L.C. Card No. "Mic. 59-1548" (1959). Referiert in:
    Samuelson, O.: Ion Exchange Separations in Analytical Chemistry. Stockholm:
    Almqvist & Wiksell, 1963

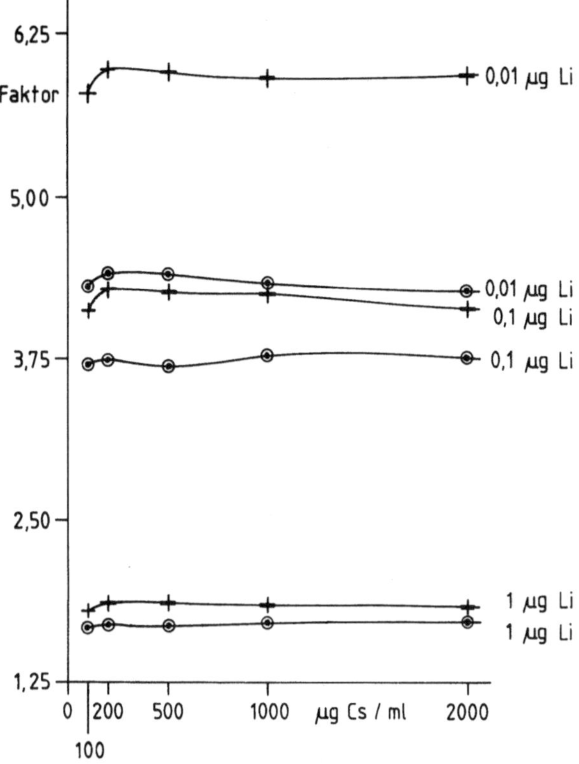

Abb. 15. Emissionserhöhung bei Lithium durch Caesium als Ionisationspuffer. +——+ in der H_2/Luft-Flamme; ⊙——⊙ in der C_2H_2/Luft-Flamme

4.3 Flammenspektrometrische Analyse der Alkalien nach Abtrennung störender Lösungspartner

Für die flammenspektrometrische Analyse der Alkalien ist die Emissionsanalyse vorzuziehen. Gegenüber der Atomabsorption besitzt sie die größere Empfindlichkeit und die geringere Störanfälligkeit durch die einfachere Meßanordnung.

Die Eichkurven der Alkalien sind bei der Emissionsflammenspektrometrie stets gekrümmt. Ursache ist die Selbstabsorption in der Flamme. Bei Lösungen eines reines Alkalisalzes nimmt die Eichkurvenkrümmung mit der Länge der Flamme zu. Die Eichkurvenkrümmung wird außerdem verstärkt durch Zugabe von Ionisationspuffern, da mit abnehmender Konzentration des Analysenelementes bei gleichem Gehalt an Ionisationspuffern die relative Emissionserhöhung durch den Ionisationspuffer zunimmt.

Als Ionisationspuffer hat sich am besten Cäsiumchlorid bewährt. Relativ kleine Gehalte von 200 bis 1000 µg Cs/ml Meßlösung genügen bereits, um die gegenseitige Ionisationsstörungen der Alkalien, sowie der Erdalkalien auf die Alkalien vollständig auszupuffern und gleichzeitig die maximale Emissionssteigerung zu erreichen.

Versuche mit abgestuften CsCl-Zusätzen zeigen, daß bei 200 µg Cs/ml Meßlösung die maximale Emissionssteigerung bei 0,01 bis

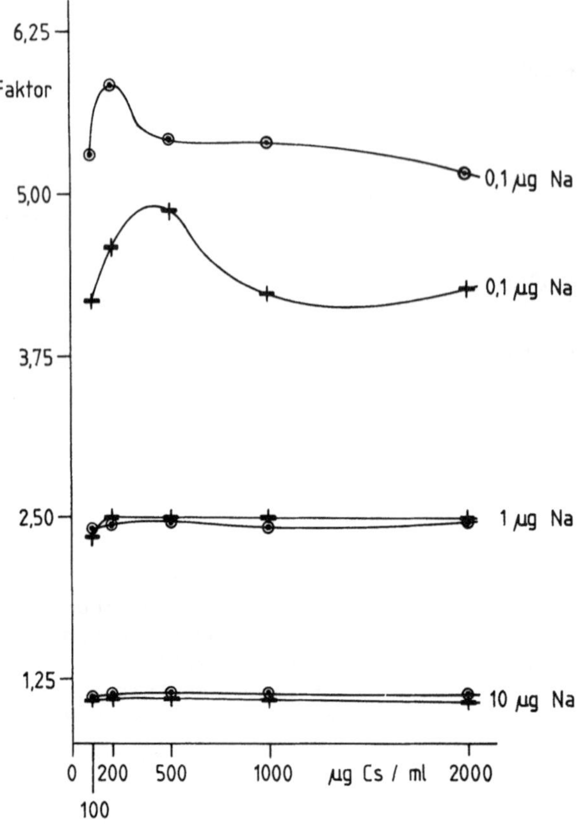

Abb. 16. Emissionserhöhung bei Natrium durch Caesium als Ionisationspuffer. +——+ in der H_2/Luft-Flamme; ⊙——⊙ in der C_2H_2/Luft-Flamme

1 μg Li/ml Meßlösung erreicht ist (Abb. 15). Der gleiche CsCl-Zusatz reicht völlig aus, um die Ionisationsbeeinflussung durch gleichzeitig anwesende Konzentrationen von 50 μg K, 50 μg Na, 200 μg CaO und 200 μg MgO/ml Meßlösung — wie sie nach der vorgegebenen Analyseneinwaage (Kap. 2.3), dem Trennungsgang (Kap. 4.2) und der zweifachen Verdünnung des Eluats in den Meßlösungen bei Gesteinsanalysen höchstens zu erwarten sind — gänzlich auszupuffern. Das gilt für die H_2/Luft- und die C_2H_2/Luft-Flamme in gleichem Maße.

Eine Konzentration von 200 μg Cs/ml Meßlösung reicht ebenfalls aus, um in H_2/Luft- und C_2H_2/Luft-Flamme für Natrium und Kalium eine maximale Emissionssteigerung bei 0,1 bis 10 μg Na bzw K/ml Meßlösung zu erzielen (Abb. 16 und 17). Die gleiche Konzentration von Cäsium genügt, um die Ionisationsbeeinflussung von 10 μg K bzw. Na, 50 μg CaO und 50 μg MgO/ml Meßlösung — wie sie nach der vorgegebenen Analyseneinwaage (Kap. 2.3), dem Trennungsgang (Kap. 4.2) und der zehnfachen Verdünnung des Eluats in den Meßlösungen bei Gesteinsanalysen höchstens zu erwarten sind — völlig auszupuffern.

Bei Rubidiumkonzentrationen von 0,1 bis 1 μg Rb/ml Meßlösung wird die maximale Emissionssteigerung durch 1000 μg Cs/ml Meß-

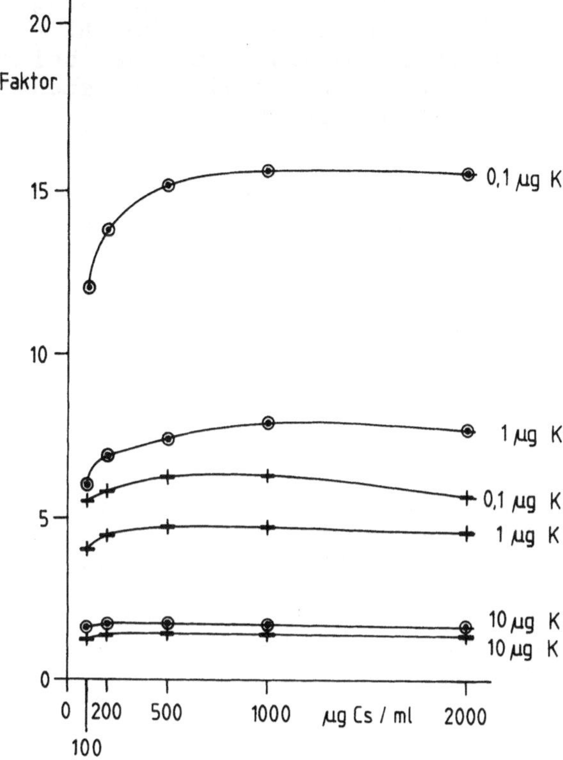

Abb. 17. Emissionserhöhung
bei Kalium durch Caesium
als Ionisationspuffer.
+——+ in der H_2/Luft-
Flamme; ⊚——⊚ in der C_2H_2/
Luft-Flamme

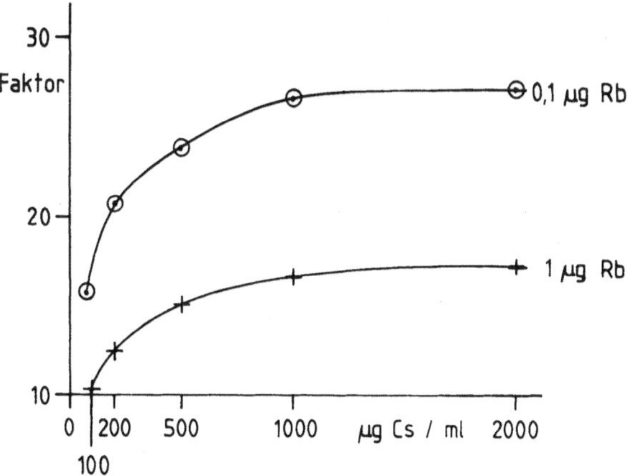

Abb. 18. Emissionserhöhung
bei Rubidium durch Caesium
als Ionisationspuffer.
+——+ in der H_2/Luft-
Flamme; ⊚——⊚ in der C_2H_2/
Luft-Flamme

lösung und Verwendung der C_2H_2/Luft-Flamme fast erreicht (Abb.
18). Der Cäsiumgehalt reicht aus, um die vorher beim Lithium genannten Konzentrationen der Störelemente Na, K, Ca und Mg auch
hier auszupuffern.

Größer dosierte Zusätze von Cäsiumchlorid als Ionisationspuffer
sind unsinnig, weil selbst CsCl suprapurer Qualität kleine Mengen
der anderen Alkalien enthält und so vor allem die Spurenanalyse

durch Anhebung des Flammenuntergrundes (Leerwert der Blindlösung)
beeinträchtigt werden kann, und weil Cäsium wie die anderen Alkalien neben dem Linienspektrum ein Kontinuum aussendet, das bei
hohen Cäsiumgehalten in der Lösung schon bemerkbar wird und ebenfalls durch Anhebung des Flammenuntergrundes stört.

Als Flammen sind bei der Emissionsanalyse die C_2H_2/Luft- und die
H_2/Luft-Flamme besonders geeignet. Beide Flammen geben im Gegen-
satz zu Flammen der Kohlenwasserstoffe nur einen geringen Flammenuntergrund, wodurch Untergrundstörungen praktisch entfallen.
Die heißere C_2H_2/Luft-Flamme ergibt im Verein mit Cäsium als
Ionisationspuffer unter vergleichbaren Geräteeinstellungen einen
etwas empfindlicheren Nachweis für die Alkalien (etwa um den
Faktor 2), jedoch erhält man in der ruhigen H_2/Luft-Flammme eine
wesentlich bessere Reproduzierbarkeit der Meßergebnisse. Die H_2/
Luft-Flamme ist bei der Analyse von Lithium, Natrium und Kalium
vorzuziehen, obwohl ein vergleichsweise hoher Verbrauch an Wasserstoff hingenommen werden muß. Nur bei der Spurenanalyse von
Rubidium bietet die C_2H_2/Luft-Flamme gegenüber der H_2/Luft-Flamme
wegen ihrer größeren Empfindlichkeit und der stärkeren Emissionssteigerung mit Cäsium als Ionisationspuffer deutliche Vorteile.

In jeder Art von Flamme gibt es für jedes einzelne Analysenelement eine Zone mit optimalen Verhältnissen. In dieser Zone wird
die höchste Analysenempfindlichkeit erreicht und geringe Änderungen der Gasmengen oder der Brennerhöhe geben nur kleine Veränderungen der Meßwerte. Diese optimale Flammenzone muß durch systematische Variation von Brenngasmenge und Brennerhöhe ermittelt
werden. In der H_2/Luft-Flamme des FMD 3 liegt für Natrium und
Kalium die optimale Zone im oberen Teil der Flamme, für Lithium
dagegen im unteren Teil. In der C_2H_2/Luft-Flamme ergibt sich als
optimale Zone für die Rubidiumanalyse ebenfalls der untere Teil
der Flamme. Zur Erreichung größter Analysenempfindlichkeit muß
die Spurenanalyse von Alkalien in dieser optimalen Zone der Flamme erfolgen. Bei der Analyse von Kalium und Natrium als chemischen Hauptbestandteilen von Gesteinen kann unter Verzicht auf
höchste Analysenempfindlichkeit auch in solchen Flammenzonen gemessen werden, in denen die gegenseitigen Ionisationsstörungen
besonders gering und/oder die Eichkurven weniger gekrümmt sind
(Köster, 1969). Die Entscheidung für die Wahl der Flammenzone
wird bei der besseren Reproduzierbarkeit der Meßergebnisse liegen.

*Vorschrift zur Verdünnung des Eluats nach Abtrennung der Alkalien mittels
Anionenaustauscher Dowex 1 (Kap. 4.2)*

1. Lithium. Ein aliquoter Teil von 25 ml wird den ersten 100 ml
Eluat mit einer geeichten Vollpipette entnommen und in einen geeichten 50-ml-Meßkolben gebracht. Darauf werden mit einer Vollpipette 10 ml einer Cäsiumchloridlösung mit 1000 µg Cs/ml gegeben
und der Meßkolben mit destilliertem Wasser bis zur Eichmarke aufgefüllt und umgeschüttelt.

Die so hergestellte Meßlösung enthält 200 µg Cs/ml als Ionisationspuffer und ist für die Analyse von Lithium mit Konzentrationen zwischen 0,002 µg und 1 µg Li/ml geeignet (entsprechend
4 bis 2000 ppm Li in der Analysensubstanz).

2. Natrium und Kalium. Ein aliquoter Teil von 10 ml wird den ersten
100 ml Eluat mit einer geeichten Vollpipette entnommen und in
einen geeichten 100-ml-Meßkolben gebracht. Darauf werden mit einer Vollpipette 20 ml einer Cäsiumchloridlösung mit 1000 µg Cs/ml
gegeben und der Meßkolben mit destilliertem Wasser bis zur Eichmarke aufgefüllt und umgeschüttelt.

Die so hergestellte Meßlösung enthält 200 µg Cs/ml als Ionisationspuffer und ist für die Analyse von Natrium und Kalium bei
Konzentrationen zwischen 0,1 und 10 µg Na bzw. K/ml geeignet
(entsprechend 0,135 bis 13,48% Na_2O bzw. 0,120 bis 12,05% K_2O
in der Analysensubstanz).

Zur Analyse von Natriumgehalten von 0,027 bis 0,135% Na_2O und
Kaliumgehalten von 0,029 bis 0,120% K_2O in der Analysensubstanz
wird das zweifach verdünnte Eluat wie bei der Lithiumanalyse verwendet.

Rubidium. Ein aliquoter Teil von 25 ml wird den ersten 100 ml
Eluat mit einer geeichten Vollpipette entnommen und in einen geeichten 50-ml-Meßkolben gebracht. Darauf werden mit einer Vollpipette 5 ml einer Cäsiumchloridlösung mit 10.000 µg Cs/ml gegeben und der Meßkolben mit destilliertem Wasser bis zur Eichmarke
aufgefüllt und umgeschüttelt.

Die so hergestellte Meßlösung enthält 1000 µg Cs/ml als Ionisationspuffer und ist für die Analyse von Rubidium bei Konzentrationen zwischen 0,0035 µg und 1 µg Rb/ml geeignet (entsprechend
7 bis 2000 ppm Rb in der Analysensubstanz).

4.3.1 Lithium (Emission)

In den Gesteinen der ozeanischen und der kontinentalen Erdkruste
werden die mittleren Gehalte an Lithium auf 10 bzw. 20 ppm Li
(Taylor, 1964) geschätzt. In den alkalifeldspatreichen magmatischen Gesteinen werden Gehalte von 100 ppm Li nur selten überschritten (Letolle, 1965) und selbst in Alkalifeldspäten Gehalte
von 1000 ppm Li nicht erreicht. Als Konzentrationsbereiche für
Lithium in Sedimenten werden bei Tonschiefern 4 - 400 ppm Li,
Sandsteinen 7 - 93 ppm Li, Kalksteinen 0 - 1000 ppm Li genannt
(Heier und Billings, 1970). In kontaktmetamorphen Gesteinen wurden Lithiumkonzentrationen bis 710 ppm Li (Heier und Adams, 1964)
und in xenolithischen Einschlüssen bis 1650 ppm Li beobachtet.
Lithium gehört demnach zu den Spurenelementen. Trotzdem ist es
flammenspektrometrisch wegen seiner hohen Nachweisempfindlichkeit
leicht zu analysieren.

Wird ein Trennungsgang nach Kapitel 4.2 durchgeführt, so sind
nach den Lithiumgehalten der Gesteine in den ersten 100 ml Eluat
höchstens 100 µg Li (= 1000 ppm Li im Gestein) zu erwarten. Nach
einer zweifachen Verdünnung des Eluats unter Zusatz von Cäsiumchlorid als Ionisationspuffer werden Meßlösungen erhalten, die
zwischen 0,01 und 1 µg Li enthalten und Lithiumkonzentrationen
zwischen 20 und 2000 ppm Li im Gestein entsprechen. In diesen
Konzentrationsbereich fallen die Lithiumgehalte der weitaus meisten Gesteine.

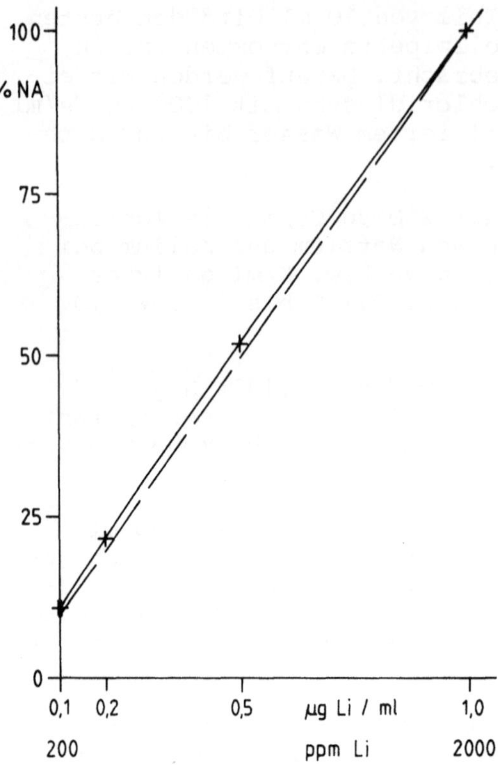

Abb. 19. Eichkurve für die Lithiumanalayse (Emission) in der H_2/Luft-Flamme und Meßlösungen mit 200 µg Cs/ml als Ionisationspuffer

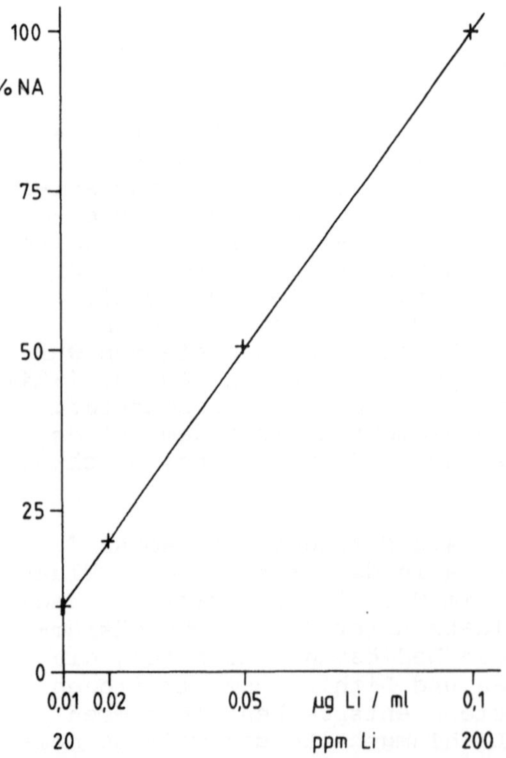

Abb. 20. Eichkurve für die Lithiumanalyse (Emission) in der H_2/Luft-Flamme und Meßlösungen mit 200 µg Cs/ml als Ionisationspuffer

Für die emissionsflammenspektrometrische Lithiumanalyse ist die ruhigere H_2/Luft-Flamme wegen der besseren Reproduzierbarkeit der Meßergebnisse vorzuziehen, obwohl in der C_2H_2/Luft-Flamme eine etwas höhere Nachweisempfindlichkeit erreichbar ist.

Meßergebnisse mit guter Reproduzierbarkeit werden erhalten, indem auf der Analysenlinie bei 670,8 nm (bei eingeschaltetem Streulichtfilter >620 nm) 60 bis 90 s lang gemessen und mit dem Kompensographen registriert wird.

Die Eichkurve für Lithium zwischen 0,1 und 1 µg Li/ml Meßlösung ist schwach gekrümmt (Abb. 19). Bei 0,5 µg Li/ml entsprechend 1000 ppm Li im Gestein ist die Abweichung der Kurve von der Geraden gleich -40 ppm Li. In diesem Meßbereich um 0,5 µg Li/ml Meßlösung beträgt der relative Meßfehler maximal 2% oder ± 20 ppm Li im Gestein.

Die Eichkurve für Lithium zwischen 0,01 und 0,1 µg Li/ml Meßlösung ist praktisch linear (Abb. 20). In diesem Meßbereich, dem 20 bis 200 ppm Li im Gestein entsprechen, sind die meisten Analysengehalte an Li bei Gesteinen zu erwarten.

Bei Spreizung des Signals von 0,01 µg Li/ml Meßlösung um den Faktor 8 auf die volle Schreibbreite des Kompensographen ergibt sich die Nachweisgrenze (3 s) bei 0,0006 µg Li/ml Meßlösung oder 1,3 ppm Li in der Analysensubstanz und die Analysengrenze (10 s) bei 0,002 µg Li/ml Meßlösung oder 4 ppm Li in der Analysensubstanz.

Bei Emissionsmessungen werden durch Spreizung des Signals der Nutzausschlag und der Untergrund im gleichen Verhältnis vergrößert. Die Nachweisempfindlichkeit kann durch Spreizen des Signals nur bis zu einer bestimmten Grenze gesteigert werden. Die Nachweisempfindlichkeit kann auch durch Vergrößerung der Spaltbreiten gesteigert werden. Jedoch ist hierbei zu beachten, daß beim Öffnen des Monochromatorspaltes der Nutzausschlag linear, der Untergrundausschlag dagegen etwa mit dem Quadrat anwächst. Für die Messung von 0,01 µg Li/ml werden hier relativ kleine Spaltbreiten angewendet. Die Nachweisempfindlichkeit für Lithium kann deshalb durch Vergrößerung des Monochromatorspaltes gesteigert werden. Hierbei bietet die C_2H_2/Luft-Flamme merkliche Vorteile. Bei gleicher Verstärkung mit der Anzeigeeinheit und optimaler Flamme wird mit der C_2H_2/Luft-Flamme die gleiche Empfindlichkeit gegenüber der H_2/Luft-Flamme bei nur 0,02 mm statt 0,05 mm Spaltbreite erreicht. Eine Steigerung der Nachweisempfindlichkeit wird bei Gesteinsanalysen für Lithium nur selten erforderlich sein. Hierbei muß berücksichtigt werden, daß der extremen Spurenanalyse unter 1 ppm Li in der Analysensubstanz ohne besondere Vorkehrungen und spezielle Einrichtungen des Labors durch die Kontamination Grenzen gesetzt sind.

Bei der emissionsflammenspektrometrischen Spurenanalyse von Alkalien ist die optimale Ausnutzung des Gerätes erforderlich. Dazu müssen die folgenden Maßnahmen in der angegebenen Reihenfolge durchgeführt werden:

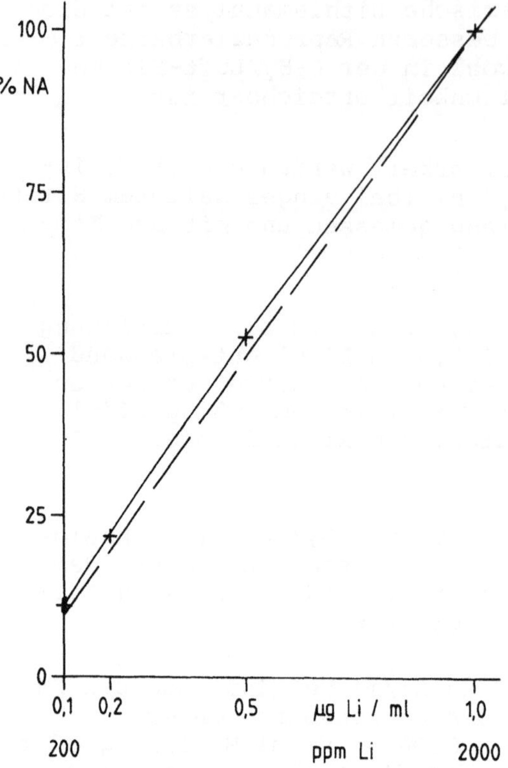

Abb. 21. Eichkurve für die Lithiumanalyse (Emission) in der C_2H_2/Luft-Flamme und Meßlösungen mit 200 µg/Cs ml als Ionisationspuffer

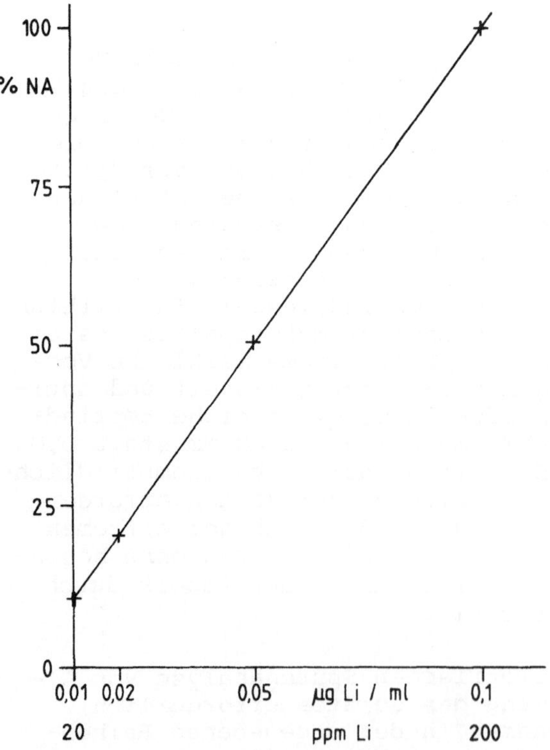

Abb. 22. Eichkurve für die Lithiumanalyse (Emission) in der C_2H_2/Luft-Flamme und Meßlösungen mit 200 µg Cs/ml als Ionisationspuffer

Tabelle 14. Einstellungen des FMD 3 für die Lithiumanalyse (Emission) in der H_2/Luft-Flamme und Meßlösungen mit 200 µg Cs/ml als Ionisationspuffer

	Meßbereich 0,1-1 µg Li/ml (200-2000 ppm Li i.d.A.)	Meßbereich 0,01-0,1 µg Li/ml (20-200 ppm Li i.d.A.)
Monochromator:	λ = 670,8 nm	λ = 670,8 nm
	Filter = >620 nm	Filter = >620 nm
	Spaltbr. = 0,05 mm	Spaltbr. = 0,05 mm
Anzeigeeinheit:	Verstärkerstufe 2	Verstärkerstufe 3
	Bereich T	Bereich T
	Dämpfungsstufe 1	Dämpfungsstufe 1
Brenner:	Brennerhöhe 9 mm	Brennerhöhe 9 mm
	H_2 (unt.Kugel) 6,0 skt	H_2 (unt.Kugel) 6,0 skt
	Luft 15,7 skt	Luft 15,7 skt
Flammenuntergrund:		0,8% vom Nutzausschlag

Tabelle 15. Einstellungen des FMD 3 für die Lithiumanalyse (Emission) in der C_2H_2/Luft-Flamme und Meßlösungen mit 200 µg Cs/ml als Ionisationspuffer

	Meßbereich 0,1-1 µg Li/ml (200-2000 ppm Li i.d.A.)	Meßbereich 0,01-0,1 µg Li/ml (20-200 ppm Li i.d.A.)
Monochromator:	λ = 670,8 nm	λ = 670,8 nm
	Filter = >620 nm	Filter = >620 nm
	Spaltbr. = 0,02 mm	Spaltbr. = 0,02 mm
Anzeigeeinheit:	Verstärkerstufe 2	Verstärkerstufe 3
	Bereich T	Bereich T
	Dämpfungsstufe 1	Dämpfungsstufe 1
Brenner:	Brennerhöhe 7 mm	Brennerhöhe 7 mm
	C_2H_2 8,0 skt	C_2H_2 8,0 skt
	Luft 15,7 skt	Luft 15,7 skt
Flammenuntergrund:		0,6% vom Nutzausschlag

1. Feineinstellung der Analysenlinie

Bei einer Spaltbreite von 0,01 mm am Monochromator, Verstärkerstufe 1 und Bereich T an der Anzeigeeinheit wird unter Zerstäubben einer Meßlösung mit 10 µg Li/ml der maximale Ausschlag der Anzeige durch Drehen des Wellenlängenantriebes am Monochromator eingestellt. Diese Feineinstellung der Analysenlinie ist stets erforderlich, obwohl auf der Projektionsskala der Wellenlängenanzeige die Elementsymbole bei den entsprechenden Wellenlängen eingezeichnet sind und eine mechanische Justierung der Wellenlängenskala möglich ist.

2. Einstellung des linearen Regelbereiches mittels Verstärkerautomatik bei kleinen Konzentrationen des Analysenelementes

Mit der Verstärkerstufe 3 (= 100fache V) und Bereich T an der Anzeigeeinheit wird der lineare Regelbereich für eine Meßlösung mit 0,1 µg Li/ml bei einer Öffnung des Monochromatorspaltes auf 0,05 mm erreicht (optimale Geräteausnutzung, wenn der Zeiger der Verstärkerautomatik am unteren Rande des Sichtfensters einpendelt). Der Monochromatorspalt kann jetzt weiter geschlossen werden, wenn das zur Unterdrückung von Störungen erforderlich ist. Das Meßsignal muß dann durch Spreizung auf den maximalen Ausschlag eingeregelt werden. Dazu ist zweckmäßig der Kompensationsschreiber mit 20 mV Ausgang an der Anzeigeeinheit anzuschließen. Mit dem "Servogor" kann beispielsweise jetzt durch die stufenweise Verstellung des Einganges auf 10, 5 bzw. 2 mV das Signal um den Faktor 2, 4 oder 10 vergrößert werden. Zwischenstufen der Spreizung können zur vollen Ausnutzung der Schreibbreite des Kompensographen nach Umschalten von "kalibriert" auf "variabel" eingestellt werden. Bei einem Ausgang von 20 mV an der Anzeigeeinheit ist mittels "Servogor" eine Skalendehnung bis etwa 60fach möglich, nach Umschalten auf den Bereich TxF an der Anzeigeeinheit sogar bis 100fach.

3. Optimale Ausnutzung von Spaltbreite und Spreizung des Signals zur Erreichung maximaler Nachweisempfindlichkeit und optimaler Reproduzierbarkeit

Durch Öffnen des Monochromatorspaltes kann das Meßsignal vergrössert werden. Trotzdem wird bei der emissionsspektrometrischen Spurenanalyse mit relativ kleinen Spaltbreiten gearbeitet, weil der Untergrundausschlag etwa mit dem Quadrat der Spaltöffnung, der Nutzausschlag aber nur linear anwächst. Der Spreizung des Signals sind durch die Schreibunruhe des Kompensographen Grenzen gesetzt. Die Schreibunruhe wächst linear mit der Spreizung. Eine Dämpfung der Anzeige mittels Stufenschalter an der Anzeigeeinheit ist jedoch tunlichst zu unterlassen, weil für die graphische Auswertung der Signale eine sehr starke Minderung der Reproduzierbarkeit eintritt.

Erfahrungsgemäß ist die Spreizung über den Faktor 10 hinaus bei der Emissionsflammenspektrometrie nicht mehr von Vorteil. Die Spreizung sollte mittels Kompensographen erfolgen und nicht über die Anzeigeeinheit (Stufe TxF, Drehknopf "Faktor"). Das Rauschen der Anzeigeelektronik ist deutlich stärker als das des Kompensographen und es würde bei Verstärkung über die Anzeigeelektronik die Reproduzierbarkeit der Messung vermindern. Eine zusätzliche Verbesserung kann durch "Kompensation des Untergrundes" erreicht werden. Hierdurch wird die volle Schreibbreite des Kompensographen allein für den Nutzausschlag ausgenutzt.

4.3.2 Natrium (Emission)

Natrium mit einem mittleren Gehalt von 2,45% Na gehört zu den acht häufigsten chemischen Elementen in den magmatischen Gesteinen

Tabelle 16. Einstellungen des FMD 3 für die Natriumanalyse (Emission) in der H_2/Luft-Flamme und Meßlösungen mit 200 µg Cs/ml als Ionisationspuffer

	Meßbereich 1-10 µg Na/ml (1,35-13,48% Na_2O i.d.A.)	Meßbereich 0,1-1 µg Na/ml (0,135-1,35% Na_2O i.d.A.)
Monochromator:	λ = 589,0 nm	λ = 589,0 nm
	Filter = 380-620 nm	Filter = 380-620 nm
	Spaltbr. = 0,05 mm	Spaltbr. = 0,05 mm
Anzeigeeinheit:	Verstärkerstufe 1	Verstärkerstufe 2
	Bereich T	Bereich T
	Dämpfungsstufe 1	Dämpfungsstufe 1
Brenner:	Brennerhöhe 0 mm	Brennerhöhe 0 mm
	H_2 (unt.Kugel) 6,0 skt	H_2 (unt.Kugel) 6,0 skt
	Luft 15,7 skt	Luft 15,7 skt
Flammenuntergrund:		3,6% vom Nutzausschlag

der oberen Erdkruste (Wedepohl, 1967). Die wichtigsten Natriumminerale der magmatischen Gesteine sind natriumreiche Plagioklase (reiner Albit enthält 11,8% Na_2O) und Nephelin (rein 21,8% Na_2O), daneben auch Alkalipyroxene (und Alkaliamphibole) mit geringeren Natriumgehalten. Die Natriumgehalte fast aller magmatischen und metamorphen Gesteine liegen zwischen 1 und 7% Na_2O. Nur ausgefallene Varietäten von Nephelinsyeniten erreichen Konzentrationen bis 12% Na_2O. Die feldspatarmen Ultrabasite enthalten dagegen weniger als 1% Na_2O. Die meisten Sedimentgesteine haben Natriumgehalte zwischen 0,1 und 1% Na_2O. Karbonatgesteine und terrestrische Tone können weniger als 0,1% Na_2O enthalten, rezente marine Sedimente auch über 1% Na_2O.

Wird der Trennungsgang nach Kapitel 4.2 vorausgesetzt und das Eluat der Austauschertrennung wie oben beschrieben zehnfach verdünnt, so enthalten die zur flammenspektrometrischen Analyse gelangenden Meßlösungen im Normalfall zwischen 0,1 und 10 µg Na/ml. Der Konzentrationsbereich von 0,1 bis 10 µg Na/ml Meßlösung ist für die flammenspektrometrische Natriumanalyse besonders gut geeignet. Bei Analysensubstanzen mit mehr als 13,5% Na_2O (bestimmte Nephelinsyenite) muß das Eluat der Austauschertrennung 20fach verdünnt werden, um in diesen günstigen Konzentrationsbereich der Meßlösungen zu gelangen.

Für die emissionsflammenspektrometrische Natriumanalyse ist die ruhigere H_2/Luft-Flamme der C_2H_2/Luft-Flamme wegen der besseren Reproduzierbarkeit der Meßergebnisse vorzuziehen. Eine besonders große Nachweisempfindlichkeit ist wegen der ausreichenden Natriumgehalte der Gesteine nicht erforderlich.

Meßergebnisse mit guter Reproduzierbarkeit werden erhalten, indem auf der Analysenlinie bei 589,0 nm (bei eingeschaltetem Streu-

Tabelle 17. Einstellungen des FMD 3 für die Natriumanalyse (Emission) in der C_2H_2/Luft-Flamme und Meßlösungen mit 200 µg Cs/ml als Ionisationspuffer

	Meßbereich 1-10 µg Na/ml (1,35-13,48% Na_2O i.d.A.)		Meßbereich 0,1-1 µg Na/ml (0,135-1,35% Na_2O i.d.A.)	
Monochromator:	λ =	589,0 nm	λ =	589,0 nm
	Filter =	380-620 nm	Filter =	380-620 nm
	Spaltbr. =	0,03 mm	Spaltbr. =	0,03 mm
Anzeigeeinheit:	Verstärkerstufe	1	Verstärkerstufe	2
	Bereich	T	Bereich	T
	Dämpfungsstufe	1	Dämpfungsstufe	1
Brenner:	Brennerhöhe	7 mm	Brennerhöhe	7 mm
	C_2H_2	8,0 skt	C_2H_2	8,0 skt
	Luft	15,7 skt	Luft	15,7 skt
Flammenuntergrund:			2,2% vom Nutzausschlag	

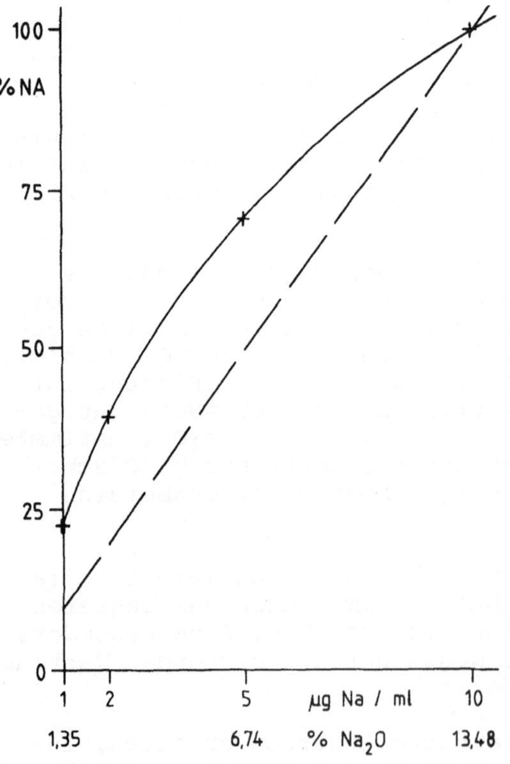

Abb. 23. Eichkurve für die Natriumanalyse (Emission) in der H_2/Luft-Flamme und Meßlösungen mit 200 µg Cs/ml als Ionisationspuffer

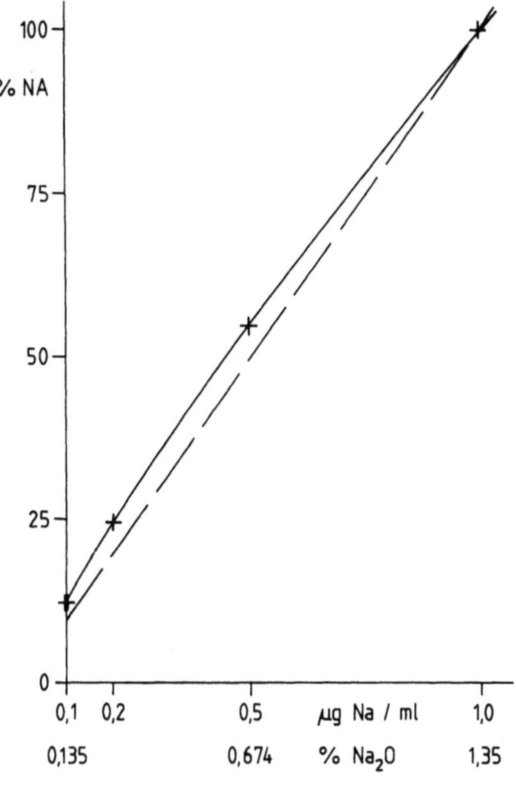

Abb. 24. Eichkurve für die Natriumanalyse (Emission) in der H_2/Luft-Flamme und Meßlösungen mit 200 µg Cs/ml als Ionisationspuffer

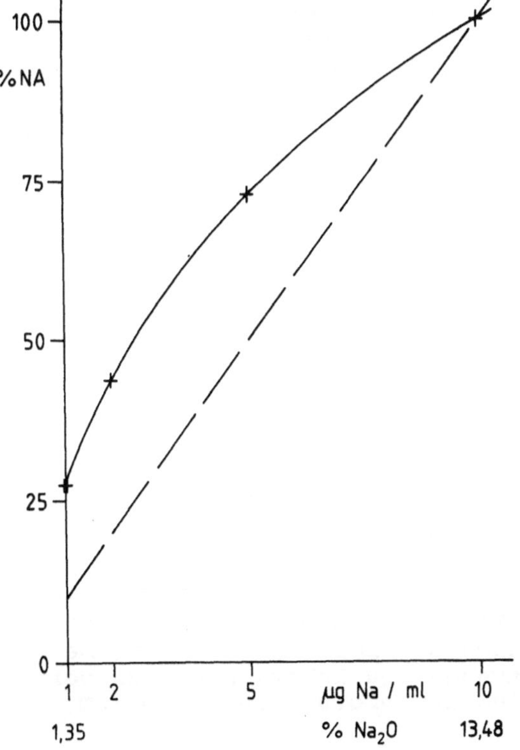

Abb. 25. Eichkurve für die Natriumanalyse (Emission) in der C_2H_2/Luft-Flamme und Meßlösungen mit 200 µg Cs/ml als Ionisationspuffer

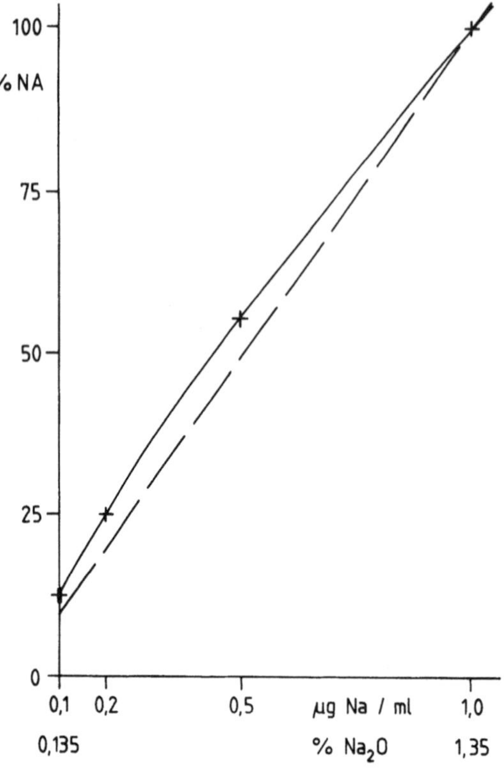

Abb. 26. Eichkurve für die Natriumanalyse (Emission) in der C_2H_2/Luft-Flamme und Meßlösungen mit 200 µg Cs/ml als Ionisationspuffer

lichtfilter 380-620 nm) 60 s lang gemessen und mit dem Kompensographen registriert wird. Wegen der verwendeten kleinen Spaltbreiten von 0,05 nm ist die Feineinstellung der Analysenlinie wie unter Kapitel 4.3.1 bei Lithium beschrieben auch hier erforderlich.

Die Eichkurve für Natrium zwischen 1 und 10 µg Na/ml Meßlösung ist stark gekrümmt (Abb. 23). Bei zehnfacher Verdünnung des Eluats entsprechen 1 - 10 µg Na/ml Meßlösung 1,35 bis 13,48% Na_2O im Gestein.

Die Eichkurve zwischen 0,1 und 1 µg Na/ml Meßlösung ist schwach gekrümmt (Abb. 24). Bei zehnfacher Verdünnung des Eluats entsprechen 0,1 - 1 µg Na/ml Meßlösung 0,135 bis 1,35% Na_2O im Gestein.

Bei Natriumgehalten der Analysensubstanz unter 0,135% Na_2O ist es zweckmäßig, das Eluat wie bei der Lithiumanalyse nur 1:1 zu verdünnen. Bei 0,027 bis 0,135% Na_2O in der Analysensubstanz enthalten die Meßlösungen dann 0,1 bis 0,5 µg Na/ml und fallen damit in einen für die Messung günstigen Konzentrationsbereich.

Anmerkung. Zuverlässige Natriumanalysen an Substanzen mit weniger als 0,1% Na_2O sind schwierig. Natrium is allgegenwärtig. Eine Kontamination der Analysensubstanzen und Lösungen ist ohne besondere Vorkehrungen und Einrichtungen des Labors nicht zu verhindern. Gefährliche Natriumquellen in Labors sind vor allem moderne Putzmittel, besonders wenn sie unsachgemäß verwendet und aufbewahrt werden. In analytischen Labors mit normaler Ausstattung kann die Natriumkontamination auf ein erträgliches Maß vermindert werden, wenn die Benutzer des Labors auf die Gefahrenquelle hingewiesen wurden und vorbeugende Verhaltensweisen streng eingehalten werden. Trotzdem konnte der Verfasser über viele Jahre beobachten, daß zwischen 0,01 und 0,03% Na_2O in seinen Analysensubstanzen regelmäßig durch Kontamination verursacht wurden.

Bei Verzicht auf die bessere Reproduzierbarkeit, dafür aber geringerem Gasverbrauch kann die Natriumanalyse mit der C_2H_2/Luft-Flamme durchgeführt werden. Die optimalen Geräteeinstellungen sind in Tabelle 17 mitgeteilt.

4.3.3 Kalium (Emission)

Kalium gehört mit einem mittleren Gehalt von 2,82% K zu den acht häufigsten chemischen Elementen in den magmatischen Gesteinen der oberen Erdkruste (Wedepohl, 1967). Die wichtigsten Kaliumminerale in den Gesteinen sind die Kaliumfeldspäte (Sanidin, Mikroklin, Orthoklas; max. 16,9% K_2O), Leucit (max. 21,6% K_2O) und die Glimmer (Biotit und Muskowit; max 11,8% K_2O). Die Kaliumgehalte aller häufigeren Typen der magmatischen, metamorphen und sedimentären Gesteine liegen zwischen 0,1 und 8% K_2O. Nur die seltenen Leucitsyenite können höhere Kaliumgehalte bis 12% K_2O aufweisen (Heier und Billings, 1970; Tröger, 1935). Die Kaliumgehalte von Ultrabasiten liegen im Mittel bei 0,05% K_2O, das bedeutet bei den meisten dieser Gesteine unter 0,1% K_2O.

Wird der Trennungsgang nach Kapitel 4.2 vorausgesetzt und das Eluat der Austauschertrennung wie oben beschrieben zehnfach verdünnt, so enthalten die zur flammenspektrometrischen Analyse gelangenden Meßlösungen im Normalfall zwischen 0,1 und 10 µg K/ml. Der Konzentrationsbereich von 0,1 - 10 µg K/ml Meßlösung ist für die flammenspektrometrische Kaliumanalyse besonders gut geeignet. Bei Mineralen und Gesteinen mit über 12% K_2O wird das Eluat 20-fach verdünnt, um in diesen günstigen Meßbereich zu gelangen.

Für die emissionsflammenspektrometrische Kaliumanalyse ist die ruhigere H_2/Luft-Flamme wegen der besseren Reproduzierbarkeit der Meßergebnisse der C_2H_2/Luft-Flamme vorzuziehen.

Meßergebnisse mit guter Reproduzierbarkeit werden erhalten, indem auf der Analysenlinie bei 766,5 nm (bei eingeschaltetem Streulichtfilter >620 nm) 60 s lang gemessen und mit dem Kompensographen registriert wird. Wegen der verwendeten kleinen Spaltbreiten (ca. 0,04 mm) ist die Feineinstellung der Analysenlinie wie unter Kapitel 4.3.1 bei Lithium beschrieben auch hier erforderlich.

Die Eichkurve für Kalium zwischen 1 und 10 µg K/ml Meßlösung ist stark gekrümmt (Abb. 27). Bei zehnfacher Verdünnung des Eluats entsprechen 1 - 10 µg K/ml Meßlösung 1,20 bis 12,05% K_2O im Gestein.

Die Eichkurve zwischen 0,1 und 1 µg K/ml Meßlösung ist schwach gekrümmt (Abb. 28). Bei zehnfacher Verdünnung des Eluats entsprechen 0,1 - 1 µg K/ml Meßlösung 0,12 - 1,20% K_2O im Gestein.

Tabelle 18. Einstellungen des FMD 3 für die Kaliumanalyse (Emission) in der H_2/Luft-Flamme und Meßlösungen mit 200 µg Cs/ml als Ionisationspuffer

	Meßbereich 1-10 µg K/ml (1,20-12,05% K_2O i.d.A.)	Meßbereich 0,1-1 µg K/ml (0,12-1,20% K_2O i.d.A.)
Monochromator:	λ = 766,5 nm	λ = 766,5 nm
	Filter = >620 nm	Filter = >620 nm
	Spaltbr. = 0,04 mm	Spaltbr. = 0,04 mm
Anzeigeeinheit:	Verstärkerstufe 2	Verstärkerstufe 3
	Bereich T	Bereich T
	Dämpfungsstufe 1	Dämpfungsstufe 1
Brenner:	Brennerhöhe O mm	Brennerhöhe O mm
	H_2 (unt.Kugel) 6,0 skt	H_2 (unt.Kugel) 6,0 skt
	Luft 15,7 skt	Luft 15,7 skt
Flammenuntergrund:		3,9% vom Nutzausschlag

Anmerkung: Für den Meßbereich <0,1 µg K/ml Meßlösung. Spreizung des Signals von 0,1 µg K/ml um den Faktor 7. Bei 10facher Verdünnung des Eluats liegt die untere Analysengrenze bei 0,03% K_2O i.d.A. Bei 2facher Verdünnung des Eluats liegt die untere Analysengrenze bei 0,006% K_2O i.d.A.

Tabelle 19. Einstellungen des FMD 3 für die Kaliumanalyse (Emission) in der C_2H_2/Luft-Flamme und Meßlösungen mit 200 µg Cs/ml als Ionisationspuffer

	Meßbereich 1-10 µg K/ml (1,20-12,05% K_2O i.d.A.)	Meßbereich 0,1-1 µg K/ml (0,12-1,20% K_2O i.d.A.)
Monochromator:	λ = 766,5 nm	λ = 766,5 nm
	Filter = >620 nm	Filter = >620 nm
	Spaltbr. = 0,015 mm	Spaltbr. = 0,015 mm
Anzeigeeinheit	Verstärkerstufe 1	Verstärkerstufe 3
	Bereich T	Bereich T
	Dämpfungsstufe 1	Dämpfungsstufe 1
Brenner:	Brennerhöhe 7 mm	Brennerhöhe 7 mm
	C_2H_2 8,0 skt	C_2H_2 8,0 skt
	Luft 15,7 skt	Luft 15,7 skt
Flammenuntergrund:		3,4% vom Nutzausschlag

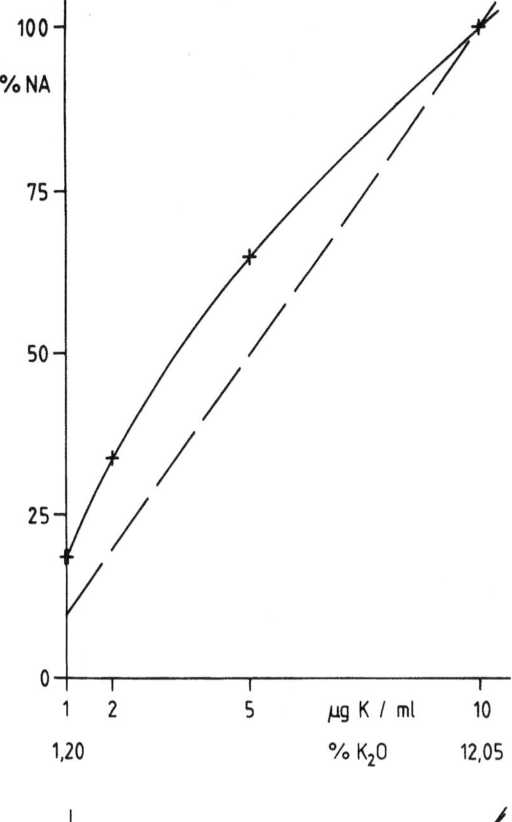

Abb. 27. Eichkurve für die Kalium-
analyse (Emission) in der H$_2$/Luft-
Flamme und Meßlösungen mit 200 µg
Cs/ml als Ionisationspuffer

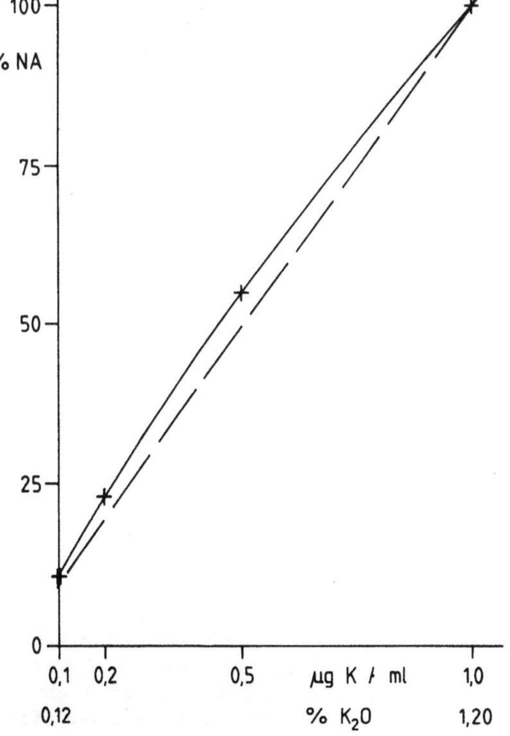

Abb. 28. Eichkurve für die Kalium-
analyse (Emission) in der H$_2$/Luft-
Flamme und Meßlösungen mit 200 µg
Cs/ml als Ionisationspuffer

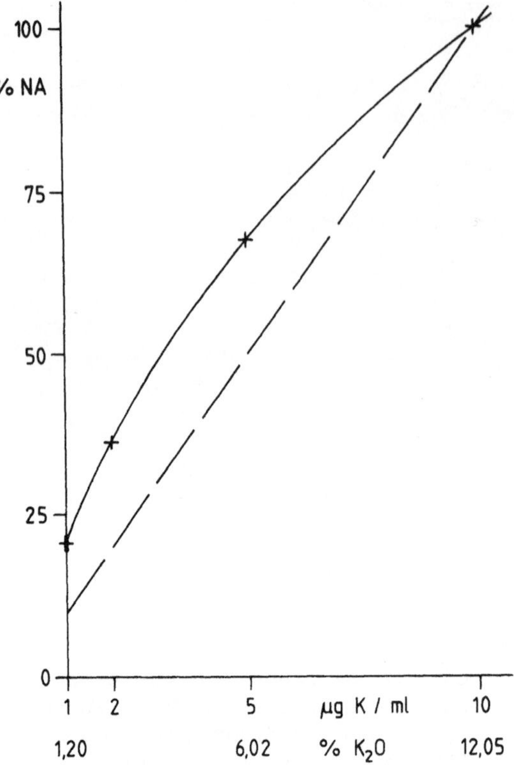

Abb. 29. Eichkurve für die Kaliumanalyse (Emission) in der $C_2H_2/$
Luft-Flamme und Meßlösungen mit
200 µg Cs/ml als Ionisationspuffer

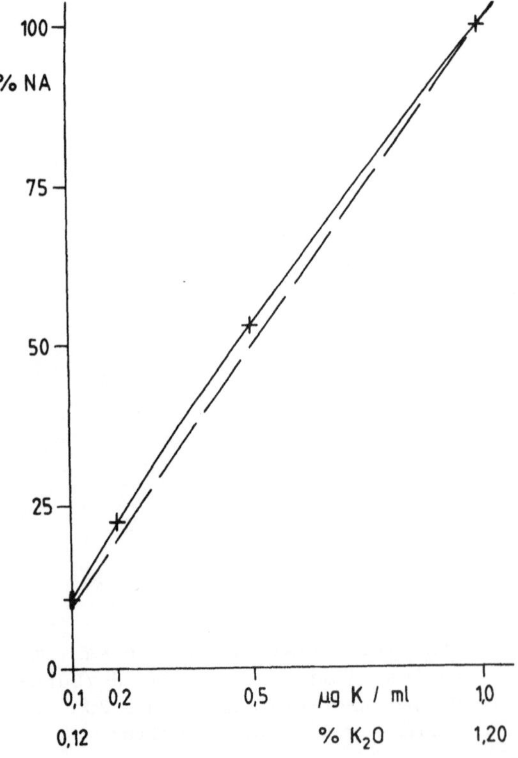

Abb. 30. Eichkurve für die Kaliumanalyse (Emission) in der $C_2H_2/$
Luft-Flamme und Meßlösungen mit
200 µg Cs/ml als Ionisationspuffer

Durch Spreizung des Signals von 0,1 µg K/ml um den Faktor 7 zur vollen Ausnutzung der Schreibbreite des Kompensographen erreicht

man die Analysengrenze (= 10 s) bei 0,024 µg K/ml Lösung entsprechend 0,029% K_2O in der Analysensubstanz.

Bei solch geringen Kaliumgehalten unter 0,12% K_2O ist es zweckmäßig, wie bei der Lithiumanalyse das Eluat nur 1:1 zu verdünnen. Bei 0,024 bis 0,12% K_2O in der Analysensubstanz enthalten die Meßlösungen dann 0,1 bis 0,5 µg K/ml und fallen damit in einen günstigen Meßbereich. Die Analysengrenze (= 10 s) ergibt sich dann mit Spreizung des Signals bei 0,005 µg K/ml Meßlösung entsprechend 0,006% K_2O in der Analysensubstanz. Der gesamte Konzentrationsbereich von Kalium in Gesteinen ist somit durch die vorgegebenen Analysenbedingungen abgedeckt.

4.3.4 Rubidium (Emission)

Rubidium kommt in den häufigsten magmatischen Gesteinen der oberen Erdkruste mit Gehalten zwischen 5 und 900 ppm vor. Niedrigere Gehalte als 5 ppm Rb finden sich in Eklogiten und Anorthositen. Für Sedimentgesteine werden Gehalte zwischen 6 und 663 ppm Rb angegeben (Heier und Billings, 1970). Die wichtigsten Rubidiumträger in den Gesteinen sind die Kaliumfeldspäte mit Gehalten bis 1000 ppm Rb (nur selten auch etwas höher), Biotite meistens unter 2000 ppm Rb (max. 4165 ppm Rb) und Muskowite meistens unter 2000 ppm Rb (max. 22.370 ppm Rb). Rubidium ist ein typisches Spurenelement in den Gesteinen der oberen Erdkruste. Wegen der ausreichenden Empfindlichkeit der flammenspektrometrischen Analyse können nach der hier beschriebenen Methode Rubidiumgehalte ab 7 ppm Rb in einem Gestein ohne besondere Vorkehrungen zuverlässig quantitativ analysiert werden.

Wird ein Trennungsgang nach Kapitel 4.2 durchgeführt, so sind nach den Rubidiumgehalten der weitaus meisten Gesteine und Minerale in den ersten 100 ml Eluat zwischen 0,5 und 200 µg Rb zu erwarten. Nach einer zweifachen Verdünnung dieses Eluats unter Zusatz von Cäsiumchlorid als Ionisationspuffer enthalten die zur Analyse gelangenden Meßlösungen 0,025 bis 1 µg Rb/ml.

Für die emissionsflammenspektrometrische Rubidiumanalyse ist die C_2H_2/Luft-Flamme am besten geeignet. Sie ergibt gegenüber der H_2/Luft-Flamme die größere Nachweisempfindlichkeit und bei Zusatz von CsCl als Ionisationspuffer eine stärkere Emissionserhöhung. Bei Zusätzen von 1000 µg Cs/ml Meßlösung ist die maximale Emissionserhöhung praktisch erreicht. Alle Ionisationsstörungen werden schon von niedrigeren Cäsiumgehalten ausgepuffert.

Meßergebnisse mit guter Reproduzierbarkeit werden erhalten, indem auf der Analysenlinie bei 780,0 nm (bei eingeschaltetem Streulichtfilter >620 nm) 60 bis 90 s lang gemessen und mit dem Kompensographen registriert wird. Die Feineinstellung der Analysenlinie ist wie unter Kapitel 4.3.1 für Lithium beschrieben auch hier erforderlich.

Die Eichkurve für Rubidium zwischen 0,1 und 1 µg Rb/ml Meßlösung ist schwach gekrümmt (Abb. 31). Bei zweifacher Verdünnung des Eluats entsprechen 0,1 - 1,0 µg Rb/ml Meßlösung 200 - 2000 ppm Rb im Gestein.

Tabelle 20. Einstellungen des FMD 3 für die Rubidiumanalyse (Emission) in der C_2H_2/Luft-Flamme und Meßlösungen mit 1000 µg Cs/ml als Ionisationspuffer

	Meßbereich 0,1-1 µg Rb/ml (200-2000 ppm Rb i.d.A.)	Meßbereich 0,01-0,1 µg Rb/ml (20-200 ppm Rb i.d.A.)
Monochromator:	λ = 780,0 nm	λ = 780,0 nm
	Filter = >620 nm	Filter = >620 nm
	Spaltbr. = 0,03 mm	Spaltbr. = 0,03 mm
Anzeigeeinheit:	Verstärkerstufe 3	Verstärkerstufe 3
	Bereich T	Bereich T
	Dämpfungsstufe 1	Dämpfungsstufe 1
Brenner:	Brennerhöhe 7 mm	Brennerhöhe 7 mm
	C_2H_2 8,0 skt	C_2H_2 8,0 skt
	Luft 15,7 skt	Luft 15,7 skt
Flammenuntergrund:		10.0% vom Nutzausschlag

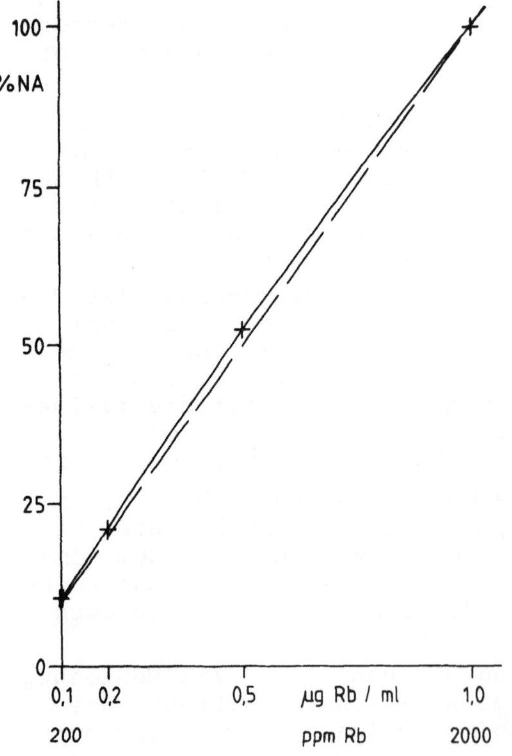

Abb. 31. Eichkurve für die Rubidiumanalyse (Emission) in der C_2H_2/Luft-Flamme und Meßlösungen mit 1000 µg Cs/ml als Ionisationspuffer

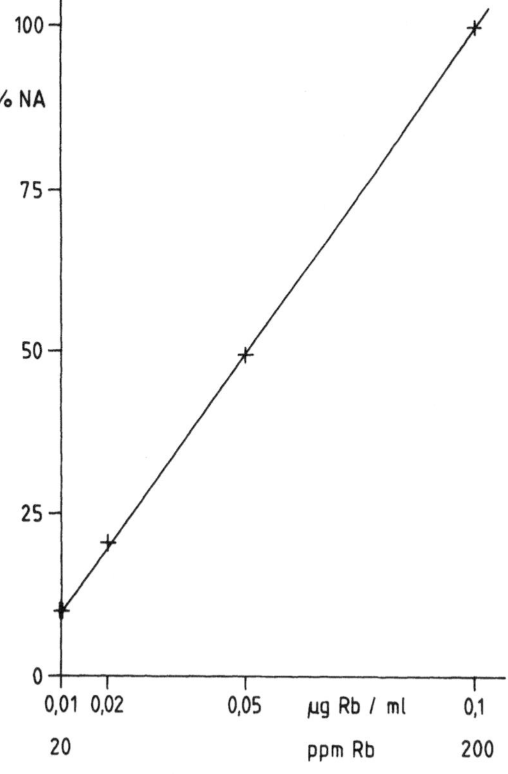

Abb. 32. Eichkurve für die Rubidiumanalyse (Emission) in der C_2H_2/Luft-Flamme und Meßlösungen mit 1000 µg Cs/ml als Ionisationspuffer

Die Eichkurve für Rubidium zwischen 0,01 und 0,1 µg Rb/ml Meßlösung ist praktisch linear (Abb. 32). Bei zweifacher Verdünnung des Eluats entsprechen 0,01 - 0,1 µg Rb/ml Meßlösung 20 - 200 ppm Rb im Gestein.

Bei Spreizung des Signals von 0,01 µg Rb/ml um den Faktor 6 zur vollen Ausnutzung der Schreibbreite des Kompensographen erreicht man die Analysengrenze (= 10 s) bei 0,0035 µg Rb/ml Meßlösung entsprechend 7 ppm Rb im Gestein. Zwischen 2 und 7 ppm Rb im Gestein sind nur halbquantitative Angaben möglich.

4.3.5 Natrium und Kalium mittels Atomabsorption

Bei Silikatgesteinen bietet die Analyse der beiden Hauptelemente Natrium und Kalium mittels Atomabsorption wegen der geraden Eichkurven und daher einfachen Auswertung der Meßergebnisse einen gewissen Vorteil gegenüber der Flammenemissionsanlayse. Die H_2/Luft-Flamme ergibt auch hierbei optimale Analysenbedingungen. Es wird wie bei der Emissionsanalyse 60 s lang auf der Analysenlinie gemessen.

Die Eichkurven sind unter 2 µg Me$^+$/ml Meßlösung linear. Zweckmäßig werden die Eluate des Trennungsganges (Kap. 4.2) unter Zusatz von CsCl als Ionisationspuffer (200 µg Cs/ml Meßlösung) so weit verdünnt, daß die zur Messung gelangenden Lösungen nicht

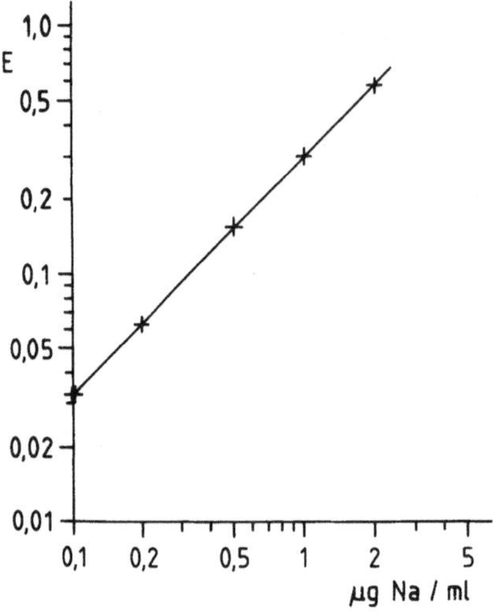

Abb. 33. Eichkurve für die Natriumanalyse (Absorption) in der H_2/Luft-
Flamme und Meßlösungen mit 200 µg Cs/
ml als Ionisationspuffer. E = 0,005
bei 0.014 µg Na/ml

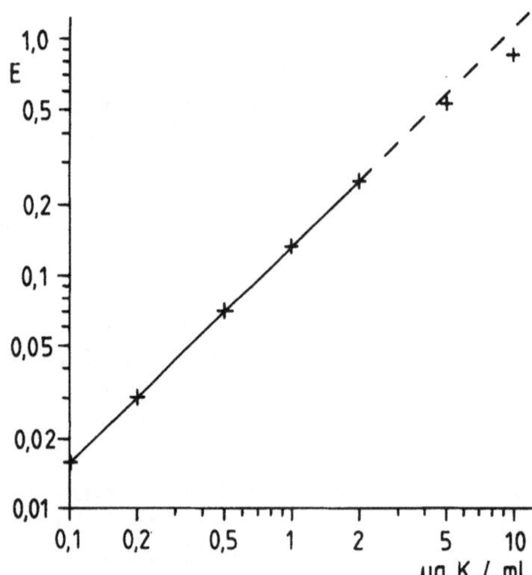

Abb. 34. Eichkurve für die Kalium-
analyse (Absorption) in der H_2/Luft-
Flamme und Meßlösungen mit 200 µg
Cs/ml als Ionisationspuffer

mehr als 2 µg Na bzw. K/ml entalten. Die Eluate von Silikatgesteinsaufschlüssen müssen dazu im allgemeinen 50fach verdünnt
werden. Für die Kaliumanalyse kann die Eichkurve zwischen 2 und
5 µg K/ml Meßlösung mit Hilfe der Eichkurvenkorrektur auch li-
nearisiert werden und so eine starke Verdünnung der Meßlösungen
vermieden werden. Im übrigen gelten die in den Kapiteln 4.3.2
und 4.3.3 über die Natrium- und Kaliumanalyse gegebenen Anmerkungen sinngemäß auch für die Absorptionsanalyse. Die Einstelldaten des FMD 3 sind in den Tabellen 21 und 22 angegeben.

Im allgemeinen hat die Atomabsorption bei der Alaklianalyse keine
Vorteile gegenüber der Emissionsanalyse. Ionisationsstörungen
treten bei beiden Meßanordnungen in gleichem Maße in Erscheinung.
Die Emissionsanalyse ist durch die größere Empfindlichkeit bei

Tabelle 21. Einstelldaten des FMD 3 für die Natriumanalyse (Absorption) in der H_2/Luft-Flamme und 200 µg Cs/ml Meßlösung als Ionisationspuffer

		0,1 - 2 µg Na/ml
Monochromator:	Wellenlänge	589,0 nm
	Sperrfilter	380-620 nm
	Spaltbreite	0,03 mm
Brenner	Brennerhöhe	0 mm
	Trägergas (Luft)	15,7 skt
	Brenngas (H_2)	6,0 skt
Lampe:	Lampenstrom	7 mA
Anzeigeeinheit:	Verstärkerstufe	1
	Bereich	E
	Dämpfungsstufe	1
	Faktor	1

Tabelle 22. Einstelldaten des FMD 3 für die Kaliumanalyse (Absorption) in der H_2/Luft-Flamme und 200 µg Cs/ml Meßlösung als Ionisationspuffer

		0,1 - 2 µg K/ml
Monochromator:	Wellenlänge	766,5 nm
	Sperrfilter	>620 nm
	Spaltbreite	0,04 mm
Brenner:	Brennerhöhe	0 mm
	Trägergas (Luft)	15,7 skt
	Brenngas (H_2)	6,0 skt
Lampe:	Lampenstrom	15 mA
Anzeigeeinheit:	Verstärkerstufe	1
	Bereich	E
	Dämpfungsstufe	1
	Faktor	1

der Spurenanalyse der Atomabsorption sogar deutlich überlegen.
Dagegen sind die Eichkurven bei der Atomabsorption und Konzentrationen unter 2 µg Me$^+$/ml linear, die Eichkurven der Emissionsanalyse hier aber gekrümmt. Trotz der geraden Eichkurven zeigt
die Atomabsorption in diesem Konzentrationsbereich keine besser
reproduzierbaren Meßergebnisse als die Flammenemissionsanalyse.
Als Ursache kommen in Betracht: die notwendige stärkere Verdünnung der Meßlösungen bei der Atomabsorption (50fach) gegenüber
der Emissionsanalyse (10fach), und bei der Atomabsorption tritt
als drittes störanfälliges Element in der Meßanordnung die "Stabilisierung der Hohlkathodenlampe" hinzu.

4.3.6 Literatur zu Kapitel 4.3

Heier, K.S., Adams, J.A.S.: The geochemistry of alkali metals. Phys. Chem.
  Earth 5, 255-380 (1964)
Heier, K.S., Billings, G.K.: Lithium. B-O., Sodium. B-O., Potassium. B-N.,
  Rubidium. B-N. Handbook of Geochemistry. Band II. Berlin-Heidelberg-New
  York: Springer, 1970
Köster, H.M.: Die flammenphotometrische Bestimmung der Alkalien Li, Na, K,
  Rb bei der Silikatanalyse nach Abtrennung der störenden mehrwertigen Kat-
  ionen und Anionen durch einen mit Ammoniumcitrat beladenen Anionenaus-
  tauscher Dowex 1. N. Jb. Miner. Abh. 111, 206-226 (1969)
Letolle, R.: Geochimie du lithium dans les roches volcaniques de la serie du
  Mont Dore. Bull. Soc. Franc. Miner. Crist. 88, 426-431 (1965)
Taylor, S.R.: Abundance of chemical elements in the continental crust: a new
  Table. Geochim. Cosmochim. Acta 29, 1273-1285 (1964)
Tröger, W.E.: Spezielle Petrographie der Eruptivgesteine. Berlin: Verlag der
  deutschen Mineralogischen Gesellschaft, 1935
  Unveränderter Nachdruck: Stuttgart: E. Schweizerbart'sche Verlagsbuchhand-
  lung (Nägele & Obermiller), 1969
Wedepohl, K.H.: Geochemie. Sammlung Göschen, Bd. 1224/1224a/1224b. Berlin:
  Walter de Gruyter, 1967
Wedepohl, K.H.: Composition and abundance of common igneous rocks. (Ch. 7);
  Composition and abundance of common sedimentary rocks. (Ch. 8). Handbook
  of Geochemistry. Band I. Berlin-Heidelberg-New York: Springer, 1969

4.4 Flammenspektrometrische Analyse der Erdalkalien und des Mangans nach Abtrennung störender Lösungspartner

Für die flammenspektrometrische Analyse der Erdalkalien bieten
Acetylen/Luft-Flammen optimale Verhältnisse. Die höchste Empfindlichkeit für die schweren Erdalkalien Ba, Sr und auch Ca wird
bei der Emissionsanalyse erreicht, für Mg bei der Absorptionsanalyse. Zweckmäßig wird auch das Hauptelement Ca mittels Absorptionsanalyse analysiert, weil hier die Extinktion über einen
größeren Konzentrationsbereich (mindestens bis 10 µg CaO/ml Meßlösung) linear ansteigt, die Emissionskurve dagegen bei Konzentrationen über 2 µg CaO/ml Meßlösung gekrümmt ist.

In Gegenwart von Calcium ist die emissionsflammenspektrometrische
Analyse des Spurenelementes Barium nicht möglich, weil die starke
Resonanzlinie des Ba bei 553,6 nm durch eine Ca-OH-Bande über-
lagert wird. Neben Calcium muß Barium absorptionsflammenspektro-
skopisch in einer heißen Acetylen/Lachgas-Flamme analysiert werden.

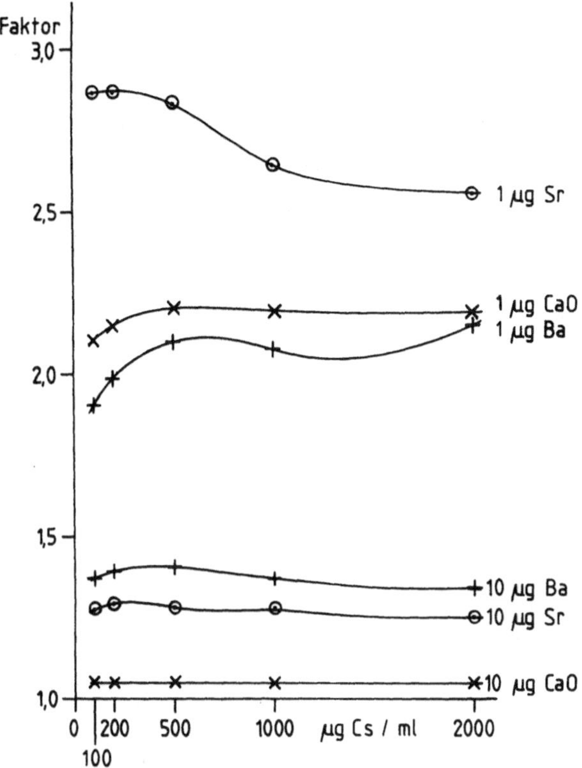

Abb. 35. Emissionserhöhung bei Calcium, Strontium und Barium durch Caesium als Ionisationspuffer in der C_2H_2/Luft-Flamme

Die Ionisationsstörungen bei den Erdalkalien durch Alkalien als Lösungspartner müssen durch Zugabe eines Puffers normalisiert werden. Am besten hat sich auch hier Cäsiumchlorid als Ionisationspuffer bewährt. Schon ein Zusatz von 200 µg Cs/ml Meßlösung genügt bei Mg, Ca und Sr, um alle Störungen der nach dem Gesteinsaufschluß (Kap. 2.3) möglichen Alkalikonzentrationen auszupuffern. Die genannten Elemente zeigen bei 200 µg Cs/ml in der Meßlösung ein schwaches Emissions- bzw. Extinktionsmaximum. Nur beim Barium steigt in der Acetylen/Lachgas-Flamme die Extinktion bei höheren CsCl-Zusätzen weiter an. Es ist zweckmäßig, hier den Pufferzusatz zur Erhöhung der Empfindlichkeit auf 1000 µg Cs/ml Meßlösung zu erhöhen. (Die Ionisationsstörungen sind auch beim Barium mit 200 µg Cs/ml Meßlösung bereits ausgepuffert.)

Für alle Erdalkalien liegt die Flammenzone mit den optimalen Meßbedingungen im unteren Bereich der Flamme. In dieser optimalen Flammenzone wird die höchste Analysenempfindlichkeit erreicht und geringe Änderungen der Gasmengen oder der Höheneinstellung des Brenners geben nur kleine Veränderungen der Meßwerte.

Die für die einzelnen Elemente genannten Geräteeinstellungen weichen meistens von den in den "Methodenblättern" zum FMD 3 angeführten etwas ab. In den Methodenblättern sind die Geräteeinstellungen für reine Erdalkalilösungen aufgeführt, hier dagegen ist die Optimierung unter Berücksichtigung der Lösungspartner bei der Silikatanalyse erfolgt. Meistens mußte deswegen mit klei-

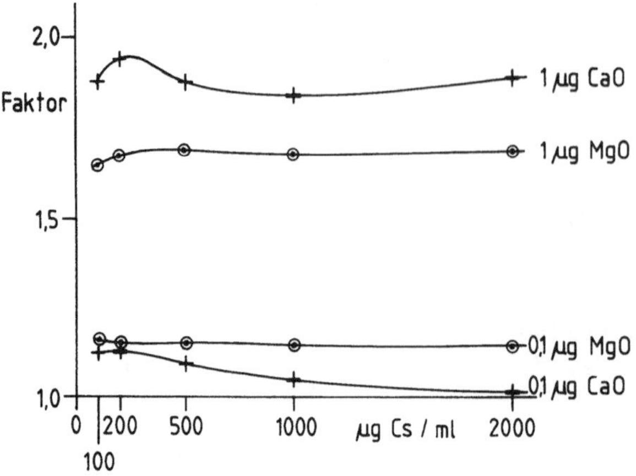

Abb. 36. Absorptionserhöhung bei Magnesium und Calcium durch Caesium als Ionisationspuffer in der C_2H_2/Luft-Flamme

neren Spaltbreiten gearbeitet werden, wobei die Empfindlichkeit etwas geringer wird.

Vorschrift zur Verdünnung des Eluats nach Abtrennung der Alkalien und Erdalkalien mittels Anionenaustauscher Dowex 1 (Kap. 4.2)

Zur Analyse von Magnesium, Calcium und Mangan. Ein aliquoter Teil von 10 ml wird der ersten Eluatfraktion (von 100 ml) mit einer geeichten Vollpipette entnommen und in einen geeichten 100-ml-Meßkolben gebracht. Darauf wird ein aliquoter Teil von 10 ml der zweiten Eluatfraktion (von 100 ml) mit einer geeichten Vollpipette entnommen und in den gleichen geeichten 100-ml-Meßkolben gegeben. Zuletzt werden mit einer Vollpipette 20 ml einer Cäsiumchloridlösung mit 1000 µg Cs/ml in den Meßkolben gegeben und der Meßkolben mit destilliertem Wasser bis zur Eichmarke aufgefüllt und umgeschüttelt.

Die so hergestellte Meßlösung enthält 200 µg Cs/ml als Ionisationspuffer. Sie ist für die Analyse von MgO mit Konzentrationen zwischen 0,012 µg und 2 µg Mg/ml Meßlösung (entsprechend 0,012 und 2,0% MgO in der Analysensubstanz), sowie von CaO mit Konzentrationen zwischen 0,12 µg und 10 µg CaO/ml Meßlösung (entsprechend 0,12 bis 10,0% CaO in der Analysensubstanz) geeignet. Eine stärkere Verdünnung der Eluate zur Analyse größerer MgO- und CaO-Konzentrationen ist zwar möglich, doch ist bei größeren Erdalkaligehalten in der Analysensubstanz die komplexometrische Titration der flammenspektrometrischen Analyse hinsichtlich der Reproduzierbarkeit überlegen und daher vorzuziehen.

In der gleichen Meßlösung kann Mangan mit Konzentrationen zwischen 0,067 µg und 1,0 µg Mn/ml Meßlösung (entsprechend 670 bis 10.000 ppm Mn bzw. 0,087 bis 1,29% MnO) analysiert werden. Durch Verdoppelung der Aliquots der Eluatfraktion kann die Analysengrenze bis auf 0,034 µg Mn/ml gesenkt werden. Mit etwas größerer Empfindlichkeit ist die spektralphotometrische Analyse des Mangans mit Formaldoxim möglich (Kap. 4.7).

Zur Analyse von Strontium. Strontium wird neben Lithium in der nur zweifach verdünnten Eluatfraktion 1 mit Zusatz von 200 µg Cs/ml als Ionisationspuffer gemessen (Kap. 4.3).

Zur Analyse von Barium. Barium wird neben Rubidium in der nur zweifach verdünnten Eluatfraktion 1 mit Zusatz von 1000 µg Cs/ml als
Ionisationspuffer gemessen (Kap. 4.3).

4.4.1 Magnesium (Absorption)

Magnesium gehört mit einer Konzentration von 1,39% Mg (Wedepohl,
1967) zu den acht häufigsten Elementen in den magmatischen Gesteinen der oberen Erdkruste. Die Konzentrationen zwischen den
einzelnen Typen der magmatischen Gesteine schwanken sehr stark
von 0,00% MgO bei Aplitgraniten bis 44,3% MgO bei Duniten (Tröger,
1935). Als Mittelwerte werden angegeben (Turekian und Wedepohl,
1961): ultrabasaltische Gesteine 33,8%, basaltische Gesteine
7,63%, calciumreiche Granite 1,56%, calciumarme Granite 0,27%
und Syenite 0,96% MgO. Die magnesiumhaltigen Minerale in magmatischen Gesteinen sind vor allem Olivine, Pyroxene, Amphibole
und Biotite.

Ähnlich schwankende Magnesiumgehalte sind in Sedimentgesteinen
zu finden, mit Spuren von MgO in quarzitischen Sandsteinen bis
zu 21,9% MgO im reinen Dolomit. Als Mittelwerte für die einzelnen Sedimentgesteinstypen werden angegeben (Turekian und Wedepohl,
1961): Tonschiefer 2,49%, Sandsteine 1,16%, Karbonatgesteine
7,80%, Tiefseekarbonate 0,66% und Tiefseetone 3,48% MgO. Die
wichtigsten Magnesiumminerale in den Sedimenten sind der Dolomit, der Mg-Calcit und Tonminerale der Smektitgruppe.

Über die Magnesiumgehalte der metamorphen Gesteine liegen in der
Literatur kaum Angaben vor. Die wichtigsten Magnesiumminerale in
metamorphen Gesteinen sind: Forsterit, Serpentinminerale, Talk,
Amphibole, Pyroxene, Chlorite, Glimmer, Granate, Cordierit, Mag-
nesit, Dolomit.

Wird der Trennungsgang nach Kapitel 4.2 vorausgesetzt und das
Eluat wie unter Kapitel 4.4 beschrieben zehnfach verdünnt, so
können die zur Analyse gelangenden Meßlösungen bis zu 34 µg MgO/
ml enthalten. Für die flammenspektrometrische Analyse sind aber
nur Meßlösungen bis 2 µg MgO/ml gut geeignet, weil oberhalb dieser Konzentration die Eichkurve stark gekrümmt ist. Im allgemeinen können Gesteine mit weniger als 2% MgO i.d.A., das sind besonders Granite, Syenite, Sandsteine und Tonschiefer, flammenspektrometrisch analysiert werden. Bei etwas höheren Gehalten
zwischen 2 und 5% MgO i.d.A. (= 2 - 5 µg MgO/ml Meßlösung) läßt
sich die automatische Eichkurvenkorrektur anwenden. Bei höheren
MgO-Gehalten ist statt einer stärkeren Verdünnung der Meßlösungen
die komplexometrische Titration (Kap. 3.3.2) der Flammenspektrometrie vorzuziehen.

Als optimale Flamme für die Mg-Analyse wird die Acetylen/Luft-
Flamme verwendet. Meßergebnisse mit guter Reproduzierbarkeit
werden erhalten, indem auf der Analysenlinie bei 285,2 nm (II.
Ordnung bei 570,4 nm und Streulichtfilter 250 - 380 nm) 60 s
lang gemessen und mit dem Kompensographen registriert wird. Dabei wird mit relativ großer Spaltbreite um 0,3 mm gearbeitet,
wodurch eine Verstärkung und Spreizung des Signals entfällt.

Tabelle 23. Einstelldaten des FMD 3 für die Magnesiumanalyse (Absorption) in der C_2H_2/Luft-Flamme und 200 µg Cs/ml als Ionisationspuffer

		0,1 - 1 µg MgO/ml
Monochromator:	Wellenlänge	285,2 nm (570,4 nm)
	Sperrfilter	250-380 nm
	Spaltbreite	0,3 mm
Brenner:	Brennerhöhe	8 mm
	Trägergas (Luft)	15,7 skt
	Brenngas (C_2H_2)	8,0 skt
Lampe:	Lampenstrom	5 mA
Anzeigeeinheit:	Verstärkerstufe	1
	Bereich	E
	Dämpfungsstufe	1
	Faktor	1

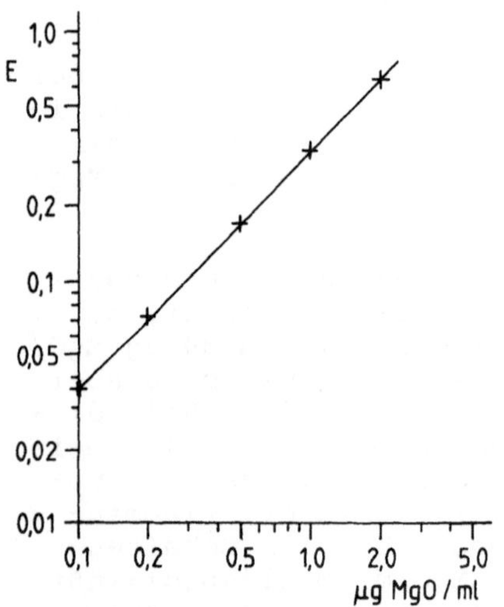

Abb. 37. Eichkurve für die Magnesiumanalyse (Absorption) in der C_2H_2/Luft-Flamme und Meßlösungen mit 200 µg Cs/ml als Ionisationspuffer. E = 0,005 bei 0,014 µg Mg/ml

Abbildung 37 zeigt die Eichkurve bei der Geräteeinstellung nach Tabelle 23.

Die Empfindlichkeit beträgt 0,014 µg MgO/ml für E = 0,005.

Die Nachweisgrenze (= 3s) liegt bei 0,004 µg MgO/ml Meßlösung.

Im Konzentrationsbereich 0,1 - 1 µg MgO/ml wird das Signal zur besseren Ausnutzung der Schreibbreite des Kompensographen um den Faktor 2 und im Konzentrationsbereich <0,1 µg MgO/ml um den Faktor 20 gespreizt.

4.4.2 Calcium (Absorption und Emission)

Calcium steht mit einer mittleren Konzentration von 2,87% Ca an
fünfter Stelle unter den acht häufigsten Elementen in den magmatischen Gesteinen der oberen Erdkruste. Zwischen den einzelnen
Typen der magmatischen Gesteine schwanken die Konzentrationen
von Spurengehalten bei Aplitgraniten bis zu 44,35% CaO bei Karbonatiten (Tröger, 1935). Als Mittelwerte werden angegeben (Turekian und Wedepohl, 1961): ultrabasaltische Gesteine 3,50%, basaltische Gesteine 10,65%, calciumreiche Granite 3,54%, calciumarme Granite 0,72% und Syenite 2,52% CaO. Die calciumhaltigen
Minerale in den magmatischen Gesteinen sind vor allem die Plagioklase, daneben Pyroxene und Amphibole und in den Karbonatiten
der Calcit.

In den Sedimentgesteinen finden sich stark schwankende Calciumgehalte, von Spuren CaO in quarzitischen Sandsteinen bis 56,03%
CaO in reinem Calcit. Als Mittelwerte für die einzelnen Sedimentgesteinstypen werden angegeben (Turekian und Wedepohl, 1961):
Tonschiefer 3,10%, Sandsteine 5,48%, Karbonate 42,3%, Tiefseekarbonate 43,8% und Tiefseetone 4,06% CaO. Die wichtigsten Calciumminerale in den Sedimenten sind: Calcit und Dolomit; in Sandsteinen können auch Plagioklase einen Teil des CaO enthalten.

Über die Calciumgehalte der metamorphen Gesteine liegen in der
Literatur kaum Angaben vor (Mehnert, 1969). Die wichtigsten Cal-
ciumminerale in metamorphen Gesteinen sind: Plagioklase, Pyroxene,
Amphibole, Granate, Zoisit, Wollastonit, sowie Calcit und Dolomit.

Wird der Trennungsgang nach Kapitel 4.2 vorausgesetzt und das
Eluat wie unter Kapitel 4.4 beschrieben zehnfach verdünnt, so
können die zur Analyse gelangenden Meßlösungen bis zu 56 µg CaO/
ml enthalten. Für die flammenspektrometrische Analyse sind Meßlösungen bis 10 µg CaO/ml gut geeignet. Bei der Absorptionsflammenspektrometrie sind die Eichkurven von 0,1 bis 10 µg CaO/ml
linear. Die Eichkurvenkrümmung zwischen 10 und 20 µg CaO/ml kann
durch die automatische Eichkurvenkorrektur ausgeglichen werden.

Im Konzentrationsbereich 0,1 - 10 µg CaO/ml steht die Emissions-
flammensepktrometrie der Atomabsorption in der Leistung nicht
nach. Beide Meßanordnungen zeigen fast die gleiche Empfindlichkeit. Trotz unvermeidbarer Eichkurvenkrümmung infolge Selbstabsorption ist die Reproduzierbarkeit bei der Emissionsmessung
etwas besser als bei der Atomabsorption, und deshalb liegt die
Nachweisgrenze mit der Flammenemission bei einer etwas niedrigeren CaO-Konzentration. Für die praktische Anwendung ist die Flammenemissionsanalyse an der Analysengrenze bei rund 0,1 µg CaO/ml
Meßlösung von Vorteil und die Flammenabsorptionsanalyse zwischen
3 und 20 µg CaO/ml Meßlösung (entsprechend E = 0,10 und 0,59 ohne
Spreizung des Signals).

Mit Ausnahme von Karbonatiten und karbonatischen Sedimentgesteinen liegen die in den Meßlösungen zu erwartenden Calciumkonzentra-
tionen in einem optimalen Konzentrationsbereich für die flammenspektrometrische Analyse. Bei höheren Konzentrationen als 20 µg
CaO/ml Meßlösung (= 20% CaO i.d.A.) ist statt einer stärkeren
Verdünnung der Meßlösungen die komplexometrische Titration (Kap.
3.3.1) der Flammenspektrometrie vorzuziehen.

Tabelle 24. Einstelldaten des FMD 3 für die Calciumanalyse (Absorption) in der C_2H_2/Luft-Flamme und 200 µg Cs/ml als Ionisationspuffer

		3 - 20 µg CaO/ml
Monochromator:	Wellenlänge	422,7 nm
	Sperrfilter	380-620 nm
	Spaltbreite	0,05 mm
Brenner:	Brennerhöhe	8 mm
	Trägergas (Luft)	15,7 skt
	Brenngas (C_2H_2)	9,5 skt
Lampe:	Lampenstrom	5 mA
Anzeigeeinheit:	Verstärkerstufe	2
	Bereich	E
	Dämpfungsstufe	1
	Faktor	1

Tabelle 25. Einstelldaten des FMD 3 für die Calciumanalyse (Emission) in der C_2H_2/Luft-Flamme und 200 µg Cs/ml als Ionisationspuffer

		1 - 10 µg CaO/ml
Monochromator:	Wellenlänge	422,7 nm
	Sperrfilter	380-620 nm
	Spaltbreite	0,05 mm
Brenner:	Brennerhöhe	8 mm
	Trägergas (Luft)	15,7 skt
	Brenngas (C_2H_2)	8,0 skt
Anzeigeeinheit:	Verstärkerstufe	2
	Bereich	T
	Dämpfungsstufe	1
	Faktor	2

Anmerkung: Im Konzentrationsbereich 1-10 µg CaO/ml mit den genannten Einstelldaten des FMD 3 beträgt der Flammenuntergrund rund 10% des Nutzausschlages. Im Konzentrationsbereich 0,1-1 µg CaO/ml und bei einer Spreizung des Signals um den Faktor 10 beträgt der Flammenuntergrund 78% des Nutzausschlages.

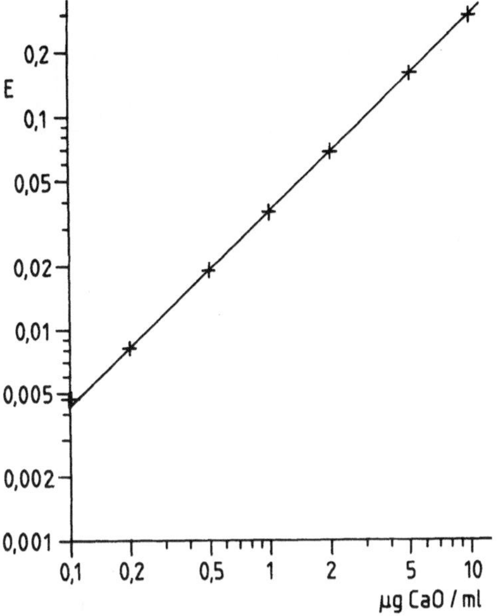

Abb. 38. Eichkurve für die Calciumanalyse (Absorption) in der C_2H_2/
Luft-Flamme und Meßlösungen mit 200
µg Cs/ml als Ionisationspuffer. E =
0,005 bei 0,12 µg CaO/ml

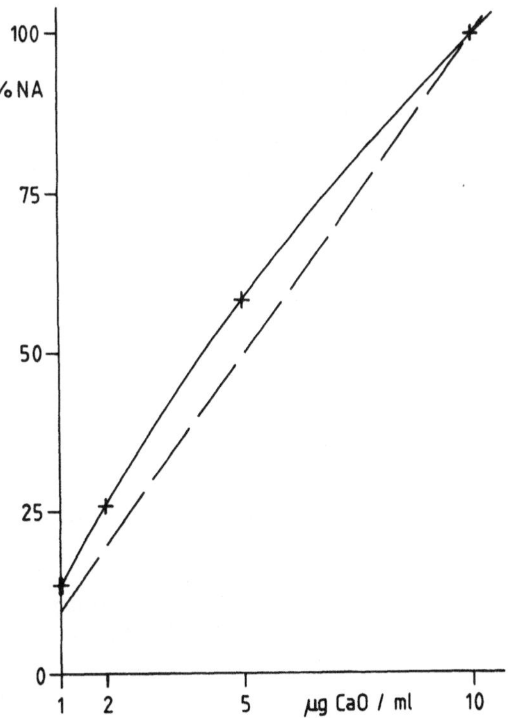

Abb. 39. Eichkurve für die Calciumanalyse (Emission) in der
C_2H_2/Luft-Flamme und Meßlösungen
mit 200 µg Cs/ml als Ionisationspuffer

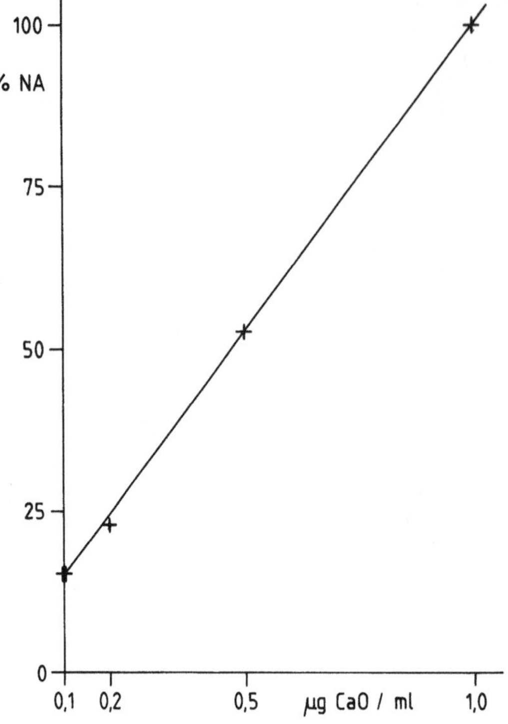

Abb. 40. Eichkurve für die Calciumanalyse (Emission) in der C_2H_2/Luft-Flamme und Meßlösungen mit 200 µg Cs/ml als Ionisationspuffer

Als optimale Flamme wird für die Calciumanalyse die Acetylen/ Luft-Flamme verwendet. Meßergebnisse mit guter Reproduzierbarkeit (bei der Emissions- und der Absorptionsanalyse) werden erhalten, indem auf der Analysenlinie bei 422,7 nm (Streulichtfilter 380 - 620 nm) 60 s lang gemessen und mit dem Kompensographen registriert wird.

Die Empfindlichkeit beträgt 0,12 µg CaO/ml für E = 0,005.

Die Nachweisgrenze (= 3s) liegt bei 0,05 µg CaO/ml Meßlösung.

Abbildung 38 zeigt die Eichkurve bei der Geräteeinstellung nach Tabelle 24. Im Konzentrationsbereich 1 - 10 µg CaO/ml wird das Signal zur besseren Ausnutzung der Schreibbreite des Kompensographen um den Faktor 2 und im Konzentrationsbereich 1 µg CaO/ ml um den Faktor 15 gespreizt.

Die Abbildungen 39 und 40 zeigen die Eichkurven für die Geräteeinstellungen nach Tabelle 25.

Die Analysengrenze (= 10s) liegt bei 0,13 µg CaO/ml Meßlösung und die Nachweisgrenze (= 3 s) bei 0,04 µg CaO/ml Meßlösung.

4.4.3 Strontium (Emission)

Strontium gehört mit einer mittleren Konzentration von 290 ppm Sr (Wedepohl, 1967) zu den häufigeren Spurenelementen in den mag-

<u>Tabelle 26.</u> Einstelldaten des FMD 3 für die Strontiumanalyse (Emission) in der C_2H_2/Luft-Flamme und 200 µg Cs/ml als Ionisationspuffer

		0,1 - 1 µg Sr/ml
Monochromator:	Wellenlänge	460,7 nm
	Sperrfilter	380-620 nm
	Spaltbreite	0,05 mm
Brenner:	Brennerhöhe	8 mm
	Trägergas (Luft)	15,7 skt
	Brenngas (C_2H_2)	9,0 skt
Anzeigeeinheit:	Verstärkerstufe	3
	Bereich	T
	Dämpfungsstufe	1
	Faktor	1

Anmerkung: Im Konzentrationsbereich 0,1-1 µg Sr/ml mit den genannten Einstelldaten des FMD 3 beträgt der Flammenuntergrund 25,4% des Nutzausschlages. Im Konzentrationsbereich 0,01-0,1 µg Sr/ml und bei einer Spreizung des Signals um den Faktor 10 beträgt der Flammenuntergrund 133% des Nutzausschlages.

matischen Gesteinen der oberen Erdkruste. Für die wichtigsten Gesteinstypen werden als mittlere Konzentrationen angegeben (Turekian und Wedepohl, 1961): ultrabasaltische Gesteine 1 ppm, basaltische Gesteine 465 ppm, calciumreiche Granite 440 ppm, calciumarme Granite 100 ppm, Syenite 200 ppm, Tonschiefer 300 ppm, Sandsteine 20 ppm, Karbonate 610 ppm, Tiefseekarbonate 2000 ppm und Tiefseetone 180 ppm Sr. Strontiumträger in den Gesteinen sind Calciumminerale, besonders Plagioklase, Calcit und Aragonit, die Strontium anstelle von Calcium diadoch in die Kristallstruktur aufnehmen. Die Strontiumminerale Strontianit, $SrCO_3$, und Cölestin, $SrSO_4$, finden sich nur sporadisch als Aczessorien meist diagenetischer Entstehung in Sedimentgesteinen oder als Kluftfüllung in Sedimentgesteinsserien.

Beim Trennungsgang nach Kapitel 4.2 gelangt das Strontium praktisch quantitativ gemeinsam mit den Alkalien in die ersten 100 ml Eluat und wird nach zweifacher Verdünnung der ersten Eluatfraktion unter Zusatz von Cäsiumchlorid (200 µg Cs/ml) als Ionisationspuffer in den so erhaltenen Lösungen gemessen. Entsprechend dem Trennungsgang, den Verdünnungen und den Strontiumkonzentrationen in den häufigeren Gesteinstypen sind in den Meßlösungen 0,01 bis 1 µg Sr/ml (= 20 bis 2000 ppm Sr i.d.A.) zu erwarten. Die Analysengrenze (10s) der hier beschriebenen Methode liegt bei 50 ppm Sr im Gestein und die Nachweisgrenze (3s) bei 15 ppm Sr im Gestein. Bis auf ultrabasaltische Gesteine kann das Strontium in allen wichtigen Gesteinstypen quantitativ und in den meisten Sandsteinen halbquantitativ analysiert werden.

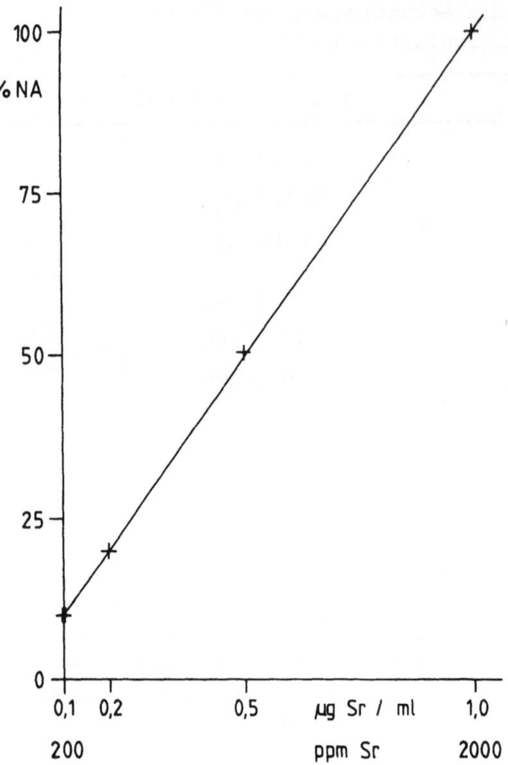

Abb. 41. Eichkurve für die Strontiumanalyse (Emission) in der C_2H_2/Luft-Flamme und Meßlösungen mit 200 µg Cs/ml als Ionisationspuffer

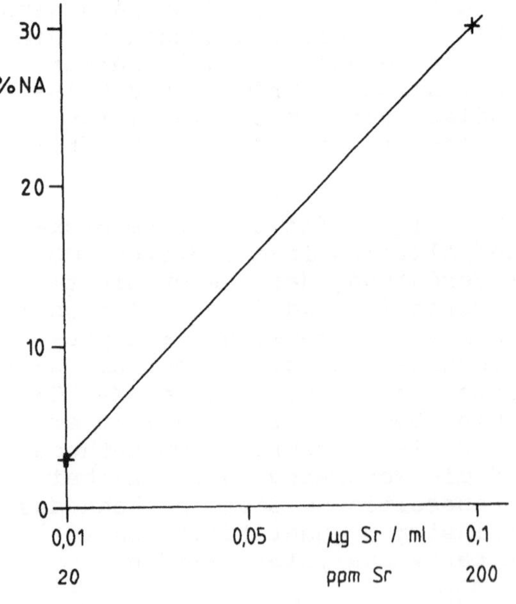

Abb. 42. Eichkurve für die Strontiumanalyse (Emission) in der C_2H_2/Luft-Flamme und Meßlösungen mit 200 µg Cs/ml als Ionisationspuffer

Als optimale Flamme wird für die Strontiumanalyse die Acetylen/
Luft-Flamme verwendet. Die Emissionsflammenspektrometrie ist
beim Strontium erheblich empfindlicher als die Atomabsorption
und wird hier allein beschrieben. Meßergebnisse mit guter Reproduzierbarkeit werden erhalten, indem auf der Analysenlinie bei
460,7 nm (Streulichtfilter 380 - 620 nm) 60 s lang gemessen und
mit dem Kompensographen registriert wird. Die erhaltenen Eichkurven sind im Konzentrationsbereich von 0,01 bis 1 µg Sr/ml
Meßlösung praktisch linear.

Die Abbildungen 41 und 42 zeigen die Eichkurven für die angegebenen Geräteeinstellungen.

Die Analysengrenze (= 10s) liegt bei 0,025 µg Sr/ml Meßlösung
= 50 ppm Sr i.d.A. und die Nachweisgrenze (= 3s) bei 0,0075 µg
Sr/ml Meßlösung = 15 ppm Sr i.d.A.

4.4.4 Barium (Absorption)

Barium gehört mit einer mittleren Konzentration von 590 ppm Ba
(Wedepohl, 1967) zu den häufigeren Spurenelementen bzw. Neben-
elementen in den magmatischen Gesteinen der oberen Erdkruste.
Für die wichtigsten Gesteinstypen werden als mittlere Konzentrationen angegeben (Turekian und Wedepohl, 1961): ultrabasaltische
Gesteine 0,4 ppm, basaltische Gesteine 330 ppm, calciumreiche
Granite 420 ppm, calciumarme Granite 840 ppm, Syenite 1600 ppm,
Tonschiefer 580 ppm, Sandsteine XO ppm, Karbonate 10 ppm, Tiefseekarbonate 190 ppm und Tiefseetone 2300 ppm Ba. Doch schwanken
die Bariumgehalte innerhalb der einzelnen Gesteinstypen sehr
stark (Fischer und Puchelt, 1972). Bariumträger in den magmatischen Gesteinen sind vor allem die Kaliumminerale, wie Kaliumfeldspäte, Leucit, Biotit und Muskowit, in denen wegen der ähnlichen Ionenradien Barium das Kalium diadoch vertritt. Bei der
Verwitterung geht das Barium aus den genannten primären Mineralen
bevorzugt in Lösung und wird häufig schon in situ im Verwitterungs-
detritus wie in aus Arkosen entstandenen Kaolinen bis auf 2500
ppm Ba (Köster, 1969) oder in Böden bis auf 300 ppm Ba (Swaine,
1955) konzentriert. Bei der Konzentration von Barium spielt die
sehr geringe Löslichkeit von Bariumsulfaten eine besondere Rolle.
Baryt, $BaSO_4$, ist das weitaus wichtigste Bariummineral in den
Sedimenten. Daneben ist die Adsorption von Barium an Tonmineral-
detritus und organische Substanzen, sowie der Einbau von Barium
in oxidische Manganminerale und Karbonate (Puchelt, 1967) für
das Vorkommen des Bariums in Sedimenten von Bedeutung. Die Bariumgehalte in metamorphen Gesteinen schwanken in weiten und ähnlichen Grenzen wie in den zugehörigen Typen der primären Magmatite
und Sedimente.

Beim Trennungsgang nach Kapitel 4.2 gelangt das Barium quantitativ mit den Alkalien in die ersten 100 ml Eluat und wird nach
zweifacher Verdünnung der ersten Eluatfraktion unter Zusatz von
Cäsiumchlorid (1000 µg Cs/ml) als Ionisationspuffer in den so
erhaltenen Lösungen gemessen. Entsprechend dem Trennungsgang,
den Verdünnungen und den Bariumgehalten der häufigeren Gesteinstypen sind in den Meßlösungen 0,001 bis 9 µg Ba/ml (= 2 - 18.000
ppm Ba i.d.A.) zu erwarten. Die Analysengrenze (10s) der beschrie-

Tabelle 27. Einstelldaten des FMD 3 für die Bariumanalyse (Absorption) in der Lachgas/Acetylen-Flamme und 1000 µg Cs/ml als Ionisationspuffer

		0,1 - 1 µg Ba/ml
Monochromator:	Wellenlänge	553,6 nm
	Sperrfilter	380-620 nm
	Spaltbreite	0,02 mm
Brenner:	Brennerhöhe	4 mm
	Trägergas (Lachgas)	19 skt
	Brenngas (Acetylen)	11 skt
Lampe:	Lampenstrom	25 mA
Anzeigeeinheit	Verstärkerstufe	1
	Bereich	E
	Dämpfungsstufe	1
	Faktor	10

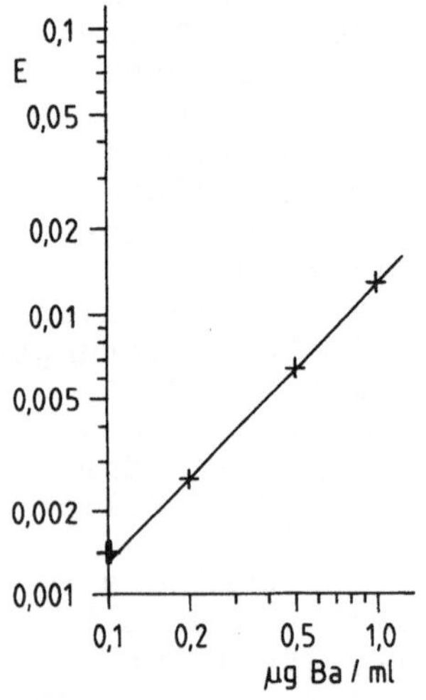

Abb. 43. Eichkurve für die Bariumanalyse (Absorption) in der C_2H_2/Lachgas-Flamme und Meßlösungen mit 1000 µg Cs/ml als Ionisationspuffer. E = 0,005 bei 0,38 µg Ba/ml

benen Methode liegt bei etwa 500 ppm Ba i.d.A., die Nachweisgrenze (3s) bei 150 ppm Ba i.d.A. Die Empfindlichkeit reicht aus, das Barium in den meisten Gesteinen mindestens halbquantitativ zu analysieren.

Wegen der Störung durch Calcium muß Barium mit der Lachgas/Acetylen-Flamme analysiert werden. Die starke Emission der Lachgas/Acetylen-Flamme und die Eigenemission der Probe können zu Schwankungen von Untergrund und Signal führen. Für eine optimale Anzeige-

ruhe müssen deshalb die Spaltbreite möglichst klein gehalten und
gleichzeitig der Lampenstrom erhöht werden. Meßergebnisse mit
guter Reproduzierbarkeit werden erhalten, indem auf der Analysenlinie bei 553,6 nm (Streulichtfilter 380 - 620 nm) 60 s lang gemessen und mit dem Kompensographen registriert wird. Die erhaltenen Eichkurven sind unter 10 µg Ba/ml Meßlösung linear. Im
Konzentrationsbereich 0,1 - 1,0 µg Ba/ml empfiehlt sich eine
Spreizung des Signals um den Faktor 10.

Die Empfindlichkeit beträgt 0,38 µg Ba/ml Meßlösung für E = 0,005.

Die Nachweisgrenze (3s) liegt bei 0,08 µg Ba/ml Meßlösung =
150 ppm Ba i.d.A.

4.4.5 Mangan (Absorption und Emission)

Mangan gehört mit einer mittleren Konzentration von 690 ppm Mn
(Wedepohl, 1967) zu den häufigeren Spurenelementen bzw. Neben-
elementen in den magmatischen Gesteinen der oberen Erdkruste.
Für die wichtigsten Gesteinstypen werden als mittlere Konzentra-
tionen angegeben (Turekian und Wedepohl, 1961): ultrabasaltische
Gesteine 1620 ppm, basaltische Gesteine 1500 ppm, calciumreiche
Granite 540 ppm, calciumarme Granite 390 ppm, Syenite 850 ppm,
Tonschiefer 850 ppm, Sandsteine XO ppm, Karbonate 1100 ppm, Tief-
seekarbonate 1000 ppm und Tiefseetone 6700 ppm Mn. Der Schwan-
kungsbereich der Mangangehalte in magmatischen Gesteinen ist
0,00 bis 1,90% MnO (Tröger, 1935) entsprechend 0 bis 14.700 ppm
Mn. Die weitaus meisten Angaben liegen dabei zwischen 400 und
3000 ppm Mn. Ähnlich sind die Schwankungen der Mangangehalte in
Sedimenten und metamorphen Gesteinen.

In Silikatgesteinen kommt das Mangan selten in eigenen Mineralen
vor. Zu erwähnen sind nur der Mangangranat Spessartin in bestimmten metamorphen Gesteinen und oxidische Manganminerale wie Wad
und Melane in Sedimenten. In den Silikatmineralen vertritt Mn^{2+}
in den Oktaederpositionen Mg, Fe^{2+} oder Ca (Peacor, 1972). Des-
gleichen wird das Mn^{2+} anstelle von Mg, Fe^{2+} oder Ca in Karbonate
eingebaut.

Beim Trennungsgang nach Kapitel 4.2 wird das Mangan gemeinsam
mit dem Calcium eluiert und verteilt sich über beide Eluatfraktionen. Wird das Eluat wie unter Kapitel 4.4 beschrieben zehnfach verdünnt, so können die zur Analyse gelangenden Meßlösungen
bis zu 1,5 µg Mn/ml enthalten. Für die quantitative flammenspektrometrische Analyse sind Meßlösungen von 0,033 bis 2 µg Mn/ml
(= 330 - 20.000 ppm Mn i.d.A.) gut geeignet. Damit fallen hier
die Mangangehalte aller wichtigen Gesteinstypen mit Ausnahme der
Sandsteine in den mit der Atomabsorption erfaßten Analysenbereich.
Zwischen der Nachweisgrenze (3s) bei 100 ppm Mn i.d.A. und der
Analysengrenze (10s) bei 330 ppm Mn i.d.A. können halbquantitative Angaben der Mangangehalte in der Analysensubstanz gemacht
werden.

Als optimale Flamme wird für die Mangananalyse die Acetylen/Luft-
Flamme verwendet. Meßergebnisse mit guter Reproduzierbarkeit
werden erhalten, indem auf der Analysenlinie bei 279,5 nm (Streu-

Tabelle 28. Einstelldaten des FMD 3 für die Mangananalyse (Absorption) in der C_2H_2/Luft-Flamme und 200 µg Cs/ml als Ionisationspuffer

		0,1 - 1 µg Mn/ml
Monochromator:	Wellenlänge	279,5 nm
	Sperrfilter	250-380 nm
	Spaltbreite	0,08 mm
Brenner:	Brennerhöhe	8 mm
	Trägergas (Luft)	15,7 skt
	Brenngas (C_2H_2)	8,5 skt
Lampe:	Lampenstrom	7 mA
Anzeigeeinheit:	Verstärkerstufe	1
	Bereich	E
	Dämpfungsstufe	1
	Faktor	10

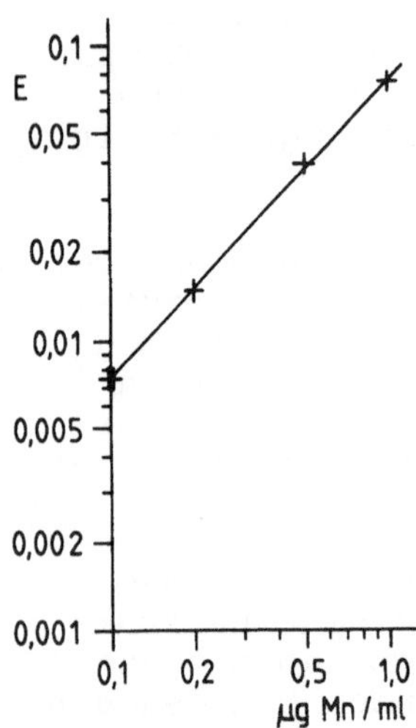

Abb. 44. Eichkurve für die Mangananalyse (Absorption) in der C_2H_2/Luft-Flamme und Meßlösungen mit 200 µg Cs/ml als Ionisationspuffer. E = 0,005 bei 0,067 µg Mn/ml

lichtfilter 250 - 380 nm) 60 s lang gemessen und mit dem Kompensographen registriert wird. Die erhaltenen Eichkurven sind im Konzentrationsbereich von 0,02 bis 2 µg Mn/ml linear.

Die Abbildung 44 zeigt die Eichkurve für die Geräteeinstellung nach Tabelle 28. Bei der Messung von Konzentrationen <0,1 µg Mn/ml ist eine Spreizung des Signals um den Faktor 30 (mittels Kompensographen) zweckmäßig.

Tabelle 29. Einstelldaten des FMD 3 für die Mangananalyse (Emission) in der C_2H_2/Luft-Flamme und 200 µg Cs/ml als Ionisationspuffer

		1 - 10 µg Mn/ml
Monochromator:	Wellenlänge	403,1 nm
	Sperrfilter	380-620 nm
	Spaltbreite	0,04 mm
Brenner:	Brennerhöhe	8 mm
	Trägergas (Luft)	15,7 skt
	Brenngas (C_2H_2)	8,5 skt
Anzeigeeinheit:	Verstärkerstufe	2
	Bereich	T
	Dämpfungsstufe	1
	Faktor	1
Untergrund in % des Nutzausschlages:		46%

Anmerkung: Bei Konzentrationen unter 1 µg Mn/ml Meßlösung wird das Signal zweckmäßig um den Faktor 10 gespreizt bei gleichzeitiger Unterdrückung des Untergrundes.

Die **Empfindlichkeit** beträgt 0,067 µg Mn/ml bei E = 0,005.

Die **Nachweisgrenze** (3s) liegt bei 0,010 µg Mn/ml Meßlösung = 100 ppm Mn i.d.A. Die emissionsflammenspektrometrische Analyse des Mangans in der Acetylen/Luft-Flamme ist etwa 10 weniger empfindlich als die Atomabsorption. Zur Emissionsmessung wird die Resonanzlinie bei 403,1 nm benutzt (Streulichtfilter 380 - 620 nm) und 60 s lang auf der Linie gemessen. Die Eichkurve ist unter 10 µg Mn/ml Meßlösung linear.

Die **Analysengrenze** (10s) liegt bei 0,33 µg Mn/ml Meßlösung und die **Nachweisgrenze** (3s) bei 0,10 µg Mn/ml Meßlösung.

4.4.6 Literatur zu Kapitel 4.4

Fischer, K., Puchelt, H.: Barium. A-O. Handbook of Geochemistry. Band II. Berlin-Heidelberg-New York: Springer, 1972
Köster, H.M.: Die flammenphotometrische Bestimmung der Alkalien Li, Na, K, Rb bei der Silikatanalyse nach Abtrennung der störenden mehrwertigen Kationen und Anionen durch einen mit Ammoniumcitrat beladenen Anionenaustauscher Dowex 1. N. Jb. Miner. Abh. 111, 206-226 (1969)
Mehnert, K.R.: Composition and abundance of common metamorphic rock types. Handbook of Geochemistry. Band I. Berlin-Heidelberg-New York: Springer, 1969
Peacor, D.R.: Manganese. A. Handbook of Geochemistry. Band II. Berlin-Heidelberg-New York: Springer, 1972

Puchelt, H.: Zur Geochemie des Bariums im exogenen Zyklus. Sitzungsber.
  Heidelb. Akad. Wiss. Math.-Nat. Kl. 4. Abh. 1967
Swaine, D.J.: Trace element content of soils. Commonwealth Agr. Bur. Tech.
  Com. 48, 16 (1955)
Tröger, W.E.: Spezielle Petrographie der Eruptivgesteine. Berlin: Verlag
  der Deutschen Mineralogischen Gesellschaft, 1935
  Stuttgart: E. Schweizerbart'sche Verlagsbuchhandlung (Nägele u. Obermiller)
Turekian, K.K., Wedepohl, K.H.: Distribution of the elements in some major
  units of the earth's crust. Geol. Soc. Am. Bull. 72, 175 (1961)
Wedepohl, K.H.: Geochemie. Sammlung Göschen, Bd. 1224/1224a/1224b. Berlin:
  Walter de Gruyter, 1967

4.5 Flammenspektrometrische Analyse des Aluminiums (Atomabsorption) nach Abtrennung störender Lösungspartner

Die flammenspektrometrische Analyse des Aluminiums ist nur in
der heißen Lachgas/Acetylen-Flamme möglich. Empfindliche Analysenstörungen werden vor allem durch Erdalkalien als Lösungspartner verursacht, die mit dem Aluminium in der Flamme schwer dissozierbare Aluminate bilden. Eine weitere empfindliche Störung
ist die Veränderung des Ionisationsgrades von Aluminium in der
Flamme durch Lösungspartner. Bei der Silikatanalyse können diese
Störungen durch Pufferzusätze nur in einem unbefriedigendem Maße
reduziert werden. Eine Trennung des Aluminiums von den Lösungspartnern ist für zuverlässige Analysenergebnisse meistens notwendig.

Aluminium ist mit 7,83% Al nach dem Sauerstoff und dem Silizium
das dritthäufigste Element in den magmatischen Gesteinen der oberen Erdkruste. Die mittleren Gehalte in den wichtigsten Gesteinstypen werden wie folgt angegeben (Turekian und Wedepohl, 1961):
ultrabasaltische Gesteine 3,8%, basaltische Gesteine 14,7%, calciumreiche Granite 15,5%, calciumarme Granite 14,7%, Syenite
16,6%, Tonschiefer 15,0%, Sandsteine 4,7%, Karbonate 0,8%, Tiefseekarbonate 3,8% und Tiefseetone 15,9% Al_2O_3. Magmatische Gesteine mit weniger als 1% Al_2O_3 oder mehr als 30% Al_2O_3 sind
äußerst selten (vgl. Tröger, 1935). Karbonatgesteine und quarzitische Sandsteine enthalten oft nur Spuren von Al_2O_3 (um 0,1%).
Kaolinitische Tone und Kaoline können mehr als 40% Al_2O_3 enthalten, wenn dem Kaolinit (39,5% Al_2O_3) als Hauptbestandteil noch
Gibbsit (65,4% Al_2O_3) oder Diapor (85,0% Al_2O_3) beigemengt sind.
Wenn von Bauxiten oder Korundlagerstätten abgesehen wird, kommen
Gesteine mit mehr als 50% Al_2O_3 praktisch nicht vor.

Die Aufschlußlösungen von Flußsäure-Perchlorsäure-Aufschlüssen
(Kap. 2.3) können bei Einwaagen von 500 mg Analysensubstanz und
Einstellen der Lösungen auf genau 100 ml bis zu 2500 µg Al_2O_3/ml
enthalten. Durch 10- bis 25faches Verdünnen der Aufschlußlösungen
werden Meßlösungen mit günstigen Al_2O_3-Konzentrationen für die
Flammenspektrometrie erhalten. Durch einfaches Verdünnen der Aufschlußlösungen unter Zusatz von Ionisationspuffern kann der Al_2O_3-Gehalt nur in solchen Gesteinen hinreichend zuverlässig analysiert werden, bei denen neben Aluminium nur Spuren von Lösungspartnern vorliegen. Das ist bei Kaolinen und kaolinitischen Tonen
der Fall. Bei allen anderen Gesteinen muß zur flammenspektrome-

Tabelle 30. Einstelldaten des FMD 3 für die Aluminiumanalyse (Absorption) in der C_2H_2/N_2O-Flamme und Meßlösungen mit 1000 µg Cs/ml als Ionisationspuffer

		10 - 50 µg Al/ml
Monochromator:	Wellenlänge	309,3 nm
	Sperrfilter	250-380 nm
	Spaltbreite	0,1 mm
Brenner:	Brennerhöhe	10 mm
	Trägergas (Lachgas)	19 skt
	Brenngas (Acetylen)	11 skt
Lampe:	Lampenstrom	20 mA
Anzeigeeinheit:	Verstärkerstufe	1
	Bereich	E
	Dämpfungsstufe	1
	Faktor	2

trischen Analyse das Aluminium von den Lösungspartnern getrennt werden.

Abtrennung des Aluminiums von den Erdalkalien und Alkalien

Nach Krahl (1975) wird die Abtrennung des Aluminiums von störenden Lösungspartnern zweckmäßig in folgender Weise vorgenommen:

Zu 20 ml salzsaurer oder schwefelsaurer Aufschlußlösung (Kap. 2.2 und 2.3) werden 10 ml 0,1 m Ammoniumcitratlösung von pH 4,0 gegeben. Diese Lösung wird auf eine Anionenaustauschersäule gegeben, die mit 7,5 g Dowex 1x8, 200 - 400 mesh, in der Citratform gefüllt ist. (Die Umladung des Austauschers in die Citratform wird mit 0,1 m Ammoniumcitratlösung von pH 4,0 vorgenommen.) Darauf wird die Austauschersäule mit 200 ml 0,01 m Ammoniumcitratlösung von pH 3,5 - 4,0 eluiert. Alkalien, Erdalkalien und Mangan laufen ins Eluat. Aluminium wird gemeinsam mit Titan, Eisen und einigen Spurenelementen am Harz adsorbiert.

Zur Trennung des Aluminiums von störenden Anionen (Citrat-, Phosphationen usw.) wird an die Anionenaustauschersäule eine Kationenaustauschersäule gekoppelt. Die Kationenaustauschersäule enthält 5 - 6 g Dowex 50"-X12, 200 - 400 mesh, in der H-Form. Die Säulenkombination wird mit 300 ml 0,1 m H_2SO_4 eluiert. Dabei werden alle als Citratkomplexe in der ersten Säule gebundenen Kationen auf die Kationenaustauschersäule umgeladen. Citrat- und Sulfationen laufen ins Eluat und ihre Reste werden mit 50 ml H_2O aus der Säule gewaschen. Die Kationen bleiben dabei am Austauscher adsorbiert.

Das Aluminium wird darauf mit 200 - 250 ml 5 n HCl aus der Kationenaustauschersäule eluiert. Es wird von Eisen und Titan beglei-

158

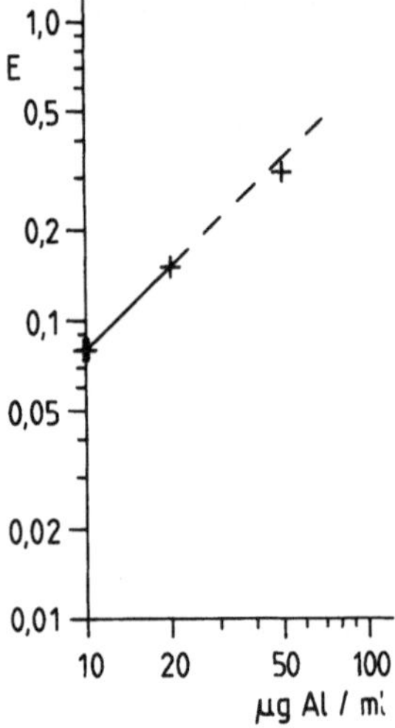

Abb. 45. Eichkurve für die Aluminiumanalyse (Absorption) in der C_2H_2/N_2O-Flamme und Meßlösungen mit 1000 µg Cs/ml als Ionisationspuffer

tet. Für die flammenspektrometrische Analyse des Aluminiums muß die überschüssige Salzsäure aus dem Eluat weitgehend abgedampft werden. Der Verdampfungsrückstand wird mit H_2O aufgenommen, in einen geeichten 500 ml Meßkolben gebracht und nach Zugabe von 50 ml einer CsCl-Lösung von 10.000 µg Cs/ml wird dieser bis zur Eichmarke mit H_2O aufgefüllt. Diese Lösung im Meßkolben enthält 1000 µg Cs/ml und wird als Meßlösung für Aluminium verwendet.

Bei einem Gestein mit 15% Al_2O_3 würde die Meßlösung etwa 16 µg Al/ml enthalten und so für die flammenspektrometrische Aluminiumanalyse gut geeignet sein. Zwischen 20 und 50 µg Al/ml ist die Eichkurve schwach gekrümmt und kann mittels Eichkurvenkorrektur begradigt werden. Bei höheren Aluminiumgehalten müssen die Meßlösungen stärker verdünnt werden. Ab 0,5 µg Al/ml Meßlösung entsprechend 0,48% Al_2O_3 im Gestein sind quantitative Analysen möglich.

Die Eichlösungen werden durch Verdünnen von Titrisol-Lösung mit 1 g Al/Liter und CsCl-Lösung mit 10 g Cs/Liter (12,667 g CsCl) hergestellt.

4.5.1 Literatur zu Kapitel 4.5

Krahl, J.: Säulenchromatographische Ionenaustauschverfahren in der Silikatgesteinsanlayse zur selektiven Abtrennung von Erdalkalien, Aluminium und Gallium unter Berücksichtigung der Alkalien, des Eisens, des Titans, und einiger Nebengruppenelemente. Diss. Techn. Univ. München (1975)
Tröger, W.E.: Spezielle Petrographie der Eruptivgesteine. Berlin: Verlag der Deutschen Mineralogischen Gesellschaft, 1935; Stuttgart: E. Schweizerbart'sche Verlagsbuchhandlung (Nägele u. Obermiller)
Turekian, K.K., Wedepohl, K.H.: Distribution of the elements in some major units of the earth's crust. Geol. Soc. Am. Bull. 72, 175 (1961)

Tabelle 31. Einstelldaten des FMD 3 für die Eisenanalyse (Atomabsorption) in der C_2H_2/Luft-Flamme und 0,2 n salzsauren Lösungen

		1-10 µg Fe_2O_3/ml	10-100 µg Fe_2O_3/ml
Monochromator:	Wellenlänge	248,3 nm	372,0 nm
	Sperrfilter	200-250 nm	250-380 nm
	Spaltbreite	0,06 mm	0,02 mm
Brenner:	Brennerhöhe	8 mm	8 mm
	Trägergas (Luft)	15,6 skt	15,6 skt
	Brenngas (C_2H_2)	9,0 skt	9,0 skt
Lampe:	Lampenstrom	10 mA	10 mA
Anzeigeeinheit:	Verstärkerstufe	1	1
	Bereich	E	E
	Dämpfungsstufe	1	1
	Faktor	1	1

4.6 Flammenspektrometrische Analyse von Eisen, Kupfer und Zink nach Abtrennung von anderen Lösungspartnern als Chlorokomplexe am Anionenaustauscher Dowex 1x8

Nach Abtrennung der Chlorokomplexe des Eisens, Kupfers und Zinks (Kap. 4.1) von den anderen Lösungspartnern der Silikatgesteins-aufschlüsse bietet die flammenspektrometrische Analyse dieser drei Elemente keine Schwierigkeiten mehr. Die salzsauren Eluate des Trennungsganges müssen lediglich gegen salzsaure Eichlösungen gleicher Normalität Salzsäure gemessen werden, um zuverlässige Analysenwerte für Eisen, Kupfer und Zink zu erhalten (Köster, 1973).

4.6.1 Eisen (Absorption)

Die flammenspektrometrische Analyse des Eisens im Anschluß an den oben beschriebenen Trennungsgang (Kap. 4.1) ist besonders von Vorteil bei relativ niedrigen Eisengehalten in der Analysen-substanz. Bei Gehalten unter 2% Fe_2O_3 i.d.A. entsprechend < 2000 µg Fe_2O_3 in der 0,2 n salzsauren Eluatfraktion II (oder < 80 µg Fe_2O_3/ml), wenn von 100 mg Analyseneinwaage ausgegangen wird, befindet sich praktisch alles Eisen in dieser zweiten Eluatfrak-tion. Die 0,2 n salzsaure Eluatfraktion wird unverdünnt bei einer Wellenlänge von 372,0 nm gegen abgestufte Eichlösungen mit 10 bis 100 µg Fe_2O_3/ml gemessen und zwar 60 s lang auf der Analysenlinie. Die Eichkurve (Abb. 47) ist in diesem Konzentrationsbereich exakt linear. Für die Eisenanalyse wird eine C_2H_2/Luft-Flamme verwendet. Die Einstelldaten des FMD 3 sind in der Tabelle 31 aufgeführt.

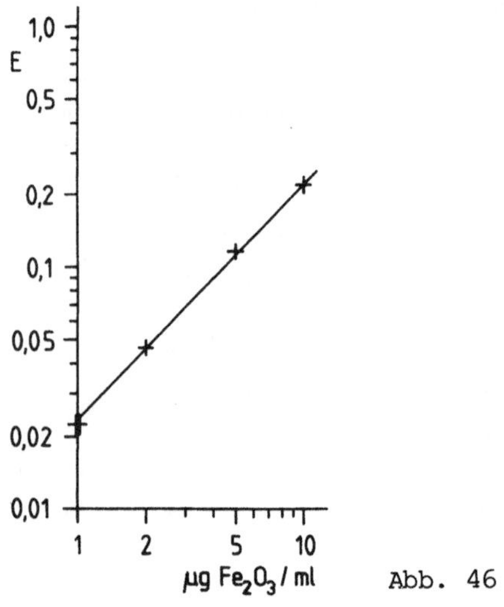

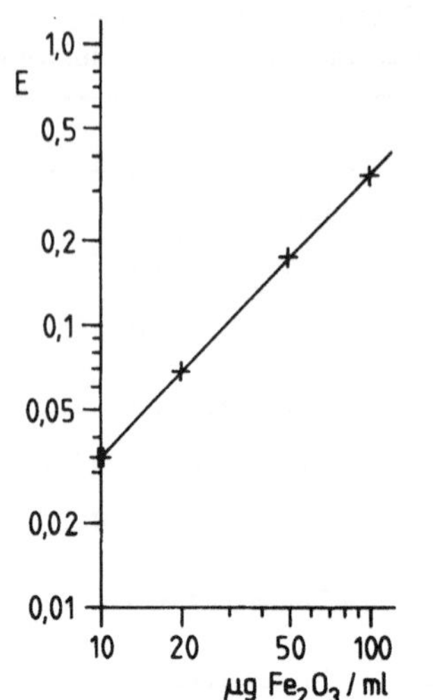

Abb. 46. Eichkurve für die Eisenanalyse (Absorption, λ = 248,3 nm) in der C_2H_2/Luft-Flamme und Meßlösungen mit 0,2 n HCl. E = 0,005 bei 0,22 µg Fe_2O_3/ml

Abb. 47. Eichkurve für die Eisenanalyse (Absorption, λ = 372,0 nm) in der C_2H_2/Luft-Flamme und Meßlösungen mit 0,2 nHCl. E = 0,005 bei 1,5 µg Fe_2O_3/ml

Bei größeren Eisengehalten bis 10% Fe_2O_3 in der Analysensubstanz finden sich nur noch bis 96% der Eisenmenge in der zweiten Eluat-fraktion. Der Rest des Eisens verteilt sich auf die Eluatfraktion I und II. Zur quantitativen Gewinnung größerer Eisenmengen müßte der Trennungsgang nach Kapitel 4.1 modifiziert werden und ist dann zur nachfolgenden Analyse von Kupfer- und Zinkspuren nicht mehr geeignet. Außerdem müssen Eluate mit höheren Eisengehalten als 100 µg Fe_2O_3/ml verdünnt werden, um in den linearen Teil der Eichkurve zu gelangen, die bei höheren Gehalten als 100 µg Fe_2O_3/ml stark gekrümmt ist. Dieser gekrümmte Teil ist in Abbildung 47 nicht wiedergegeben.

Kleine Eisengehalte unter 0,25% Fe_2O_3 in der Analysensubstanz oder 10 µg Fe_2O_3/ml in der Eluatfraktion II werden bei einer Wellenlänge von 248,3 nm gegen abgestufte 0,2 n salzsaure Eich-lösungen mit 1 bis 10 µg Fe_2O_3/ml gemessen und zwar 60 s lang auf der Analysenlinie. Die Eichkurve (Abb. 46) ist im angegebenen Konzentrationsbereich exakt linear.

Die mit dem FMD 3 erreichte Analysenempfindlichkeit bei den Ein-stelldaten der Tabelle 31 ist:

0,22 µg Fe_2O_3/ml Meßlösung bei E = 0,005

Dieser Wert entspricht ziemlich genau der zehnfachen Standard-abweichung (10s). Bei Vorgabe von 100 mg Analysensubstanz sind daher Gehalte ab 55 ppm Fe_2O_3 i.d.A. quantitativ meßbar.

<u>Tabelle 32.</u> Einstelldaten des FMD 3 für die Kupferanalyse (Atomabsorption) in der H_2/Luft-Flamme und 0,2 n salzsauren Lösungen

		0,1 - 1 µg Cu/ml
Monochromator:	Wellenlänge	324,8 nm
	Sperrfilter	250-380 nm
	Spaltbreite	0,03 mm
Brenner:	Brennerhöhe	6 mm
	Trägergas (Luft)	15,6 skt
	Brenngas (H_2)	4,4 skt
Lampe:	Lampenstrom	7 mA
Anzeigeeinheit:	Verstärkerstufe	1
	Bereich	E
	Dämpfungsstufe	1
	Faktor	1

Stammlösung

1000 mg Fe_2O_3 p.a. (Urtitersubstanz) werden in 20 ml 32%iger HCl p.a. und 50 ml destilliertem Wasser gelöst und diese Lösung in einem geeichten 1000-ml-Meßkolben mit destilliertem Wasser zu 1000 ml aufgefüllt. Diese Stammlösung ist 0,2 n salzsauer. Eichlösungen geeigneter Konzentrationen werden aus der Stammlösung durch Verdünnen mit 0,2 n HCl p.a. hergestellt.

4.6.2 Kupfer (Absorption)

Nach dem Trennungsgang (Kap. 4.1) befindet sich das Kupfer neben dem Eisen quantitativ in der 0,2 n salzsauren Eluatfraktion II. Bei der flammenspektrometrischen Analyse stören sich Eisen und Kupfer gegenseitig nicht. Die Eluatfraktion II wird unverdünnt bei einer Wellenlänge von 324,8 nm gegen abgestufte Eichlösungen gemessen und zwar 60 s lang auf der Analysenlinie. Optimale Verhältnisse für die Kupferanalyse bietet die H_2/Luft-Flamme und der Meßbereich von 0,1 bis 1 µg Cu/ml Meßlösung, in dem die Eichkurve linear ist. Die Einstelldaten des FMD 3 sind in Tabelle 32 angegeben.

Die mit dem FMD 3 erreichte Analysenempfindlichkeit bei den Einstelldaten der Tabelle 32 ist:

0,08 µg Cu/ml Meßlösung bei E = 0,005

Dieser Wert entspricht etwa der zehnfachen Standardabweichung. Quantitative Kupferanalysen sind daher bei Vorgabe von 100 mg Analysensubstanz ab 22,5 ppm Cu in der Analysensubstanz möglich.

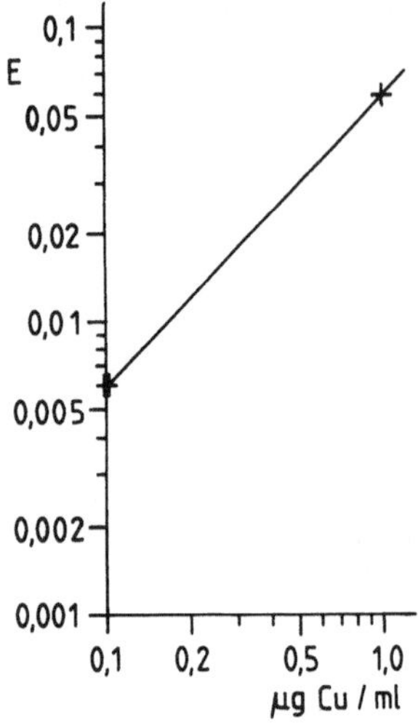

Abb. 48. Eichkurve für die Kupferanalyse (Absorption) in der H_2/Luft-Flamme und Meßlösungen mit 0,2 n HCl. E = 0,005 bei 0,08 µg Cu/ml

Analysierte Kupfergehalte von 7 bis 22,5 ppm Cu i.d.A. haben den Wert halbquantitativer Angaben.

Stammlösung

1252 mg Kupfer(II)oxid werden in 20 ml 32%iger HCl suprapur und 50 ml destilliertem Wasser gelöst und die Lösung in einen geeichten 1000-ml-Meßkolben übergeführt und der Meßkolben bis zur Eichmarke mit destilliertem Wasser aufgefüllt und umgeschüttelt. Diese Stammlösung enthält 1000 µg Cu/ml und ist 0,2 n salzsauer.

Durch Verdünnen der Stammlösung mit 0,2 n HCl suprapur werden Eichlösungen hergestellt mit 1 µg Cu/ml und 0,1 µg Cu/ml.

4.6.3 Zink (Absorption)

Nach dem Trennungsgang (Kap. 4.1) gelangt das Zink quantitativ in die 0,005 n salzsauren Eluatfraktionen III und IV, wenn mit der Aufschlußlösung 50 bis 500 µg Zn auf den Austauscher gegeben werden. Liegt die aufgegebene Zinkmenge unter 50 µg Zn, so ist sie praktisch quantitativ in der Eluatfraktion III angereichert. Letzteres ist bei Silikatanalysen fast immer der Fall, weil die Zinkgehalte in Gesteinen und Silikatmineralen im allgemeinen kleiner sind als 500 ppm Zn. Die Eluatfraktion III wird unverdünnt bei einer Wellenlänge von 213,9 nm gegen abgestufte Eichlösungen gemessen und zwar 60 s lang auf der Analysenlinie. Nur bei höheren Zinkgehalten als 500 ppm Zn in der Analysensubstanz müssen die Eluatfraktionen III und IV vor der Messung im Verhältnis 1:1 gemischt werden.

Optimale Verhältnisse für die Zinkanalyse bietet die H_2/Luft-Flamme und der Meßbereich 0,1 bis 1 µg Zn/ml Meßlösung, in dem die Eichkurve exakt linear ist. Die Einstelldaten des FMD 3 sind in Tabelle 33 angegeben.

Tabelle 33. Einstelldaten des FMD 3 für die Zinkanalyse (Atomabsorption) in der H_2/Luft-Flamme und 0,005 n salzsauren Lösungen

		0,1 - 1 µg Zn/ml
Monochromator:	Wellenlänge	213,9 nm
	Sperrfilter	200-250 nm
	Spaltbreite	0,2 nm
Brenner:	Brennerhöhe	6 mm
	Trägergas (Luft)	15,6 skt
	Brenngas (H_2)	4,6 skt
Lampe:	Lampenstrom	7 mA
Anzeigeeinheit:	Verstärkerstufe	1
	Bereich	E
	Dämpfungsstufe	1
	Faktor	1

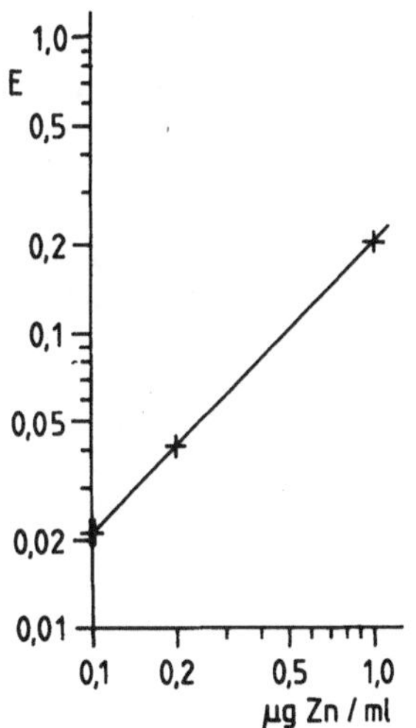

Abb. 49. Eichkurve für die Zinkanalyse (Absorption) in der H_2/Luft-Flamme und Meßlösungen mit 0,005 n HCl. E = 0,005 bei 0,024 µg Zn/ml

Die mit dem FMD 3 erreichte Analysenempfindlichkeit bei den Einstelldaten der Tabelle 33 ist:

0,024 µg Zn/ml Meßlösung bei E = 0,005

Dieser Wert entspricht etwa der zehnfachen Standardabweichung. Quantitative Zinkanalysen sind daher bei Vorgabe von 100 mg Analysensubstanz ab 6 ppm Zn in der Analysensubstanz möglich. Analysierte Zinkgehalte zwischen 1,8 und 6 ppm Zn i.d.A. haben den Wert halbquantitativer Angaben.

Stammlösung

100 mg Zink p.a. werden in 200 ml n HCl (suprapur) gelöst und
die Lösung in einem geeichten 1000-ml-Meßkolben mit destilliertem Wasser bis zur Marke aufgefüllt und umgeschüttelt. Diese
Stammlösung enthält 1000 µg Zn/ml und ist 0,005 n salzsauer.

Durch Verdünnen der Stammlösung mit 0,005 n HCl (suprapur) werden Eichlösungen hergestellt mit 1 µg Zn/ml und 0,1 µg Zn/ml.

4.6.4   Literatur zu Kapitel 4.6

Köster, H.M.: Die Bestimmung von Kupfer(II), Eisen(III) und Zink(II) mittels
   Atomabsorption bei der chemischen Gesteinsanalyse nach Abtrennung der Lö-
   sungspartner am Cl-beladenen Anionenaustauscher Dowex 1x8 oder Amberlite
   CG-400-I. N. Jb. Miner. Abh. 119, 145-154 (1973)

4.7   Spektralphotometrische Analyse von Elementen nach ihrer Abtrennung am Anionenaustauscher Dowex 1x8

Die Elemente Mn, Pb, Zn, Cu, Ni, Co, Fe, Al und Ti können grundsätzlich auch spektralphotometrisch nach den in den Kapiteln 3.1
und 3.2 beschriebenen Methoden analysiert werden, nachdem sie
wie in den Kapiteln 4.1 und 4.2 beschrieben an Ionenaustauschern
getrennt und aufgeschlüsselt worden sind.

Bei der Trennung am citratbeladenen Anionenaustauscher sind die
Spurenelemente Pb, Zn, Cu, Ni und Co in den Eluaten für die flammenspektrometrische und die spektralphotometrische Analyse zu
stark verdünnt und müßten durch Extraktion zuerst angereichert
werden. Die direkte Anreicherung und Analyse aus aliquoten Teilen
der Aufschlußlösungen ist für diese Elemente deshalb vorzuziehen.

Bei kleinen Aluminiumgehalten in der Analysensubstanz kann nach
der Abtrennung des Aluminiums von allen anderen Kationen am citratbeladenen Dowex 1 und Dowex 50W in der H-Form die spektralphotometrische Analyse mittels Alizarin-S der flammenspektrometrischen hinsichtlich der Empfindlichkeit überlegen sein.

Eisen und Titan können nach der Abtrennung am citratbeladenen
Dowex 1 und der Aufschlüsselung am Dowex 50W in der H-Form ebenfalls spektralphotometrisch analysiert werden. Das kann bei der
Analyse der chemischen Hauptbestandteile sehr kleiner Silikat-
einwaagen notwendig sein. Im allgemeinen werden Eisen und Titan
zuverlässig und viel schneller aus aliquoten Teilen der schwefelsauren Aufschlußlösung direkt analysiert.

Die Abtrennung von Eisen, Kupfer und Zink am Anionenaustauscher
Dowex 1 in der Chloridform (Kap. 4.2) ist nur zweckmäßig, wenn
eine flammenspektrometrische Analyse dieser Elemente angeschlossen wird, wodurch eine Zeitersparnis gegenüber spektralphotometrischen Verfahren erreicht wird.

Die spektralphotometrische Analyse des Mangans mit Formaldoxim
nach der Trennung der Alkalien, Erdalkalien und des Mangans von

den höherwertigen Kationen mittels citratbeladenem Dowex 1 umgeht Schwierigkeiten bei der direkten Analyse kleiner Manganmengen als Permanganat. Außerdem übertrifft sie die Empfindlichkeit der flammenspektrometrischen Mangananalyse (Kap. 4.4.5) unter den hier gegebenen Voraussetzungen.

4.7.1 Manganbestimmung mit Formaldoxim

Die sonst übliche spektralphotometrische Analyse des Mangans als Permanganat wird durch Spuren organischer Substanzen und Chloride empfindlich gestört. Die Analyse sehr kleiner Mangangehalte nach der Permanganatmethode ist unzuverlässig.

Nach Abtrennung des Mangans von den höherwertigen Kationen (Kap. 4.2) kann die sehr empfindliche spektralphotometrische Analyse mittels Formaldoxim angewendet werden (Gottlieb und Hecht, 1950). Störungen durch Lösungsgenossen treten hier nicht mehr auf.

Werden nach der unten folgenden Analysenvorschrift 20 ml der Eluate (= 20 mg der Einwaage) für die Mangananalyse verwendet, so können unter Voraussetzung des gleichen Meßfehlers (10s) bei der spektralphotometrischen Analyse ab 50 ppm Mn i.d.A. statt ab 165 ppm Mn bei der flammenspektrometrischen Analyse (Kap. 4.4.5) qunatitativ gemessen werden.

Analysenvorschrift

(nach Abtrennung des Mangans an einer Säulenkombination aus einem mit Citronensäure umgeladenen Anionenaustauscher Dowex 1 und einem Dowex 1 in der Chloridform befindet sich das Mangan quantitativ in den beiden ersten Eluatfraktionen von je 100 ml)

Aliquote Teile von je 20 ml werden den Eluatfraktionen I und II mit geeichten Vollpipetten entnommen (= 20 mg der Einwaage) und in einen 50-ml-Meßkolben gegeben. Darauf werden 1 ml Reagenzlösung und 2,5 ml 25%iger Ammoniak zugesetzt und der Meßkolben bis zur Marke aufgefüllt und umgeschüttelt.

Nach 30 min wird bei einer Wellenlänge von λ = 450 nm in 5-cm-Küvetten gegen eine Blindlösung gemessen (Zeiss-PMQ 3: Spaltbreite 0,02 nm, Filter 380 - 500 nm). Eine Lösung mit 0,5 µg Mn/ml zeigt dabei eine Extinktion von 0,49.

Optimale Meßbedingungen

0,1 - 0,7 µg Mn/ml Meßlösung mit 5-cm-Küvetten
= 250 - 1750 ppm Mn bzw. 0,032 - 0,226% MnO in der Analysensubstanz.

0,5 - 3,7 µg Mn/ml Meßlösung mit 1-cm-Küvetten
= 0,16 - 1,20% MnO in der Analysensubstanz.

Reagenzien

1. Formaldoxim-Lösung: 10 g Paraformaldehyd und 23,5 g Hydroxylammoniumsulfat werden in einem 300-ml-Erlenmeyerkolben mit 100 ml

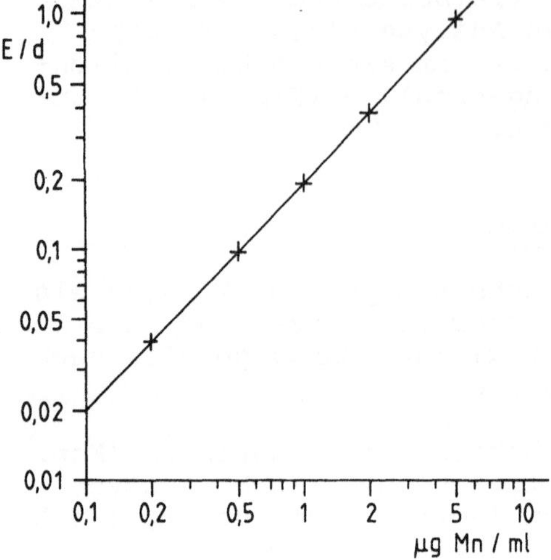

<u>Abb. 5O.</u> Eichkurve für die spektra-
photometrische Mangananalyse mit
Formaldoxim

destilliertem Wasser versetzt und unter Rühren bis zur klaren
Auflösung erhitzt. Diese Reagenzlösung wird in einer Kautexflasche aufbewahrt und ist so mehrere Wochen haltbar

2. konz. Ammoniak, p.a., 25%ig

3. Standardlösungen: (0,01 n H_2SO_4)
a) 100 µg Mn/ml = 274,85 mg $MnSO_4$/1000 ml H_2O
$\qquad\qquad\qquad$ = 307,7 mg $MnSO_4 \cdot H_2O$/1000 ml H_2O
b)   5 µg Mn/ml
c) 0,5 µg Mn/ml

4.7.2 Literatur zu Kapitel 4.7

Gottlieb, A, Hecht, F.: Colorimetrische Bestimmung von Mangan in Gläsern.
 Mikrochemie <u>35</u>, 337-345 (1950)

5　Anhang

Einige chemische Elemente können mit spektralphotometrischen,
komplexometrischen oder flammenspektrometrischen Methoden nicht
direkt analysiert werden. Dazu gehören bei Silikatanalysen die
Elemente Fluor, Wasserstoff, Kohlenstoff und Schwefel. Ihre Konzentrationen können sich zwischen Spurengehalten und der von
Hauptbestandteilen bewegen. Nach ihrer Häufigkeit in den Eruptiv-
gesteinen der oberen Erdkruste gehören die vier Elemente zu den
wichtigsten Spurenelementen (Wedepohl, 1967) und ihre mittleren
Gehalte sind dort:

F　720 ppm
H　700 ppm
C　320 ppm
S　310 ppm

Tonige Sedimentgesteine bestehen überwiegend aus wasserhaltigen
Silikatmineralen. Mergel sind Mischgesteine aus wasserhaltigen
Silikaten und aus Karbonaten. In diesen Sedimentgesteinstypen
sind Wasserstoff und Kohlenstoff Hauptbestandteile der chemischen Analyse. Daneben können sulfidische Erzminerale oder Sulfate als Gemengteile vorkommen.

Fluor und Wasserstoff sind Bestandteile vieler Silikatminerale.
In Silikatgesteinen sind meistens ein oder mehrere der vier Elemente so konzentriert, daß sie bei einer vollständigen chemischen
Analyse berücksichtigt werden müssen. Deshalb sind im folgenden
einfache Analysenmethoden beschrieben, die fast bei jeder Gesteinsanalyse anwendbar sind und zuverlässige Ergebnisse liefern.

5.1　H_2O-Analyse nach der Penfield-Methode

Silikatminerale können Wasser in verschiedener Form enthalten.
In die Kristallstrukturen der Amphibole, Glimmer, Tonminerale,
Zeolithe u.a. sind (OH)-Gruppen eingebaut. Die Minerale magma-
tischer und metamorpher Gesteine sind durchsetzt mit bläschen-
förmigen, meist mikroskopisch kleinen Hohlräumen, die neben Ga-
sen wäßrige Lösungen enthalten. Schließlich haben einige Minerale
adsorptiv gebundenes Wasser. So sind auf den Oberflächen der Tonminerale Kationen adsorbiert, die sich mit Hydrathüllen umgeben,
und das abhängig vom Wasserdampfdruck der umgebenden Atmosphäre.
Außerdem ist jedes Pulver mehr oder weniger hygroskopisch, auch
"analysenfein" gemahlene Gesteine oder Minerale.

Lange Zeit glaubten die Analytiker, durch Erhitzen von Analysenproben auf 105°C oder 110°C adsorptiv gebundenes Wasser vom chemisch gebundenen Wasser unterscheiden zu können. Das ist jedoch

praktisch nicht möglich. Bei den Tonmineralen wird ein Teil
des adsorptiv gebundenen Wassers bis 300°C noch festgehalten,
während bei diesen Temperaturen kristallchemisch gebundenes Wasser beginnt, aus der Kristallstruktur auszutreten. Beim Mahlen
von Mineralen werden Gitterstörungen hervorgerufen und dabei
wird auch kristallchemisch gebundenes Wasser aus der Kristallstruktur freigesetzt. Andererseits bleiben beim Mahlen wasser-
gefüllte Bläschen zum Teil erhalten. So ist auch bei magmatischen
Gesteinen eine analytische Unterscheidung von adsorptiv und kristallchemisch gebundenem Wasser nicht exakt möglich.

Bei jeder Wasseranalyse an Gesteinen oder Mineralen wird Wasser
der genannten Bindungsarten in wechselnden Anteilen summiert.
Außerdem ist immer ein Teil des im natürlichen Zustand vorhandenen Wassers bei der Probenvorbereitung verlorengegangen. Jedoch ist Wasser ein Bestandteil der Gesteine und Minerale und
die Wasseranalyse grundsätzlich notwendig. Nur die Ausdeutung
des Analysenergebnisses ist wegen der genannten Gründe immer mit
fehlerhaften Annahmen verknüpft. Eine technische Schwierigkeit
tritt zusätzlich bei der Analyse hygroskopischer Substanzen auf,
d.h. Gesteinen, die Tonminerale oder Zeolithe enthalten. Bei
wiederholten Analysen solcher Proben läßt sich der Wassergehalt
ohne besondere Maßnahmen nur unbefriedigend reproduzieren.

Grundvoraussetzungen für die Wasseranalyse

Alle Analyseneinwaagen müssen gleichzeitig erfolgen und die Wasseranalyse als erste unmittelbar nach der Einwaage durchgeführt
werden. Auf diese Weise lassen sich die Einwaagen aller Teilana-
lysen auf den gleichen Wassergehalt beziehen.

Gesteine, die keine hygroskopischen Bestandteile enthalten, müssen nach dem Mahlen auf Analysenfeinheit mehrere Stunden bei
110°C getrocknet und darauf über Nacht im Exsikkator abgekühlt
werden. Erst dann können Analyseneinwaagen durchgeführt werden.
In luftdichten Gefäßen aufbewahrt, ändert sich der Wassergehalt
solcher Proben über Wochen und Monate praktisch nicht.

Hygroskopische Analysenproben, wie Tone, dürfen nicht bei 110°C
oder noch höheren Temperaturen getrocknet werden. So getrocknete
Proben nehmen während des Wägevorganges sehr rasch Feuchtigkeit
auf, so daß eine zuverlässige Einwaage unmöglich wird. Feuchte
Tonproben oder durch Schlämmen gewonnene Tonfraktionen werden
zweckmäßig durch Gefriertrocknung in trockene Pulver überführt
und können in diesem Zustand, der dem lufttrockener Proben weitgehend entspricht, eingewogen werden.

Prinzip der Penfield-Methode und die notwendigen Geräte

Bei der Penfield-Methode (Penfield, 1894) wird das Wasser durch
Erhitzen der Analysensubstanz ausgetrieben, darauf kondensiert
und gewogen. Ein einfaches Erhitzen der Proben auf 1000°C genügt
bei Silikatanalysen nicht, weil die Amphibole und Glimmer merkliche Wassermengen bis zu hohen Temperaturen festhalten können.
Die Silikate müssen bei der Analyse durch ein Flußmittel aufgeschlossen werden. Dieses Flußmittel muß außerdem stark oxidierend
wirken; denn viele Silikatproben enthalten zweiwertiges Eisen,

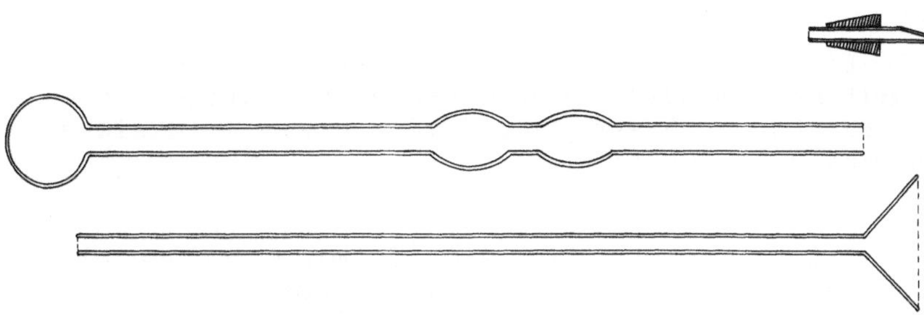

Abb. 51. Penfield-Rohr mit Einfülltrichter und Kapillare

Schwefel oder Kohlenstoff, die H_2O zu Wasserstoff reduzieren und ohne Gegenwart von Oxidationsmitteln Verluste an H_2O bei der Analyse verursachen würden.

Geeignete oxidierende Flußmittel sind Bleichromat $PbCrO_4$ oder ein Gemenge 1:1 von PbO und PbO_2. Neben der oxidierenden Wirkung dieser Flußmittel binden sie die flüchtigen Bestandteile F und SO_3 zu PbF_2 und $PbSO_4$ (Hartwig-Bendig, 1941). Bleichromat (Reinheitsgrad "gefällt rot" genügt) muß für die Wasseranalyse fein gepulvert und im elektrischen Ofen bei 450°C mehrere Stunden getrocknet werden. Bei den Bleioxiden genügt nach dem Durchmischen von PbO und PbO_2 (p.a.) mittels Spatel Trocknen bei 110°C im Trockenschrank. Die Wirksamkeit beider Flußmittel ist praktisch gleich.

Zur Analyse dient das Penfieldrohr aus schwer schmelzbarem Duran-Glas (Abb. 51). Das Penfieldrohr ist 240 mm lang, hat 8 mm Außen- und 6 mm Innendurchmesser. Das untere Rohrende wird durch eine Kugel von etwa 24 mm Durchmesser abgeschlossen. In der oberen Rohrhälfte (ab 120 bis 170 mm) befinden sich zwei kleinere kugelförmige Erweiterungen des Rohres von etwa 16 mm Durchmesser zum Auffangen des kondensierten H_2O. Als weiteres Hilfsmittel dient ein Einfülltrichter, dessen nicht allzu enges Rohr bis in die untere Kugel des Penfieldrohres reichen muß. Ein Kork mit eingelassener Glaskapillare wird als Abschluß des anderen Rohrendes benutzt. Beim Analysenvorgang soll durch die Glaskapillare die flüchtige Kohlensäure entweichen. Stativ mit Klammer zum Halten des Penfieldrohres und ein Gebläse vervollständigen die notwendige Ausrüstung (vgl. Herrmann, 1975).

Einwaage

Zur Analyse werden 0,5 g Probensubstanz genau eingewogen. Bei Wassergehalten über 10% in der Analysensubstanz reichen auch kleinere Einwaagen aus. Zweitens werden 0,5 g Bleioxidgemisch zum Aufschluß der Analysenprobe eingewogen. (Der Autor zieht die leichter zu handhabenden Bleioxide dem Bleichchromat als Flußmittel vor.)

Zur Blindprobe werden weitere 0,5 g Bleioxidgemisch eingewogen und deren minimaler Wassergehalt zur Korrektur der Analysenproben verwendet. Zweckmäßig werden die Wasseranalysen in kleinen Analysenserien von 6 bis 10 Proben durchgeführt.

Füllen des Penfieldrohres

Die sauberen Penfieldrohre werden vor der Benutzung mit einem
Teclubrenner ausgeglüht, um adsorbiertes Wasser zu vertreiben
oder Fettfilme zu zerstören. Anschließend müssen sie im Exsikkator auf Zimmertemperatur abkühlen.

In das abgekühlte Penfieldrohr wird zuerst die Analyseneinwaage
gefüllt. Darauf wird das eingewogene Bleioxidgemisch nachgefüllt.
Das Bleioxidgemisch eignet sich vorzüglich, die noch am Einfülltrichter haftenden Reste der Analysensubstanz in die untere Kugel des Penfieldrohres zu spülen. Die Kugel des Penfieldrohres
soll nach dem Einfüllen der Analyseneinwaage und des Aufschluß-
mittels höchstens bis zur Hälfte gefüllt sein. Der Einfülltrichter darf nicht bis in die eingefüllte Substanz reichen, um Verluste durch haftenbleibende Substanz zu vermeiden. Analyseneinwaage und Bleioxide in der Kugel werden durch leichtes Klopfen
und Stoßen unter gleichzeitigem Drehen des unter 45° geneigten
Penfieldrohres gemischt. Die Vermengung beider Substanzen ist
ausreichend, wenn nach Augenschein Homogenität erreicht ist.

Befestigen und Erhitzen des Penfieldrohres

Zum Halten des Penfieldrohres in einer Stativklammer benutzt man
einen entsprechend dem Außendurchmesser des Penfieldrohres zen-
trisch durchbohrten Korken, der zum Einsetzen des Penfieldrohres
der Länge nach entzwei geschnitten ist. Vor dem Einsetzen ins
Stativ wird das Penfieldrohr mit der Kapillare versehen und so
befestigt, daß das Rohr in Richtung zur Kapillare leicht geneigt
ist und so CO_2 ausfließen kann. Das Penfieldrohr wird mittels
Stativklammer in seiner Korkhalterung nur leicht festgeschraubt,
so daß es um die Längsachse drehbar ist. Die Füllung der unteren
Kugel und die leichte Neigung des Penfieldrohres müssen so abgestimmt sein, daß beim langsamen Drehen des Penfieldrohres keine
Substanz in das Rohr hineinwandern kann.

Die beiden kugelförmigen Erweiterungen des Penfieldrohres werden
mit einem Kleenextuch oder besser mit einem Stückchen sauberen
Leinenstoff umwickelt und zwecks Kondensation des Analysenwassers
wird das Tuch mit destilliertem Wasser durchfeuchtet und so ständig gekühlt. Der Kondensationsteil des Penfieldrohres kann gegen
den zu erhitzenden Reaktionsteil (Kugelende) mit einem Stückchen
durchbohrter Asbestpappe abgeschirmt werden, was aber bei steti-
ger Kühlung des Kondensationsteiles nicht unbedingt notwendig
ist.

Die Reaktionskugel des Penfieldrohres wird zunächst mit schwacher
Flamme des Gebläsebrenners fächelnd erhitzt. Dann wird unter
langsamer Drehung des Penfieldrohres und Steigerung der Flamme
eine beginnende Sinterung der Substanz unter gleichzeitiger Verteilung über die Innenfläche der Reaktionskugel erreicht. Bei
Steigerung des Brenners bis zur Rotglut der Reaktionskugel bildet sich ein Schmelzfilm auf der inneren Kugelfläche, in dem die
Substanz sich löst und zerfließt. Dieser Schmelzfluß muß 2 - 3
min erhalten bleiben und unter Drehen des Penfieldrohres eine
Deformation der erweichenden Reaktionskugel verhindert werden.
Eine Schmelzansammlung oder örtliche Überhitzung der Kugel würde

zum Durchschmelzen führen und durch die auftretende Kaminwirkung
im Penfieldrohr eine Fehlanalyse zur Folge haben.

Nach Beendigung der Reaktion muß die Brennerflamme von der Kugel
langsam und stetig auf das angrenzende Rohrstück verlagert werden
und so kondensiertes Analysenwasser in den Kondensationsteil des
Penfieldrohres weitergetrieben werden. Etwa 3 cm neben der Reaktionskugel wird zuletzt das Penfieldrohr zu- und die Reaktionskugel abgeschmolzen. Dabei wird das Penfieldrohr langsam hin-
und hergedreht und gleichzeitig mittels einer Tiegelzange die
Reaktionskugel vom übrigen Rohr abgezogen. Das neue Rohrende
wird rundgeschmolzen. Auch beim Abschmelzen der Reaktionskugel
muß ein Aufreißen des Penfieldrohres tunlichst vermieden werden.

Das Erhitzen des Penfieldrohres dauert etwa 10 min, bei schwerer
schmelzbaren Proben bis zu 15 min.

Wägung des Analysenwassers

Nach dem Abschmelzen der Reaktionskugel und kurzem Abkühlen des
Rohres wird zuerst der Kork mit Glaskapillare abgenommen und das
Rohr durch einen numerierten Gummistopfen verschlossen. Dann wird
das Rohr aus dem Stativ entfernt und mit einem Kleenextuch außen
leicht abgetrocknet. Dabei und bei allen folgenden Handhabungen
darf das Rohr nur mit einer Zange oder einem Kleenextuch angefaßt
werden. Das verschlossene Rohr wird in einen Exsikkator gelegt.
Vom Stativ bis zum Exsikkator muß das Rohr waagerecht gehalten
werden, damit kein Kondenswasser zu den Rohrenden läuft.

Nach dem Abkühlen auf Zimmertemperatur wird das Rohr mit dem
Kondenswasser und ohne Gummistopfen gewogen.

Hinweis. Kleine, auf Rotglut erhitzte Glas- oder Porzellangefäße
benötigen zum Abkühlen auf Zimmertemperatur mehrere Stunden an
Zeit. Zweckmäßig läßt man die geglühten Penfieldrohre über Nacht
abkühlen. Nur Metalltiegel kühlen innerhalb zwei Stunden von
1000°C auf Zimmertemperatur ab.

Das Kondenswasser läßt sich am schnellsten durch Befächeln mit
einer kleinen farblosen Flamme eines Teclubrenners aus dem Penfieldrohr vertreiben. Kondenswassertropfen müssen zuvor aus dem
Rohr auslaufen.

Nach dem Austreiben des Kondenswassers muß das Rohr wieder im
Exsikkator auf Zimmertemperatur abkühlen. Darauf wird das leere
Rohr zurückgewogen. Zur Kontrolle kann das Rohr bei 110°C im
Trockenschrank (im Becherglas aufrecht stehend) mehrere Stunden
getrocknet werden und nach dem Abkühlen nochmals gewogen werden.

Das Analysenergebnis errechnet sich aus:

$$\frac{(\text{mg Gewichtsdiff.}_{\text{Anal.Subst.}} - \text{mg Gewichtsdiff.}_{\text{Flußm.}}) \cdot 100}{\text{mg Einwaage}} = H_2O \; [\%]$$

Die Wasseranalyse nach Penfield ist eine einfache, mit geringem
apparativem Aufwand durchführbare Methode. Die oben beschriebene

Variante ist bei Gesteinsanalysen universell anwendbar und die
notwendige Zeit relativ kurz. Die Methode ist für Einzelanalysen
ebensogut geeignet wie für Serienanalysen und kann für letztere
durch Verwendung eines speziellen Ofens für den Aufschluß (Peck,
1964) verbessert werden.

Nach kurzer Übung kann ein Analytiker die Abweichungen bei Mehr-
fachanalysen an der gleichen Substanz unter ± 0,1% H_2O halten.

Andere Methoden der Wasseranalyse

Als weitere Methoden der H_2O-Analyse in Gesteinen kommen die
<u>coulometrische Methode</u> und die <u>Karl-Fischer-Titration</u> in Anwen-
dung. Bei der ersten Methode wird das H_2O durch Erhitzen der
Analysenprobe freigesetzt, an P_2O_5 adsorbiert, darauf das adsor-
bierte H_2O elektrochemisch zersetzt und der dazu notwendige Strom
gemessen. Für die Karl-Fischer-Titration muß das H_2O ebenfalls
durch Erhitzen oder besser durch einen Aufschluß der Probe ausgetrieben werden. Mit der Anwendung der letzteren Methode bei
der Gesteins- bzw. Mineralanalyse haben sich neuerdings Lindner
und Rudert (1969) und Farzaneh und Troll (1977) befaßt.

Die beiden genannten Methoden der Wasseranalyse sind gegenüber
der Penfield-Methode apparativ aufwendig und nur für ständige
Serienanalysen zweckmäßig anzuwenden. Bei der von Farzaneh und
Troll (1977) beschriebenen Variante der Karl-Fischer-Titration
wird die Analysenprobe mit Blei(II)chromat und granuliertem Kupfer gemischt und durch Pyrolyse in einem Induktionsofen das in
der Probe enthaltene H_2O ausgetrieben, durch Stickstoff als Trä-
gergas in einen Titrierbecher überführt und mit Karl-Fischer-
Reagenz nach der Deadstop-Methode austitriert. Die Pyrolyse-
und Titrierzeit beträgt zusammen 15 min. Da relativ kleine Wassermengen analysiert werden müssen, ist besondere Vorsorge getroffen für die gründliche Trocknung des Gerätes und die Verhinderung des Zutrittes von Luftfeuchtigkeit. Bei der Analyse
von Referenzproben mit Gehalten zwischen 0,5 und 5,0% H_2O konnte
die relative Standardabweichung C kleiner als 1% gehalten werden.

5.1.1 Literatur zu Kapitel 5.1

Farzaneh, A., Troll, G.: Quantitative Hydroxyl- und H_2O-Bestimmungsmethode
  für Minerale, Gesteine und andere Festkörper. Z. Anal. Chem. <u>287</u>, 43-45
  (1977)
Hartwig-Bendig, H.: Zur Bestimmung des Gesamtwassers in der anorganischen
  Mineralanalyse. Z. Angew. Mineral. <u>3</u>, 195-223 (1941)
Herrmann, A.G.: Praktikum der Gesteinsanalyse. Berlin-Heidelberg-New York:
  Springer, 1975
Lindner, B., Rudert, V.: Eine verbesserte Methode zur Bestimmung des gebun-
  denen Wassers in Gesteinen, Mineralien und anderen Festkörpern. Z. Anal.
  Chem. <u>248</u>, 21-24 (1969)
Peck, L.C.: Systematic analysis of silicates. Geol. Surv. Bull. 1170,
  Washington (1964)
Penfield, S.L.: On some methods for the determination of water. Am. J. Sci.
  48, no. <u>283</u>, 30-37 (1894)
Wedepohl, K.H.: Geochemie. Sammlung Göschen. Bd. 1224/1224a/1224b. Berlin:
  Walter de Gruyter u. Co., 1967

5.2 Die volumenometrische CO_2-Analyse

Silikatgesteine können neben Silikaten auch Karbonatminerale enthalten. Vor allem klastische Sedimentgesteine wie Sandsteine und
Tone führen häufig Calcit, Dolomit seltener auch Siderit als
Haupt- oder Nebenbestandteile. Mergel sind Mischgesteine aus silikatischen Tonmineralen und Calcit oder Dolomit.

Eine grundsätzliche Schwierigkeit für die zuverlässige CO_2-Analyse
liegt in der Probenvorbereitung. Bei der mechanischen Zerkleinerung verfestigter Karbonatgesteine werden die Kristallstrukturen
der Karbonate gestört. Selbst bei kurzer Mahldauer von wenigen
Minuten in der Kugelmühle und besonders in einer Schwingscheibenmühle beginnt die teilweise Zerstörung und Entsäuerung der Karbonate. Dieser Effekt läßt sich mit Hilfe der DTA am Dolomit leicht
nachweisen. Nach Mahldauer, Mahldrücken und Korngröße des aufgegebenen Mahlgutes standardisierte Zerkleinerungsverfahren können
diese grundsätzliche Schwierigkeit nicht umgehen, weil Zerklei-
nerungseffekt und Zerstörungsgrad der Kristallstruktur von der
primären Korngröße der Karbonate, dem Gefüge der Gesteine und
der Art, Menge und Korngröße der nichtkarbonatischen Gesteinsbestandteile erheblich abhängig sind. Eine merkliche Entsäuerung
von Karbonaten kann aber durch Zerdrücken und Verreiben der Proben von Hand in einer Achatschale ausreichend verhindert werden.
Zur vollständigen Zersetzung von Karbonaten durch Salzsäure bei
der CO_2-Analyse genügt schon eine mäßige Zerkleinerung des Gesteins.

Grundvoraussetzungen

Nach dem Gesetz von Boyle-Mariotte-Gay Lussac wächst das Produkt
aus dem Druck p und dem Volumen V eines idealen Gases mit der
Temperatur linear an und zwar proportional der absoluten Temperatur. Das Produkt $p \cdot V$ nimmt für je $1°$ Temperaturerhöhung um $1/273$
seines Betrages bei $0°$ C zu. Die allgemeine Zustandsgleichung
der idealen Gase kann zur volumenometrischen Gasanalyse herangezogen werden.

$$p \cdot V = p_o \cdot V_o (1 + \alpha t)$$

In der Gleichung bedeuten p und V Druck und Volumen des Gases
bei der Temperatur $t°C$, p_o und V_o sind Druck und Volumen des Gases unter Normalbedingungen, d.h. bei einem Druck von 760 nm Hg
und einer Temperatur von $0°C$. $\alpha = 1/273$ grad^{-1} = 0,0036608 grad^{-1}
ist der Ausdehnungskoeffizient.

Bei der Gasanalyse muß das Volumen V_o bestimmt werden, weil unter
Normalbedingungen ein Mol eines idealen Gases ein Volumen von
22.415 cm^3 einnimmt. Nachdem das Volumen V_o bestimmt ist, ergibt
sich das gesuchte Gewicht der Kohlensäure zu:

$$g_{CO_2} = V_o \frac{\text{Molgewicht}}{\text{Molvolumen}} = V_o \frac{44,011}{22,415} \text{ mg}$$

Das mit dem Kohlensäurebestimmungsapparat gemessene Volumen V
entspricht nicht genau dem Volumen der entwickelten Kohlensäure
V_{CO_2}. Zum gemessenen Volumen V trägt auch ein Partialvolumen V_{HCl}

bei, das durch die zum Karbonataufschluß verwendete Salzsäure
verursacht wird. Druck p und Volumen V in der Gasgleichung set-
zen sich aus den Teildrücken und Teilvolumina von CO_2 und der
verdampften HCl zusammen. Das jeweilige Volumen V_{HCl} ist in seiner Größe abhängig von der beim Karbonataufschluß verbrauchten
Salzsäuremenge und außerdem bei mergeligen Gesteinsproben von
der an Tonminerale adsorbierten Salzsäuremenge. Dadurch wird die
notwendige Volumenkorrektur schwierig. Sie kann aber auf folgende Weise umgangen werden:

Besonders bei Serienanalysen wird die CO_2-Bestimmung sehr vereinfacht, indem nach einer Anzahl von Analysenproben (5 - 10) jeweils
eine Referenzprobe gemessen wird. Als Referenzprobe eignet sich
am besten eine Einwaage von 1000 mg gefälltes $CaCO_3$ p.a. Dieses
enthält 439,7 mg CO_2. Das Volumen dieser Kohlensäuremenge wird
für den jeweilig herrschenden Atmosphärendruck und die jeweilige
Temperatur mit der Referenzprobe bestimmt. Barometrische Messungen
und Temperaturmessungen entfallen dadurch. Apparativ bedingte
Fehler werden außerdem weitgehend eliminiert.

Die Bestimmungsgleichung für g_{CO_2} lautet jetzt:

$$g_{CO_2} = \frac{V' - V'_{HCl}}{V''_{CaCO_3} - V''_{HCl}} \cdot 439,7 \ mg$$

V' ist das an der Analysenprobe gemessene Volumen und V''_{CaO_3} das
gemessene Volumen an der Referenzprobe. V'_{HCl} und V''_{HCl} sind die
zugehörigen und ebenfalls zu messenden Partialvolumen der Salzsäure.

Der Kohlensäureapparat nach Scheibler-Finkener und der Meßvorgang

Geräte zur volumenometrischen Kohlensäureanalyse nach Scheibler
gibt es in verschiedenen Varianten. Ein einfaches Gerät dieser
Art und für Serienanalysen bestens geeignet ist eine Variante
nach Finkener (Herstellerfirma: C. Gerhardt, Bonn).

Bei diesem Gerät (Abb. 52) ist der Meßsäule ein etwa gleich großes
Volumen vorgeschaltet. Während der Kohlensäureentwicklung wird
die Luft aus diesem vorgeschalteten Volumen in die Meßsäule ge-
drückt, während sich die schwerere Kohlensäure in dem vorgeschalteten Volumen sammelt. So wird ein Kontakt der Kohlensäure mit
der Sperrflüssigkeit im Apparat verhindert und Kohlensäurever-
luste durch Absorption unterbunden.

Für die Messungen wird zweckmäßig eine Anzahl von gleichartigen
Gasentwicklungsgefäßen (es genügen Gläser von Kindernahrungs-
mitteln oder Marmeladengläsern) bereitgehalten. Die Analysensubstanzen werden in in Wägeschiffchen eingewogen und das trok-
kene Pulver in das jeweilige Gasentwicklungsgefäß umgefüllt.
Ebenso wird eine Anzahl kleiner Rollgläser bereitgestellt, die
mit 10 ml HCl (1:1) beschickt sind. Unmittelbar vor einer CO_2-
Bestimmung wird ein solches Rollglas in das Entwicklungsgefäß
gestellt.

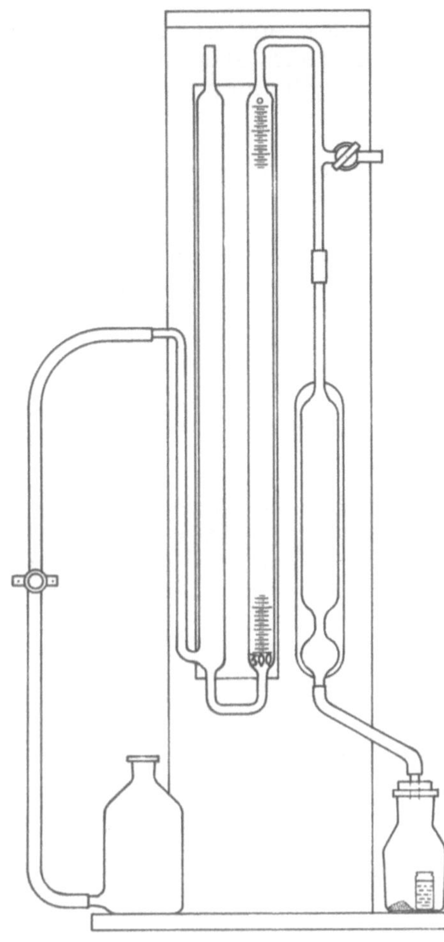

Abb. 52. Kohlensäureapparat nach Scheibler-Finkener (Hersteller: C.Gerhardt GmbH u. Co KG, 5300 Bonn, Bornheimer Straße 100)

Am Kohlensäureapparat wird zuerst mittels Ausgleichsgefäß die Sperrflüssigkeit im Meßrohr auf die 300-ml-Marke und im Parallelrohr dazu auf die gleiche Höhe gebracht. Der Verbindungsschlauch wird darauf abgequetscht. Dann wird das mit der Probe und der Salzsäure beschickte Gasentwicklungsgefäß an den Apparat angeschlossen und der Schliffhahn oben rechts verschlossen.

Nach dem Verschließen der Apparatur wird die Salzsäure durch Neigen des Gasentwicklungsgefäßes zuerst langsam ausfließen lassen. Durch Öffnen der Klemme zum Ausgleichsgefäß muß die durch die Kohlensäure verdrängte Sperrflüssigkeit stetig mit dem Ausgleichsgefäß aufgefangen werden. Nach dem Nachlassen der heftigen CO_2-Entwicklung wird das Rollglas mit der restlichen HCl umgestoßen und das Ende der Kohlensäureentwicklung abgewartet. Das Ende der Kohlensäureentwicklung ist im allgemeinen nach 10 bis 15 min erreicht. Mittels Ausgleichsgefäß wird die Sperrflüssigkeit im Meßrohr und Parallelrohr auf das gleiche Niveau eingestellt und am Meßrohr das entwickelte Volumen Kohlensäure abgelesen.

Auf diese Weise wird zuerst V' gemessen. Bei abgequetschtem
Schlauch zwischen Ausgleichsgefäß und Apparatur wird darauf das
Gasentwicklungsgefäß geöffnet und sofort wieder angeschlossen
und umgeschüttelt. Dabei entwickelt sich das Teilvolumen V_{HCl}
erneut und addiert sich nach Öffnen des Quetschhahnes und Niveauausgleich zwischen beiden Rohren zum Volumen V' in der Meßsäule. Die Differenz der beiden Ablesungen ist V_{HCl}. Die Messung
von V_{HCl} muß bei jeder Analysenprobe und Referenzprobe durchgeführt werden.

Bemerkungen. Von einem geübten Analytiker kann der relative Analyse-
fehler für g_{CO_2} kleiner als 2% gehalten werden, wenn durch entsprechende Einwaagen das Meßvolumen der Apparatur (= 300 ml mit
1/2-ml-Graduierung des Meßgefäßes) möglichst ausgenutzt wird.
Wegen des maximalen Meßvolumens von 300 ml dürfen die Analyseneinwaagen bei reinem Calcit 1000 mg und bei reinem Dolomit 900 mg
nicht überschreiten. Bei mergeligen Gesteinsproben können entsprechend größere Einwaagen verwendet werden.

Die Verwendung halbkonzentrierter Salzsäure ist notwendig, weil
sich dolomitische Bestandteile eines Gesteins in kalter verdünnter Salzsäure (wie 0,1 n HCl) nur sehr langsam und unvollständig
lösen und in diesem Falle die Kohlensäureanalyse unsicher würde.

Bei der Handhabung des Kohlensäureapparates ist darauf zu achten,
daß die Kohlensäureentwicklung langsam und stetig erfolgt. Auch
der Niveauausgleich in Meß- und Parallelrohr sollte stetig erfolgen. Ein Berühren der Apparatur von Hand muß unbedingt unterbleiben. Schliffhahn, Gasentwicklungsgefäß und Ausgleichsgefäß
werden mit Gummifingern oder Zangen angefaßt.

Die Zuverlässigkeit der volumenometrischen CO_2-Bestimmung bei
Gesteinsanalysen ist nicht geringer als die der gravimetrischen
Methode nach Adsorption an Natronkalk. Der Zeitaufwand einer volumenometrischen Einzelmessung einschließlich der Einwaage beträgt 15 bis 30 min.

5.3 Kohlenstoffanalyse

Die meisten magmatischen und metamorphen Gesteine zeigen nur geringe Gehalte an Kohlenstoff zwischen 100 und 400 ppm C. Wahrscheinlich sind diese geringen Kohlenstoffmengen an Graphit oder
an Karbide gebunden. In vielen Sedimenten, vor allem Tonen und
Tonschiefern, können Kohle oder Bitumen zu den Haupt- oder Neben-
bestandteilen zählen. Kohlenstoffgehalte von mehr als 12% C sind
beobachtet worden (Hoefs, 1969).

Bei Gesteinen mit relativ hohen Kohlenstoffgehalten kann der
Glühverlust bei 1000°C einen angenäherten Wert für den Kohlen-
stoffgehalt liefern. In diesem Falle dürfen die Gesteinsproben
jedoch keine Eisen(II)verbindungen oder andere nichtflüchtige
aber oxidierbare Bestandteile enthalten, weil sonst der Gewichts-
verlust beim Glühen teilweise durch die Gewichtszunahme der oxi-
dierbaren Bestandteile kompensiert wird. Der Glühverlust ist
zwar die Summe aller bis 1000°C flüchtigen Gesteinsbestandteile,
doch sind meistens die Gehalte an Sulfid-Schwefel und Fluor ver-

nachlässigbar klein und CO_2 oder H_2O können falls vorhanden zuverlässig mit einfachen Methoden analysiert werden.

Die Bestimmung der Gewichtsänderung beim Glühen nach der Normvorschrift DIN 51070 Blatt 9 wird als Konventionsverfahren für alle feuerfesten keramischen Roh- und Werkstoffe mit den chemischen Hauptbestandteilen Al_2O_3 und SiO_2 verwendet. Diese Bestimmung des Glühverlustes kann in analoger Weise auch auf viele Gesteine angewendet werden.

Prinzip. Die analysenfeine Substanz wird bei 110°C im Trockenschrank bis zu Gewichtskonstanz getrocknet. Davon wird eine Probe von etwa 2 g in einen Platintiegel eingewogen und bei 1050°C (± 25°C) in einem elektrisch beheizten Muffelofen 30 min lang geglüht. Nach dem Abkühlen (ca. 2 h) in einem mit Trocknungsmittel versehenen Exsikkator wird die Probe gewogen. Das Glühen wird bis zur Gewichtskonstanz der Probe wiederholt. Als gewichtskonstant gilt, wenn nach wiederholtem 15 min langem Glühen die Differenz der Wägungen kleiner als 0,001 g ist.

Die zweckmäßigste und zuverlässigste Methode der direkten Kohlenstoffanalyse ist ein coulometrisches Verfahren. Es wurde ursprünglich für die Kohlenstoffanalyse in Stählen entwickelt und dann für Gesteinsanalysen abgeändert.

Prinzip der coulometrischen Kohlenstoffanalyse

Die Gesteinsprobe wird im Sauerstoffstrom auf 1200 - 1250°C erhitzt. Dabei wird sowohl alles C zu CO_2 oxidiert als auch CO_2 aus den Karbonaten freigesetzt. Das CO_2-Gas wird durch eine Bariumperchloratlösung von pH 10,1 geleitet. Bei der Bildung von Bariumkarbonat werden Hydroxidionen verbraucht und der pH-Wert der Lösung sinkt ab. Die verbrauchte Menge Hydroxidionen wird durch Elektrolyse erneut gebildet, bis der anfängliche pH-Wert wieder erreicht ist. Die zur Elektrolyse verbrauchte Strommenge ist äquivalent der CO_2-Menge, die mit dem Bariumperchlorat zu Bariumkarbonat reagierte.

Mit der skizzierten Methode kann der Gesamtkohlenstoff eines Gesteins analysiert werden und an einer Parallelprobe nach Zerstörung der Karbonate durch Salzsäure der Nichtkarbonat-Kohlenstoff. Die Differenz beider Bestimmungen ergibt dann den Karbonat-Kohlenstoff. Mit diesem coulometrischen Verfahren können in Gesteinen Kohlenstoffgehalte zwischen 10 ppm und etwa 20% C analysiert werden. Je Probe dauert die Analyse 3 bis 5 min.

Ein geeignetes Gerät für die serienmäßige coulometrische Kohlenstoffanalyse wird von der Firma Ströhlein & Co., Düsseldorf, hergestellt. Eine Analysenvorschrift für Gesteine wurde von Herrmann und Knake (1973) vorgeschlagen und nochmals eingehend von Herrmann (1975) dargestellt.

5.3.1 Literatur zu Kapitel 5.3

Herrmann, A.G.: Praktikum der Gesteinsanalyse. Berlin-Heidelberg-New York: Springer, 1975

Herrmann, A.G., Knake, D.: Coulometrisches Verfahren zur Bestimmung von Ge-
  samt-, Carbonat- und Nichtcarbonat-Kohlenstoff in magmatischen, metamorphen
  und sedimentären Gesteinen. Z. Anal. Chem. __226__, 196-201 (1973)
Hoefs, T.: Carbon 6-L. Organic Geochemistry of carbon. In: Wedepohl, L.K.
  (ed.). Handbook of Geochemistry. Berlin-Heidelberg-New York: Springer,
  1969, Vol. II

5.4 Gesamtschwefel als Sulfat

Der Schwefel gehört in Silikatgesteinen im allgemeinen zu den
Spurenbestandteilen. Bei den magmatischen Gesteinen liegen die
Mittelwerte um 300 ppm S. Sedimentgesteine zeigen etwas höhere
Schwefelgehalte, besonders Tonschiefer mit einem Mittel von
2400 ppm S (Turekian et al., 1961). In den Gesteinen ist der
Schwefel in Sulfiden, in Sulfaten, als elementarer Schwefel und
in Sedimentgesteinen auch als Bestandteil organischer Substanzen
gebunden. Als wichtigste Schwefelträger in Gesteinen sind zu
nennen die Sulfide Pyrit, Magnetkies, Kupferkies, Buntkupfer-
kies, die sulfathaltigen Silikate Nosean und Hauyn, sowie die
Sulfate Gips, Anhydrit, Baryt und Cölestin. Bei den genannten
niedrigen Schwefelgehalten begnügt man sich meistens mit der
Analyse des Gesamtschwefels im Gestein und kann den analysierten
Schwefelgehalt je nach den identifizierten Schwefelmineralien
als Sulfid- oder Sulfatschwefel in Rechnung stellen. Am besten
werden geringe Schwefelmengen als S in der Analyse angegeben.
Meistens wird dieser Schwefel in Sulfiden vorliegen und dann
wird bei der Analysensumme eine Korrektur für den Sauerstoff an-
gefügt, wobei für 1 S abzuziehen sind 0,499 O.

Prinzip des gravimetrischen Analysenganges

Wenn nur gelegentlich Schwefelanalysen an Gesteinen ausgeführt
werden müssen, ist die klassische gravimetrische Analyse wegen
ihres geringen apparativen Aufwandes von Vorteil.

Das Gesteinspulver wird mit Soda im Platintiegel aufgeschlossen,
wobei zur Oxidation von Sulfiden oder elementaren Schwefel KNO_3
oder $NaNO_3$ als Oxidationsmittel zugesetzt wird (Kap. 2.5.3). Andere Autoren empfehlen auch $KClO_4$ (Jakob, 1952) oder Na_2O_2 (Maxwell, 1968) als Oxidationsmittel. Wenn der Schwefelgehalt einige
Prozente der Gesamtanalyse ausmachen sollte, schlägt Jakob (1952)
die Verwendung von Nickel- statt Platintiegeln für den Aufschluß
vor. Die erstarrte Sodaschmelze wird allein mit Wasser unter Erwärmen ausgelaugt. Der Auslaugungsrückstand wird abfiltriert,
das Filtrat angesäuert und die darin befindlichen Sulfationen
durch Zugabe von Bariumchloridlösung als Bariumsulfat gefällt.

Ausführung

1 g Einwaage werden nach Kapitel 2.5.3 mit einem Gemisch von 4 g
Soda und 1 g Natronsalpeter aufgeschlossen. Nach dem Erkalten
wird der Schmelzkuchen in einem 400-ml-Becherglas mit 200 - 300
ml destilliertem Wasser ausgelaugt und zwar unter Erwärmen auf
dem Wasserbad und gelegentlichem Umrühren mit einem Glasstab.

Nach dem Herausnehmen und Abspülen von Tiegel und Deckel wird
die Lösung von ungelösten Rückständen abfiltriert und darauf das
Becherglas und der Lösungsrückstand auf dem Filter gut mit Wasser
gewaschen. Zum Filtrat werden 4 g Ammoniumkarbonat gegeben und
dieses unter Umrühren in Lösung gebracht. Schließlich wird das
Filtrat etwa 3 h auf dem Wasserbad erhitzt, die abgeschiedene
Kieselsäure und Tonerde werden abfiltriert und mit Wasser ausge-
waschen. Noch in Lösung befindliche Reste von SiO_2 stören den
weiteren Analysengang nicht. Das Filtrat enthält den gesamten
Schwefel des Aufschlusses an Sulfat. Durch Zufügen von konzentrierter Salzsäure wird das Filtrat bis zum Umschlag von Lackmuspapier angesäuert und dabei die Kohlensäure ausgetrieben. Die
schwach saure Lösung wird dann noch 10 min zum Sieden erhitzt,
um so die restliche Kohlensäure zu vertreiben.

Die noch siedend heiße salzsaure Lösung wird nun mit einem Überschuß von Bariumchloridlösung (z.B. 25 ml einer 5%igen $BaCl_2$-
Lösung) versetzt. Bei niedrigen Sulfatgehalten erscheint der Ba-
riumsulfatniederschlag oft erst nach Stunden. Deshalb wird die
Lösung über Nacht, mindestens aber 12 h stehen gelassen. Erst
dann wird über ein Blaubandfilter abfiltriert, das Filter mit
Wasser mehrmals gewaschen und dann im Platintiegel verascht. Nach
kurzem Glühen des Tiegels über dem Teclubrenner wird das geglühte
Bariumsulfat im Exsikkator auf Zimmertemperatur abgekühlt und
dann gewogen.

$$mg\ BaSO_4\ \cdot\ 0,1374\ =\ mg\ \ S$$
$$mg\ BaSO_4\ \cdot\ 0,2745\ =\ mg\ \ SO_2$$
$$mg\ BaSO_4\ \cdot\ 0,3430\ =\ mg\ \ SO_3$$

Prinzip der colorimetrischen Analyse vov Schwefelspuren

Die Gesteinsprobe wird mit V_2O_5 gemischt und in einem Röhrenofen
auf 900° bis 950°C erhitzt. Dabei wird aller Schwefel zu SO_3 oxidiert und im Stickstoffstrom zuerst über erhitztes Kupferoxid
geleitet, um organische Substanzen vollständig zu zerstören. Darauf wird der Stickstoffstrom über erhitztes Kupfermetall geleitet, wobei SO_3 zu SO_2 reduziert wird. Das Schwefeldioxid schließlich wird in einer Lösung von Kalium- und Natriumtetrachloromer-
kurat adsorbiert. Die Bestimmung erfolgt spektralphotometrisch
mit Pararosanilin [Tris-(4-aminophenyl)-methanol] und Formaldehyd
als Reagenzien. Die Methode ist geeignet um Gehalte von einigen
µg S in Gesteinen zu analysieren. Verschiedene Varianten dieser
Methode werden von Bloomfield (1962), Sen Gupta (1963) und King
und Pruden (1969) beschrieben.

Prinzip der titrimetrischen Sulfatanalyse

Aus Gesteinsproben kann der gesamte Schwefel durch Erhitzen auf
1400° bis 1600°C im Sauerstoffstrom als SO_2 ausgetrieben werden.
Die hohe Temperatur ist notwendig, um aus Sulfaten freigesetztes
SO_3 in SO_2 zu überführen.

Das Schwefeldioxid wird in eine vorgelegte Stärke-Kaliumjodid-
Kaliumjodat-Lösung eingeleitet. Dabei wird alles SO_2 durch die
äquivalente Jodatmenge zu SO_3 oxidiert. Die überschüssige Ka-

liumjodatmenge in der Vorlage wird mit einer eingestellten Natriumthiosulfat-Lösung titrimetrisch bestimmt. Die Methode ist bei Bouvier et al (1972), Foscolos und Barefoot (1970) und Maxwell (1968) eingehend beschrieben. Sie wurde ursprünglich zur Analyse von Schwefel in Metallen entwickelt.

In Deutschland wird ein automatischer Schwefelanalysator, der nach dem genannten Prinzip arbeitet, von der Firma LECO Instrumente GmbH, Düsseldorf-Oberkassel, hergestellt. Das Gerät ist zur Analyse von Schwefelspuren und zur Analyse von Schwefelgehalten in der Probe bis 10% S verwendbar.

5.4.1   Literatur zu Kapitel 5.4

Bloomfield, C.: A colorimetric method for determining total sulfur in soils. Analyst 87, 586-589 (1962)

Bouvier, J.L., Sen Gupta, J.G., Abbey, S.: Use of an "automatic sulphur titrator" in rock and mineral analysis: Determination of sulphur, total carbon, carbonate and ferrous iron. Paper Geol. Surv. Can. 72 - 31 (1972)

Foscolos, A.E., Barefoot, R.R.: A rapid determination of total, organic and inorganic carbon in shales and carbonates. Paper Geol. Surv. Can. 70 - 11, 9-14 (1970)

King, H.G.C., Pruden, G.: The determination of sulphur dioxide with rosaniline dyes. Analyst 94, 43-48 (1969)

Maxwell, J.A.: Rock and Mineral Analysis. New York: Interscience Publishers, 1968

Sen Gupta, J.G.: Determination of microgram amounts of total sulfur in rocks. Anal. Chem. 35, 1971-1973 (1963)

5.5   Sulfid-Schwefel, Fluor, Bor (Prinzip der Methoden)

Sulfid-Schwefel

Besonders bei höheren Schwefelgehalten in Gesteinen kann eine Unterscheidung von Sulfid- und Sulfatschwefel zweckmäßig sein. Die einfachste Methode der Sulfidschwefelanalyse ist die Zersetzung und Oxidation der Sulfide in heißer Salpetersäure. Allerdings werden bei dieser Methode alle säurelöslichen Sulfate, zum Teil auch organisch gebundener Schwefel und — falls vorhanden — elementarer Schwefel mit erfaßt. Die bei der Oxidation entstandene Menge SO_3 wird gravimetrisch als $BaSO_4$ analysiert. Eine Analysenvorschrift gibt Maxwell (1968).

Eine zuverlässige Methode der Sulfidschwefelanalyse beruht auf der Freisetzung von Schwefelwasserstoff (Murthy et al., 1956; Murthy und Sharada, 1960). Dabei wird die Analysenprobe in einer speziellen Apparatur mit einer Mischung Jodwasserstoffsäure und Salzsäure zur Reaktion gebracht. Der entstehende Schwefelwasserstoff wird in einer Vorlage mit Cadmiumhydroxid eingeleitet. Diese wird darauf in 2 n Essigsäure mit bekanntem Jodgehalt überführt und das überschüssige Jod mit einer eingestellten Natriumthiosulfat-Lösung titriert.

Fluor

Die Fluorgehalte in Gesteinen sind im allgemeinen kleiner als
2000 ppm F, seltener werden Konzentrationen bis 1% F erreicht.
Vom Fluorit CaF_2 (mit 48,7% F) abgesehen, können einige gesteins-
bildende Minerale Fluorgehalte bis zu mehreren Gewichtsprozenten
aufweisen. Nach Koritnig (1972) enthalten: Turmaline 0,07 - 1,3%,
Amphibole 0,05 - 2,95%, Biotite 0,08 - 3,50%, Phlogopite 0,05 -
6,74%, Muskowite 0,02 - 1,95% und Apatite 1,35 - 3,36% Fluor.

Die klassische gravimetrische Fluoranalyse an Silikatgesteinen
oder Silikatmineralen beruht auf dem Sodaaufschluß, der mit Wasser ausgelaugt und in dessen Filtrat Calciumfluorid gefällt wird.
Nach Abtrennung von mitgefällten Verunreinigungen wird das Calciumfluorid gewogen. Eine Darstellung der gravimetrischen Fluoranalyse gibt z.B. Jakob (1952).

Aus dem perchlorsauren Filtrat eines Sodaaufschlusses kann das
Fluor als SiF_4 bzw. H_2SiF_6 abdestilliert und darauf durch titri-
metrische oder spektralphotometrische Methoden analysiert werden.
Jedoch sind diese Verfahren kaum weniger zeitaufwendig als das
gravimetrische Analysenverfahren. Die sehr empfindlichen spektralphotometrischen Verfahren (Koritnig, 1950; Huang und Johns, 1967;
Fuge, 1976) werden hauptsächlich für die Analyse von Fluorspuren
angewendet.

Seit ionenspezifische Elektroden für die Fluoridanalyse zur Verfügung stehen (Frant und Ross, 1966) sind solche Elektroden von
verschiedenen Autoren für die Fluoranalyse an Gesteins- und Mi-
neralproben verwendet worden. Eine Darstellung der Entwicklung
dieser Verfahren und eine eigene Variante beschreiben Troll et
al. (1977). Die genannten Autoren schließen Silikatproben von
50 bis 1000 mg Gewicht mit Soda/Pottasche-Gemisch auf. Die erstarrte Schmelze wird mit verdünnter Salzsäure gelöst und stark
verdünnt. Ein Aliquot der verdünnten Aufschlußlösung wird im Verhältnis 1:10 mit einer Lösung versetzt, die 1 m Natriumcitrat,
1 m Natriumchlorid, 0,05 m CDTE (= Titriplex IV) enthält. Die
Konzentration der Fluorionen in dieser Meßlösung wird nach einem
Zumischverfahren analysiert, wobei die Veränderung des Ionenpo-
tentials nach Zugabe einer sehr kleinen Menge NaF-Lösung bekann-
ter Konzentration gemessen wird. Die Methode ist ab 100 ppm F in
der Analysensubstanz geeignet. Es werden relative Standardabweichungen um 3% angegeben. Zu den Einzelheiten dieses Verfahrens
muß auf die Originalliteratur verwiesen werden.

Bor

In magmatischen und metamorphen Gesteinen ist das Bor mit Gehalten um 10 ppm B ein nur wenig konzentriertes Spurenelement und
fast ganz an Turmalin gebunden. In marinen Sedimenten enthalten
vor allem Glimmerminerale wie der Glaukonit beachtliche Bormengen
(Harder, 1959b; Kohler und Köster, 1976). Boranalysen sind im
normalen Analysengang nur bei besonderen Mineralen und Gesteinen
notwendig, wie Glaukoniten, Illiten, Muskowiten, Salztonen, marinen Eisenerzen, Kohlen oder den eigentlichen Bormineralen.

Aus silikatischen Mineralen und Gesteinen kann Bor nur durch einen Sodaaufschluß freigesetzt werden. Der Sodaaufschluß muß mit Wasser ausgelaugt und dann die Borsäure in Form des Borsäuremethylesters abdestilliert und aufgefangen werden. Eine ausführliche Beschreibung des Aufschlusses und der Destillation des Borsäuremethylesters gibt Jakob (1952).

Ursprünglich wurde das überdestillierte Bor gravimetrisch bestimmt, und zwar wurde der Ester mit einer eingewogenen Menge Calciumoxid verseift. Die Gewichtszunahme der Vorlage entspricht dann der Menge B_2O_3.

Die Grundzüge einer flammenspektrometrischen Boranalyse (nach einem Sodaaufschluß) werden von Dean und Thompson (1955) beschrieben. Bor zeigt bei der Flammenemission ein Bandenspektrum. Die Maxima der intensivsten Banden liegen bei 492, 518 und 546 nm und können zur Analyse herangezogen werden. Nach eigenen Erfahrungen muß eine Wasserstoff/Sauerstoff-Flamme verwendet werden. Durch den Stickstoff bei Verwendung von Lachgas oder Luft als Oxidanten wird das Bandenspektrum von Bor empfindlich gestört. Mit dem älteren Zeiss-Flammenspektrometer PMQ II und Flammenzusatz FA 1 (Direktzerstäuberbrenner) konnten in wäßrigen Natriumboratlösungen Borgehalte ab 30 µg B/ml analysiert werden. Dean und Thompson (1955) geben als optimalen Meßbereich 50 bis 200 µg B/ml in Methanol-Wasser-Gemischen 1:1 bei Verwendung des Gerätes "Beckman Mod. DU mit Flammenzusatz Mod. 9220" und Acetylen/Sauerstoff als Brenngasgemisch an. Die flammenspektrometrische Boranalyse ist sehr viel schneller als alle übrigen chemischen Verfahren, aber sie ist nur für größere Borgehalte etwa ab 1000 ppm B in der Analysensubstanz geeignet.

Nach Maeck et al. (1963) können kleine Bormengen (< 1 mg) aus wäßrigen Lösungen mit iso-Butylmethylketon (4-Methyl-2-pentanon) quantitativ extrahiert werden. Zur emissionsflammenspektrometrischen Analyse wird ein modifizierter Brenner und eine Wasserstoff/Sauerstoff-Flamme verwendet. Gemessen wird im Bandenmaximum bei 548 nm.

In der Literatur sind verschiedene spektralphotometrische Methoden der Boranalyse zu finden. Von mehreren Autoren werden Verfahren mit Curcumin als Reagenz beschrieben (Brockamp, 1971; Mills, 1966; Greenhalgh und Riley, 1962; Hayes und Metcalfe, 1962, 1963). Die Grundlage dieser Boranalysen ist ebenfalls der Sodaaufschluß bei Silikaten. Nach Greenhalgh und Riley (1962) liegt die Nachweisempfindlichkeit bei 0,00013 µg B/ml Lösung und die Eichkurve ist bis 1,0 µg B/ml Lösung linear.

Die klassische Methode zur Analyse kleiner Borgehalte in Silikaten (ab 1 ppm B) ist die Emissionsspektralanalyse, auf die hier nicht weiter eingegangen werden kann. Ein geeignetes Verfahren wurde von Harder (1959a) beschrieben. Besondere Vorteile bietet hierbei nach Preuss (1963) die Verwendung hochauflösender Gitterspektrographen.

5.5.1 Literatur zu Kapitel 5.5

Brockamp, O.: Zum Einbau von Bor und Chlor in synthetische Minerale der Mont-
morillonitgruppe unter oberflächennahen Bedingungen. Diss. Univ. Göttingen,
1971

Dean, J.A., Thompson, C.: Flame photometric study of boron. Anal. Chem. 27,
42-46 (1955)

Frant, M.S., Ross, J.W.: Science 154, 1533 (1966)

Fuge, R.: The automated colorimetric determination of fluorine and chlorine
in geological samples. Chem. Geol. 17, 37-43 (1976)

Greenhalgh, R., Riley, J.P.: The development of a reproducible spectrophotometric curcumin method for determining boron, and its application to sea
water. Analyst 87, 970-976 (1962)

Harder, H.: Beitrag zur Geochemie des Bors. Teil I. Bor in Mineralen und magmatischen Gesteinen. Nachr. Akad. Wiss. Göttingen, II.Math.-Phys.Kl. Jg.
1959a, Heft Nr. 5

Harder, H.: Beitrag zur Geochemie des Bors. Teil II. Bor in Sedimenten.
Nachr. Akad. Wiss. Göttingen, II.Math.-Phys.Kl. Jg. 1959b, Heft Nr. 6

Hayes, H.R., Metcalfe, J.: The boron curcumin complex in determination of
trace amounts of boron. Analyst 87, 956-969 (1962)

Hayes, H.R., Metcalfe, J.: The determination of traces of boron in zirkonium
and zirkonium alloys. Analyst 88, 471-474 (1963)

Huang, W.H., Johns, W.D.: Simultaneous determination of fluorine and chlorine
in silicate rocks by a rapid spectrophotometric method. Anal. Chim. Acta
37, 508-515 (1967)

Jakob, J.: Chemische Analyse der Gesteine und silikatischen Mineralien. Basel:
Birkhäuser, 1952

Kohler, E.E., Köster, H.M.: Zur Mineralogie, Kristallchemie und Geochemie
kretazischer Glaukonite. Clay Miner. 11, 273-302 (1976)

Koritnig, S.: Die Bestimmung sehr kleiner Fluorgehalte in Gesteinen. Z. Anal.
Chem. 131, 1-13 (1950)

Koritnig, S.: Fluorine (B-O). In: Handbook of Geochemistry, Bd. II. Berlin-
Heidelberg-New York: Springer, 1972

Maeck, W.J., Kussy, M.E., Ginther, B.E., Wheeler, G.V., Rein, J.E.: Extrac-
tion-flame photometric determination of boron. Anal. Chem. 35, 62-65 (1963)

Maxwell, J.A.: Rock and Mineral Analysis. New York: Interscience Publishers,
1968

Mills, A.A.: The separation and determination of boron in meteorites and
tektites. Proc. Soc. Anal. Chem. 3, 161-162 (1966)

Murthy, A.R.V., Marayan, V.A., Rao, M.R.A.: Determination of sulfide sulfur
in minerals. Analyst 81, 373-375 (1956)

Murthy, A.R.V., Sharada, K.: Determination of sulfide sulfur in minerals.
Analyst 85, 299-300 (1960)

Preuss, E.: Verwendung sehr hochauflösender Gitterspektrographen für die
Emissionsspektralanalyse von Mineralen. Z. Anal. Chem. 198, 117-142 (1963)

Turekian, K.K., Wedepohl, K.H.: Distribution of the elements in some major
units of the earth's crust. Geol. Soc. Am. Bull. 72, 175-192 (1961)

Troll, G., Farzaneh, A., Cammann, K.: Rapid determination of fluorine in
mineral and rock samples using an ion-selective electrode. Chem. Geo. 20,
295-305 (1977)

5.6 Analysen von Referenz-Gesteinsproben

Über die Reproduzierbarkeit von Analysenergebnissen mit den beschriebenen Methoden sind in den entsprechenden Kapiteln Angaben

Tabelle 34. Analysenergebnisse an französischen Referenz-Gesteinsproben

	Granit GA %			Diorit DR-N %			Basalt BR %			Serpentin UB-N %			eig. Anal.-Meth.
	eig. Anal.	fremde Analyse $\bar{x}$	s	eig. Anal.	fremde Analyse $\bar{x}$	s	eig. Anal.	fremde Analyse $\bar{x}$	s	eig. Anal.	fremde Analyse $\bar{x}$	s	Kap.
SiO_2	69,5 69,9	69,8	0,45	53,3 53,6	52,99	0,89	38,3	38,8	1,0	38,9 39,0	39,76	1,48	3.1.1.1
Al_2O_3	14,2	14,7	0,3	17,3	17,35	0,80	10,1	10,3	0,4	2,45	2,99	0,46	3.1.2.1
Fe_2O_3 total	2,71 2,73	2,78	0,21	9,57 9,49	9,77	0,34	12,75 12,91	12,88	0,53	8,06 8,02	8,37	0,48	3.1.3.1
FeO	1,85 1,84	1,32	0,09	5,54	5,36	0,30	6,75	6,52	0,26	2,97 2,91	2,65	0,78	3.1.3.2
TiO_2	0,37 0,37	0,38	0,04	1,10 1,10	1,07	0,19	2,82 2,87	2,61	0,17	0,095 0,098	0,13	0,06	3.1.4.1
MgO	1,07 1,13 0,92 0,88	0,97	0,13	4,23 4,29 4,47 4,54	4,50	0,35	13,17 13,03 – –	13,20	0,42	35,2 35,4 – –	35,64	0,72	3.3.2 4.4.4
CaO	2,09 2,15 2,52 2,40 2,39 2,29	2,49	0,11	6,98 7,06 6,35 6,49 6,41 6,51	7,09	0,30	13,27 13,32 – – – –	13,78	0,35	1,19 1,22 1,16 1,20 1,14 1,19	1,21	0,42	3.3.1 4.4.3 EM 4.4.3 AA
Na_2O	3,52 3,47	3,54	0,09	2,69 2,74	3,02	0,21	3,18 2,94	3,12	0,25	0,13 0,13	0,22	0,12	4.3.2
K_2O	4,06 4,01	4,05	0,11	1,70 1,70	1,70	0,14	1,49 1,51	1,42	0,14	0,04 0,02	0,09	0,09	4.3.3

P_2O_5	0,121 0,122	0,12	0,02	0,408 0,421	0,31	0,18	0,982 0,978	1,05	0,06	0,080 0,079	0,08	0,06	3.2.8.1
		ppm			ppm			ppm			ppm		
Li	100 97	100	–	43 44	40	–	24 23	12	–	30 30	30	–	4.3.1
Rb	175 175	175	–	88 88	75	–	78 75	45	–	19 19	–	–	4.3.4
Sr	302 288	305	–	360 375	400	–	1310 1280	1350	–	19 16	10	–	4.4.2
Ba	∿800	850	–	∿300	360	–	∿1000	1050	–	∿100	47	–	4.4.1

Tabelle 35. Analysenergebnisse an Referenz-Gesteinsproben (Ringanalysendes DFG-Schwerpunktes "Geochemie umweltrelevanter Spurenstoffe" bzw. der Bundesanstalt für Gewässerkunde in Koblenz)

	Kristallgranit I			Granit KA-1			Dazig KD-2			Andesit KA-3			Humus-Pseudogley			Rheunsediment		
	ppm			ppm			ppm			ppm			ppm					
	eig. Anal.	fremde Analysen		eig. Anal.	fremde Analysen		eig. Anal.	fremde Analysen		eig. Anal.	fremde Analysen		eig. Anal.	fremde Analysen		eig. Anal.	fremde Analysen	
		$\bar{x}$	s		$\bar{x}$	s		$\bar{x}$	s		$\bar{x}$	s		$\bar{x}$	s	$\bar{x}$ (4)	$\bar{x}$	2s
Ti	6160 6360	5390	–	4910 4990	4323	1090	7970 8260	6443	1934	10100 10270	8285	2197	6270 9900	6957	–	n.b.	n.b.	
Cr	18 14	12	–	86 89	43	26	19 20	10	7	125 125	108	44	93 88	94	–	404	442	51
Mn	355 291	333	50	352 314	368	58	1165 1160	1174	168	1345 1325	1300	79	2640 2450	2638	392	730	725	47
Co	6 6	8	4	6 6	10	4	7 6	11	4	23 21	29	7	13 13	21	5	19	23,1	3,6
Ni	8 10	11	5	13 13	19	7	6 6	8	5	21 23	40	16	21 21	51	14	68	66,9	13,9
Cu	11 10	11	2	5 5	6	2	17 16	18	3	56 59	61	6	26 25	30	6	241	244	14,4
Zn	76 76	67	10	67 70	57	9	85 85	82	14	87 91	84	12	96 92	83	9	866	930	51
Pb	35 35	31	11	57 59	48	19	10 11	14	6	7 7	10	5	25 25	24	14	173	194	38
Sr	177 178	n.b.		337 320	n.b.		156 161	n.b.		187 183	n.b.		99 92	n.b.		256	305	72
Ba	820 810	n.b.		840 870	n.b.		310 400	n.b.		155 165	n.b.		520 620	n.b.		1120	957	157

zu finden, soweit genügend Analysenergebnisse für die statistische Auswertung vorliegen.

Die Richtigkeit von Analysenergebnissen läßt sich beurteilen durch Analysenvergleiche an Referenz-Gesteinsproben, wenn für jedes analysierte Element genügend Ergebnisse vorliegen, die von möglichst vielen verschiedenen Analytikern mit unterschiedlichen Analysenmethoden erzielt wurden. Mit großer Wahrscheinlichkeit heben sich in diesem Fall bei der Mittelwertbildung über alle Analysenergebnisse die statistischen und auch systematischen Fehler auf und der jeweilige Mittelwert liegt nahe dem wirklichen Gehalt des Elementes in der Probe.

In Tabelle 34 sind die eigenen Analysenergebnisse (Doppelanalysen) an vier Referenz-Gesteinsproben des "Centre de Recherches Pétrographiques et Geochimiques, Vandoeuvre-Nancy" den Mittelwerten der anderen Analytiker gegenübergestellt. Der scheinbare Fehler der eigenen Einzelmessungen ($d = x - \bar{x}$) ist fast ausnahmslos kleiner als die einfache Standardabweichung s aus den fremden Analysenwerten. Aus der Literatur (De La Roche und Govindaraju, 1969, 1971; Roubault et al., 1970) waren die Analysenwerte für die vier Referenz-Gesteinsproben bekannt.

Dagegen waren die Analysenwerte in Tabelle 35 den einzelnen Analytikern unbekannt. Es handelte sich um Ringanalysen, die von Teilnehmern des DFG-Schwerpunktprogramms "Geochemie umweltrelevanter Spurenstoffe" durchgeführt wurden, bzw. im Falle des Rheinsedimentes handelt es sich um einen Ringversuch, der von der Bundesanstalt für Gewässerkunde in Koblenz veranstaltet wurde. Von dem Rheinsediment lieferte jeder Analysenteilnehmer mit seiner Methode jeweils 3 bis 5 Einzelanalysen. Trotz der relativ kleinen Teilnehmerzahl an diesen Ringanalysen stimmen die eigenen Analysenwerte mit den Mittelwerten aller Teilnehmer gut überein und der scheinbare Fehler der eigenen Einzelmessungen ist ausnahmslos kleiner als die doppelte Standardabweichung aus allen Analysenergebnissen.

Soweit mit den bisher vorliegenden statistisch auswertbaren Analysenergebnissen erkennbar, liefern die in den einzelnen Kapiteln beschriebenen Analysenmethoden "richtige" Analysenwerte.

5.6.1 Literatur zu Kapitel 5.6

De La Roche, H., Govindaraju, K.: Rapport sur deux roches, diorite DR-N, et serpentine UB-N, proposées comme étalons analytiques par un groupe de laboratoires français. Bull. Soc. Fr. Céram. 35-50 (1969)
De La Roche, H., Govindaraju, K.: Tables of recommended or proposed values (major, minor and trace elements) for the ten geochemical standards of the Centre de Recherches Pétrographiques Et Geochimiques and the Association Nationale De La Recherche Technique. Méthodes Physiques d'Analyse (GMAS) 7, No.4, 314-322 (1971)
Roubault, M., De La Roche, H., Govindaraju, K.: Etat actuel (1970) des études coopératives sur les standards géochimiques du Centre de Recherches Pétrographiques et Géochimiques. Sciences de la Terre 15, No. 4, 351-393 (1970)

5.7 Probennahme und Probenvorbereitung

Bei der heute weit fortgeschrittenen Rationalisierung in Forschungs- und Betriebslaboratorien sind Probennehmer und Analytiker nur noch selten ein und dieselbe Person. Doch ist es für
den Analytiker von großer Wichtigkeit, über Art und Menge der
Probe, den Ort und die Art der Probennahme, sowie über alle
Schritte der Probenvorbereitung genau unterrichtet zu sein. Nur
so kann der Analytiker beurteilen, ob mit der ihm vorgelegten
Laboratoriumsprobe und durch die von ihm verlangte Analyse das
zu beurteilende Gesamtobjekt – z.B. ein Gesteinskomplex, eine
Schiffsladung Erz oder eine LKW-Ladung Ton – hinreichend gekennzeichnet wird. Zweckmäßig wird bei der Planung einer Probennahme
der Analytiker mit zu Rate gezogen. Die gute Reproduzierbarkeit
der neueren chemischen Analysenverfahren nutzt wenig, wenn die
Reproduzierbarkeit der Probennahme unzureichend ist. Andererseits muß zur Verbesserung der Probennahme eine vermehrte Beprobung des Objektes auf die Kapazität des analytischen Labors
Rücksicht nehmen. Durch Fehler bei der Probennahme oder auch bei
der Probenvorbereitung kann eine chemische Analyse ihren Zweck
verfehlen.

5.7.1 Probennahme

Die Planung der Probennahme muß zunächst berücksichtigen, welche
Information durch die Analyse verlangt wird. Meistens wird nach
den Mittelwerten der chemischen Bestandteile für ein mehr oder
weniger großes Gesteinsvolumen gefragt sein. Dafür muß eine Sammelprobe aus einer hinreichenden Zahl von Einzelproben zusammengesetzt werden. Öfter ist auch die Variabilität der chemischen
Zusammensetzung eines größeren Gesteinsvolumens von Interesse.
Dann muß eine größere Zahl von Einzelproben analysiert werden.

Durch die Probennahme ist eine Aussage über die Gesamtheit des
beprobten Objektes nur möglich, wenn bei der Entnahme der Einzelproben und bei der Teilung von Proben eine Zufallsauswahl erfolgt.
Bei dieser Zufallsauswahl muß jeder Teil der Gesamtheit die gleiche Chance haben, in die Probe zu gelangen. Dieser Grundsatz (vgl.
Wilrich und Leers, 1974) kann in der Praxis oft nur unter Schwierigkeiten eingehalten werden.

Gesteine sind Gemenge mehrerer fester Phasen (Minerale) und deshalb chemisch heterogen. Für die Entnahme einer für das Gesamtgestein repräsentativen Teilmenge – der Probe – ist es grundsätzlich wichtig, wie die Mineralphasen in dem beprobten Gestein verteilt sind. Bei Gesteinen mit makroskopisch erkennbarer gleichmäßiger Verteilung der einzelnen Mineralphasen – das sind insbesondere magmatische Gesteine – wird die Korngröße der gröbsten
Mineralphase die notwendige Probenmenge bestimmen (vgl. Chayes,
1956; Lafitte, 1953). In anderen Gesteinen können Mineralphasen
in besonderen Partien, wie Schlieren, Linsen, Lagen, Bänken,
Gängen usw. angereichert, in anderen Gesteinspartien dagegen verdünnt sein. Die Probennahme muß dann neben der Korngröße der Mineralphasen auch noch deren ungleichmäßige Verteilung im Gestein
berücksichtigen (vgl. Grout, 1932). Eine Probennahme kann in bezug auf die mineralischen Hauptbestandteile des Gesteins hinrei-

chend reproduzierbar sein, in bezug auf bestimmte mineralische
Nebenbestandteile und damit auch auf bestimmte chemische Spurenbestandteile des Gesteins jedoch nicht. Zur Entdeckung solcher
Inhomogenitäten ist es grundsätzlich besser, mehrere Einzelproben des Gesteins zu analysieren als eine einzige Sammelprobe.

Als wichtigste Arten der Probennahme bei Gesteinen und mineralischen Rohstoffen sind zu nennen:

Die Handstückprobe. Sie wird vor allem in Tagesaufschlüssen im
Gelände vorgenommen und ist bei allen Gesteinsarten üblich. Die
Handstückproben können als Einzelproben der Analyse zugeführt
werden oder es werden aus den einzelnen Handstücken Sammelproben
zusammengesetzt.

Die Schlitzprobe über eine Gesteinsbank oder einen Abbaustoß ist
eine Methode zur Gewinnung von Durchschnittsproben besonders aus
gebankten oder gangförmigen Gesteinskörpern.

Bei Bohrungen fällt das Probenmaterial entweder als Bohrkern
oder als Bohrmehl an. Die Bohrkernprobe kann als Sammelprobe aus
zufälligen Einzelproben, die in regelmäßigen Abständen dem Bohrkern entnommen werden, zusammengesetzt werden oder sie wird ähnlich der Schlitzprobe über die gesamte Länge des Bohrkernes oder
aus Teillängen entnommen. Bei Bohrmehlproben erhält man im allgemeinen Durchschnittsproben aus Teillängen der Bohrung. Bei der
Beprobung von Bohrungen muß ein Wechsel der Gesteinsart selbst-
verständlich berücksichtigt werden.

Schußproben werden bei Erzkörpern mit massiger Struktur oder bei
räumlich ungleichmäßiger Erzverteilung in massigen Gesteinen oder
gangartigen und stockartigen Lagerstätten mit unregelmäßiger Erzverteilung genommen.

Aus lockerem meist ungleichkörnigen Probegut wird eine Haufen-
probe nach den Vorschriften der Probeteilung gewonnen.

Anleitungen zur Probennahme an Gesteinen enthalten fast alle ein-
schlägigen Werke über Gesteins- und Mineralanalysen. Zu nennen
sind: Groves, 1951; Jeffery, 1970; Hawkes und Webb, 1962; Maxwell,
1968; Milner, 1962; Oelsner, 1952 (Böden); Oertel, 1961 (Erze);
Smales und Wager, 1960; Wainerdi und Uken, 1971.

Die meisten Angaben über die Probennahme beruhen zur Zeit noch
auf empirischen Erfahrungen. Die komplizierten Zusammenhänge
zwischen dem Mineralbestand, seiner Korngröße und Verteilung im
Gestein und der daraus nach statistischen Gesichtspunkten vorzu-
nehmenden Beprobung sind in der Literatur nur in wenigen einfachen Beispielen erläutert. Eine umfassende, auf statistischen
Grundlagen beruhende Anleitung für die Probennahme fehlt bisher.

Eine mathematisch-statistische Behandlung der Probennahme liegt
seit September 1976 als Neufassung der Deutschen Industrie Norm
DIN 51 061 Teil 2 "Prüfung keramischer Roh- und Werkstoffe. Probennahme. Keramische Rohstoffe und feuerfeste ungeformte Erzeug-
nisse" im Entwurf vor. Zum großen Teil kann der Inhalt von DIN
51 061 Teil 2 auch auf die Probennahme von anderen natürlichen

Gesteinen und Rohstoffen angewendet werden. Das diesem Normenentwurf zugrundeliegende Schrifttum ist angegeben mit Graf et al. (1966); Wilrich und Leers (1974) und Wilrich et al. (1975).

5.7.2 Probenvorbereitung

Bei der Probennahme werden Einzelproben, Sammelproben oder Durchschnittsproben gewonnen, die entweder aus stückigem Material, z.B. bei Festgesteinen, oder aus lockerem Material unterschiedlicher Korngröße bei unverfestigten Gesteinen bestehen können. Aus diesen Materialien müssen unter schrittweiser Zerkleinerung und Probenteilung Laboratoriumsproben hergestellt werden. Die Laboratoriumsproben sollen aus 200 bis 500 g analysenfeinem, homogenisiertem Material bestehen. Aus der Laboratoriumsprobe werden Analysenproben für die einzelnen Analysen entnommen. Die Analysenprobe (Einwaage meist zwischen 50 und 1000 mg) muß in Form eines sehr feinen Pulvers vorliegen, damit sie für die chemische Analyse quantitativ aufgeschlossen und in Lösung gebracht werden kann.

Die Probenvorbereitung umfaßt den gesamten Vorgang nach der Probennahme bis zur fertigen für den Aufschluß eingewogenen Analysenprobe. Nach der Probennahme muß das grobstückige Probenmaterial zerkleinert werden. Stückige Proben bis etwa 2 kg Gewicht werden zuerst in einem Stahlmörser oder besser auf einer polierten Stahlplatte mit einem Stahlstempel zerstoßen. Mit einem Sieb von 2 mm Siebdurchmesser (Stahldrahtgewebe) wird mehrmals während des Zerkleinerungsvorganges das anfallende Unterkorn abgesiebt und das Überkorn solange weiter zerstoßen bis kein Siebrückstand mehr zurückbleibt. Auf diese Weise kann der Abrieb der Zerkleinerungswerkzeuge und des Siebes optimal klein gehalten werden. Zweckmäßig werden hierauf von den Zerkleinerungswerkzeugen stammende Stahlspäne magnetisch aus dem zerkleinerten Probenmaterial entfernt. Doch ist darauf zu achten, daß hierbei nicht ferromagnetische Mineralbestandteile aus der Probe separiert werden. Die abgetrennte Magnetfraktion muß stets unter dem Binokular überprüft werden. Gegebenenfalls muß die Probe statt mit Stahlwerkzeugen zwischen Borcarbidplatten zerdrückt oder in Korundmörsern zerkleinert werden.

Bei Proben ab mehreren kg Gewicht werden zur Zerkleinerung Laborbackenbrecher eingesetzt. In Laborbackenbrechern können Proben von Handstückgröße auf 1 bis 3 mm Korndurchmesser zerkleinert werden. Bei großen Proben von vielen kg Gewicht ist eine stufenweise Zerkleinerung zuerst auf 10 bis 20 mm und im nächsten Schritt auf 2 mm Korndurchmesser vorteilhaft. Eisenspäne werden dann statt mit einem Handmagneten am besten mit einem Magnetbandscheider abgetrennt.

Nach der Grobzerkleinerung wird nur ein Teil der gesamten Probe der Feinzerkleinerung zugeführt. Der grobzerkleinerten Gesamtprobe muß mit Hilfe eines Riffelteilers oder durch Viertelung von Hand eine für die Gesamtprobe repräsentative Teilmenge entnommen werden.

Bei einer Viertelung wird die zerkleinerte Probe auf einer ebenen
Unterlage zu einem Haufen aufgeschüttelt und durch wiederholtes
Umschaufeln nach dem Kegelverfahren gut durchgemischt. Beim Umschaufeln wird jede Schaufel so auf die Spitze des Kegels entleert, daß die Probe von der Kegelspitze nach allen Seiten ab-
laufen kann und dabei gleichmäßig verteilt wird. Nach erfolgter
Durchmischung der Probe wird der zuletzt entstandene Kegel kreis-
förmig oder quadratisch gleichmäßig flach ausgebreitet und sym-
metrisch geviertelt. Je zwei diagonal gegenüberliegende Teile
werden aus der Probe entfernt. Die verbleibenden Teile werden
wieder zusammengeschaufelt und in gleicher Weise erneut gemischt
und geviertelt bis die zur Feinzerkleinerung vorgesehene Teilmenge der Probe übrig ist.

Zur Feinzerkleinerung sollte eine Teilmenge von 200 bis 500 g
der ursprünglichen Probe gelangen. Die Korngröße dieses Materials
darf 2 mm Korndurchmesser, besser aber 1 mm Korndurchmesser nicht
überschreiten. Am besten wird diese Teilprobe in mehreren Partien
in einer Schwingscheibenmühle mit Achatmahlbecher aufgemahlen.
Nach Herrmann (1975) soll die gesamte Probenmenge unter wiederholtem Sieben und Mahlen des Überkornes auf Korngrößen kleiner
als 0,125 mm Durchmesser gebracht werden; nach DIN 51 062 muß
bis auf Korngrößen unter 0,06 mm Durchmesser aufgemahlen werden.

Steht zum Mahlen auf Analysenfeinheit statt der Schwingscheibenmühle eine Kugelmühle mit Achatmahlbecher zur Verfügung, so muß
eine Vorzerkleinerung z.B. in einer Retschmühle eingeschaltet
werden und darauf das vorgemahlene Gut durch Viertelung auf 30
bis 50 g gebracht werden. Erst darauf kann die Feinmahlung dieser
Probenmenge in der Kugelmühle folgen.

Zur Siebung der Proben nach jedem Mahlvorgang sollen entweder
Stahlsiebe mit V2A-Stahlsiebgewebe oder Plexiglassiebe mit Per-
longewebe verwendet werden.

Die gemahlene Laboratoriumsprobe muß durch Mischen homogenisiert
werden. Am besten geschieht dies mittels eines Mixers im geschlos-
senen Gefäß, um ein Verstauben des analysenfeinen Pulvers zu verhindern. Jedes Umfüllen der gemahlenen und homogenisierten Probe
in Vorratsgefäße muß vorsichtig geschehen, da hierbei wieder Ent-
mischungen auftreten können. Die zur Analyse benötigten Proben-
mengen (Analysenproben) werden der Laboratoriumsprobe durch Teilung der Probe mittels Laborriffelteiler, automatischem Proben-
teiler oder durch Viertelung von Hand entnommen.

Die so gewonnene Analysenprobe wird im geöffneten Wägeglas bei
110°C bis zur Gewichtskonstanz getrocknet und im verschlossenen
Wägeglas im Exsikkator über einem Trockenmittel (meist Silikagel)
aufbewahrt. Die Analyseneinwaagen werden von dieser Analysenprobe entnommen.

Hygroskopische Silikatgesteinsproben wie etwa Tone sollen nicht
bei 110°C oder gar höheren Temperaturen getrocknet werden. Sehr
viele getrocknete Tonproben nehmen bei der Analyseneinwaage so
rasch Feuchtigkeit auf, daß eine zuverlässige Einwaage und erst
recht eine H_2O-Analyse unmöglich werden. Bei Tonen geht man von

lufttrockenen oder am besten über gesättigter Magnesiumnitrat-
lösung aufbewahrten Analysenproben aus (vgl. Kap. 5.1).

Die Probenvorbereitung umfaßt im Normalfall eine mehrstufige
Probenzerkleinerung durch Brechen und Mahlen und im Zusammenhang mit der fortschreitenden Zerkleinerung eine wiederholte
Probenteilung. Der Gang dieser Probenvorbereitung muß abgestimmt
sein auf die Menge und Zusammensetzung der Ausgangsprobe, wenn
die schließlich zur Analyse gelangende Teilprobe repräsentativ
sein soll für die Ausgangsprobe. Eine statistische Betrachtung
der Probenvorbereitung und eine Optimierung des Vorganges hat
bis heute in den entsprechenden Vorschriften und Anleitungen
kaum einen Niederschlag gefunden. Den Vorschriften zur Probenvorbereitung liegen fast ohne Ausnahme empirische Kenntnisse zugrunde.

5.7.3   Literatur zu Kapitel 5.7

Chayes, F.: Petrographic Modal Analysis. An elementary statistical appraisal.
    New York: Wiley and Sons; London: Chapman and Hall, 1956
Graf, U., Henning, H.-J., Stange, K.: Formeln und Tabellen der mathematischen
    Statistik, 2.Aufl. Berlin-Heidelberg-New York: Springer, 1966
Grout, F.F.: Rock sampling for chemical analysis. Am. J. Sci. $\underline{24}$, 394-404
    (1932)
Groves, A.W.: Silicate Analysis. London: Allen and Unwin, 1951
Jeffery, P.G.: Chemical Methods of Rock Analysis. New York: Pergamon Press,
    1970
Hawkes, H.E., Webb, J.S.: Geochemistry in Mineral Exploration. New York-
    Evanston: Harper and Row, 1962
Herrmann, A.G.: Praktikum der Gesteinsanalyse. Berlin-Heidelberg-New York:
    Springer, 1975
Lafitte, P.: Etude de la précision des analyses de roches. Bull. Soc. Géol.
    Grance $\underline{3}$, 6th Ser. 723-745 (1953)
Maxwell, J.A.: Rock and Mineral Analysis. New York: Interscience Publishers,
    1968
Milner, H.B.: Sedimentary Petrography. 4.Aufl., revidiert. London: Allen and
    Unwin, 1962, Vol. I
Oelsner, O.: Grundlagen zur Untersuchung und Bewertung von Erzlagerstätten.
    Gera: Thüringen-Verlag P.E. Blank, 1952
Oertel, A.C.: Spectrographic Analysis of Mineral Powders. Internal Rept.
    Division of Soils, C.S.I.R.O., Australia, 1961
Smales, A.A., Wager, L.R.: Methods in Geochemistry. New York: Interscience
    Publishers, 1960
Wainerdi, R.E., Uken, E.A.: Modern Methods of Geochemical Analysis. New York-
    London: Plenum Press, 1971
Wilrich, P.-Th., Leers, K.J.: Statistische Gesichtspunkte bei der Proben-
    nahme von Massengütern. Ber. Dtsch. Keram. Ges. $\underline{51}$, 266-269 (1974)
Wilrich, P.-Th., Majdič, A., Lepére, K.E.: Studie zur Probennahme von Roh-
    stoffen für die Herstellung feuerfester Baustoffe. Forschungsberichte des
    Landes Nordrhein-Westfalen, Nr. 2454. Opladen: Westdeutscher Verlag, 1975

6 Sachverzeichnis

Minerals and Rocks

Editor in Chief: P. J. Wyllie
Editors: W. v. Engelhardt,
T. Hahn

Springer-Verlag
Berlin
Heidelberg
New York

Prices are subject to change without notice